HTML5 与 CSS3 网页设计基础
(第 2 版)

[美] Terry Felke-Morris 著

周 靖 译

清华大学出版社
北 京

内 容 简 介

HTML5 和 CSS3 已成为新一代网页设计师不可缺少的工具。本书作者在信息技术行业浸染二十多年，具有丰富的教学和从业经验，她的经典教材《Web 开发与设计基础(第 5 版)》被誉为"美国网页设计师就业宝典"。这是作者针对 HTML 5 和 CSS 3 推出的最新标准教程。本书包含的主题有：Internet 和 Web 概念；创建 HTML5 网页；用 CSS 配置颜色和文本；用 CSS 配置页面布局；配置图像和多媒体；探索新增的 CSS3 特性；应用网页设计最佳实践；设计可访问和可用的网页；搜索引擎优化设计；选择域名；发布网站。本书适合所有对网页设计感兴趣的读者阅读。

Authorized translation from the English language edition, entitled BASICS of WEB DESIGN: HTML5 and CSS3, 2E, by Terry Felke-Morris, published by Pearson Education, Inc., Copyright ©2014, 2012 by Pearson Education, Inc. publishing as Addison-Wesley. All rights reserved. No part of this book may be reproduced or transmitted in any form or by any means, electronic or mechanical, including photocopying, recording or by any information storage retrieval system, without permission from Pearson Education, Inc.

CHINESE SIMPLIFIED language edition published by PEARSON EDUCATION ASIA LTD., and TSINGHUA UNIVERSITY PRESS LIMITED Copyright © 2015.

This edition is manufactured in the People's Republic of China, and is authorized for sale and distribution in the People's Republic of China exclusively (except Taiwan, Hong Kong SAR and Macau SAR).

Authorized for sale and distribution in the People's Republic of China exclusively (except Taiwan, Hong Kong SAR and Macau SAR).

本书中文简体翻译版由 Pearson Education 授权给清华大学出版社在中国境内(不包括中国香港、澳门特别行政区)出版发行。

北京市版权局著作权合同登记号　图字：01-2014-2594

本书封面贴有 **Pearson Education**(培生教育出版集团)激光防伪标签，无标签者不得销售。

版权所有，侵权必究。侵权举报电话：010-62782989　13701121933

图书在版编目(CIP)数据

HTML5 与 CSS3 网页设计基础/(美)莫里斯(Morris T.F.)著；周靖译. --2 版. --北京：清华大学出版社，2015(2019.7重印)

书名原文：Basics of Web Design: HTML5 and CSS3, Second Edition

ISBN 978-7-302-42200-6

Ⅰ. ①H… Ⅱ. ①莫… ②周… Ⅲ. ①超文本标记语言—程序设计 ②网页制作工具 Ⅳ. ①TP312 ②TP393.092

中国版本图书馆 CIP 数据核字(2015)第 278961 号

责任编辑：文开琪
封面设计：杨玉兰
责任校对：周剑云
责任印制：刘海龙

出版发行：清华大学出版社
　　　　　网　　址：http://www.tup.com.cn, http://www.wqbook.com
　　　　　地　　址：北京清华大学学研大厦 A 座　　邮　　编：100084
　　　　　社 总 机：010-62770175　　　　　　　　　邮　　购：010-62786544
　　　　　投稿与读者服务：010-62776969, c-service@tup.tsinghua.edu.cn
　　　　　质量反馈：010-62772015, zhiliang@tup.tsinghua.edu.cn
印 装 者：清华大学印刷厂
经　　销：全国新华书店
开　　本：185mm×260mm　　印　张：24.5　　插　页：1　　字　数：532 千字
版　　次：2013 年 1 月第 1 版　2016 年 1 月第 2 版　　　　印　次：2019 年 7 月第 6 次印刷
定　　价：49.00 元

产品编号：058313-01

前　言

《HTML5 与 CSS3 网页设计基础》适用于初级 Web 设计或开发课程。每个主题都用两页篇幅进行讲解，除了指出关键点，一般还包含动手实作。全书覆盖 Web 设计人员需要掌握的所有基础知识，主题包括：
- 因特网和万维网的概念
- 使用 HTML5 创建网页
- 使用层叠样式表(CSS)配置文本、颜色和网页布局
- 配置网页上的图片和多媒体
- 探索新的 CSS3 属性
- Web 设计最佳实践
- 无障碍访问、可用性和搜索引擎优化
- 获取域名和主机
- 发布到网上

本书中文版的学生文件可以从配套网站 http://pan.baidu.com/s/1yd43W 下载，其中包括动手实作的初始文件和解决方案，以及案例分析的初始文件。

在本书第 1 版取得极大成功之后，第 2 版将重点完全放在 HTML5 上，而不是兼顾 XHTML 和 HTML5 语法。这样使刚涉足 Web 设计新手能够专心掌握一样技能。这一版的新内容还包括：
- 新增更多动手实作
- 增补的案例分析
- 扩充了页面布局的内容
- 扩充了移动 Web 设计的内容
- 添加了关于灵活响应的 Web 设计技术的内容
- 添加了关于 CSS 媒体查询的内容

本书特色

立足当下，展望未来。本书采用独特的教学方式，使学生在学习适合当下的网页设计技能的同时，掌握新的 HTML5 编码技术以迎接未来的挑战。

精心挑选主题。本书既传授"硬"技能，比如 HTML5 和层叠样式表(第 1 章到第 2 章，第 4～11 章)，也传授"软"技能，比如 Web 设计(第 3 章)和发布(第 12 章)。打下良好的基础后，学生作为专家追寻自己的职业梦想时，会更加得心应手。使用本书的学生和老师会发现课程变得更有趣。当学生创建网页和网站时，可以一起讨论、综合运用软硬技能。每个主题都用两页篇幅来讲解，除了快速提供需要掌握的知识点，还通过动手实作立即巩固学到的知识。

每个主题篇幅短，容易上手。每个主题都用简洁的一个小节进行讲述。许多小节还包含马上就可以开始的动手实作，以帮助巩固新学到的技能或概念。这一设计对学业沉重的学生尤其有用，他们需要立即搞清楚关键概念。

动手实作。网页开发是一门技能，只有通过动手实作才能更好地掌握。本书特别强调实际动手能力的培养，体现在每章的动手实作练习题、章末练习题以及通过真实的案例分析来完成网站的开发。

网站案例学习。从第 2 章开始案例学习将贯穿全书。它的作用是巩固每章所学技能的作用。教师资源中心提供了案例的示例解决方案，网址是 http://www.pearsonhighered.com/irc。

聚焦 Web 设计。大多数章都提供额外的活动来探索与本章有关的 Web 设计主题。这些活动可用于巩固、扩展和增强课程主题。

在我教授的网页开发课程中，学生经常会问到一些同样的问题。书中列出了这些问题，并用 FAQ 标志注明。

开发无障碍网页正变得空前重要，无障碍网页设计技术将贯穿全书。这个特殊标记让您可以更方便地找到这些信息。

本书使用特殊的道德规范标记注明与网页开发有关的道德规范话题。

提供有用的背景资料，或者帮助提高生产力。

这个特殊标记代表可供深入探索的 Web 资源，方便学生加深对当前主题的学习。

参考资料。附录提供了丰富的参考资料，包括 XHTML 参考、HTML5 参考、CSS 参考以及 WCAG 2.0 快速参考。

▶ 视频讲解(Video Note) 旨在讲解关键编程概念和技术，演示了从设计到编码来解决问题的过程。视频讲解使学生能方便地自学感兴趣的主题，支持选择、播放、倒退、快进和暂停。每当看到"▶ 视频讲解：……"，都表明当前主题有对应的视频讲解。视频列表请从本书中文版配套网站获取，网址是 http://html5css3.ys168.com。注意，由于是英文视频，所以为了方便索引，书中保留了这些视频的英文名称。

补充资料

学生资源。本书中文版读者请访问 http://html5css3.ys168.com 获取动手实作的初始文件和解决方案，以及案例分析的初始文件。

教师资源。以下补充资源仅供符合资格的教师使用，请访问 Pearson Instructor Resource Center(http://www.pearsonhighered.com/irc)，或者电邮 computing@pearson.com 了解如何索取它们，或者发送邮件至 wenkq@tup.tsinghua.edu.cn 了解更多信息。

- 章末练习题答案

- 案例学习作业答案
- 试题
- PowerPoint 演示文稿
- 示例教学大纲

作者网站。 除了出版社为本书制作的配套网站，作者另外开设了一个网站，网址为 http://www.webdevbasics.net。该网站拥有许多额外的资源，包括调色板、Flash 学习/复习游戏、Adobe Flash 教程、Adobe Fireworks 教程和 Adobe Photoshop 教程。还为每一章都单独建立了一个网页，提供这一章的示例、链接和更新信息。该网站是私人维护，不受出版商资助。

致谢

特别感谢 Addison-Wesley 的同仁，包括 Michael Hirsch，Matt Goldstein，Emma Snider，Jenah Blitz-Stoehr，Kayla Smith-Tarbox 和 Scott Disanno。还要感谢 The Aardvark Group Publishing Services 的 Gillian Hall。

最后感谢我的家人，尤其是我的另一半，感谢他的耐心、关爱、支持和鼓励。

目 录

第 1 章　Internet 和 Web 基础 1

- 1.1　Internet 和 Web 2
  - Internet 2
  - Internet 的诞生 2
  - Internet 的发展 2
  - Web 的诞生 3
  - 第一个图形化浏览器 3
  - 各种技术的聚合 3
- 1.2　Web 标准和无障碍访问 4
  - W3C 推荐标准 4
  - Web 标准和无障碍访问 4
  - 无障碍访问和法律 4
  - Web 通用设计 5
- 1.3　网上的信息 6
  - 信息和可靠性 6
  - 有道德地使用网上信息的道德使用 7
- 1.4　浏览器和服务器 7
  - 网络概述 7
  - 客户端/服务器模型 8
- 1.5　Internet 协议 9
  - 电子邮件协议 9
  - 超文本传输协议 9
  - 文件传输协议 10
  - IP 地址 10
- 1.6　统一资源标识符(URI)和域名 11
  - URI 和 URL 11
  - 域名 12
- 1.7　HTML 概述 13
  - 什么是 HTML 13
  - 什么是 XML 13
  - 什么是 XHTML 14
  - HTML5——HTML 的最新版本 14
- 1.8　网页幕后揭秘 14
  - 文档类型定义(DTD) 15
  - 网页模板 15
  - html 元素 15
  - 页头部分 15
  - 主体部分 16
- 1.9　第一个网页 16
  - 动手实作 1.1 16
  - 创建文件夹 17
  - 保存文件 18
  - 测试网页 18
- 复习和练习 19
  - 复习题 19
  - 动手练习 20
  - Web 研究 20
  - 聚焦 Web 设计 20

第 2 章　HTML 基础 23

- 2.1　标题元素 24
  - 动手实作 2.1 24
  - HTML5 更多的标题选项 25
- 2.2　段落元素 25
  - 动手实作 2.2 26
  - 对齐 26
- 2.3　换行和水平标尺 27
  - 换行元素 27
  - 动手实作 2.3 27
  - 水平标尺元素 28
  - 动手实作 2.4 28
- 2.4　块引用元素 29
  - 动手实作 2.5 29
- 2.5　短语元素 30
- 2.6　有序列表 31
  - type，start 和 reversed 属性 32
  - 动手实作 2.6 32
- 2.7　无序列表 33
  - 动手实作 2.7 33

2.8	描述列表	34
	动手实作 2.8	35
2.9	特殊字符	36
	动手实作 2.9	36
2.10	HTML 语法校验	37
	动手实作 2.10	38
2.11	结构性元素	39
	div 元素	39
	HTML5 结构性元素	40
	header 元素	40
	nav 元素	40
	footer 元素	40
	动手实作 2.11	40
2.12	锚元素	42
	动手实作 2.12	42
	链接目标	43
	绝对链接	43
	相对链接	43
	block anchor	43
2.13	练习使用链接	44
	站点地图	44
	动手实作 2.13	44
2.14	电子邮件链接	47
	动手实作 2.14	48
复习和练习		48
	复习题	48
	动手练习	49
	聚焦 Web 设计	50
	案例学习：Pacific Trails Resort	50
	案例学习：JavaJam Coffee House	53

第 3 章 网页设计基础 57

3.1	为目标受众设计	58
	浏览器友好性	59
	屏幕分辨率	59
3.2	网站组织	59
	分级式组织	60
	线性组织	60
	随机组织	61
3.3	视觉设计原则	61
	重复：在整个设计中重复视觉元素	62
	对比：添加视觉刺激和吸引注意力	62
	近似：分组相关项目	63
	对齐：对齐元素实现视觉上的统一	63
3.4	提供无障碍访问	63
	无障碍设计的受益者	63
	无障碍设计有助于提高在搜索引擎中的排名	64
	法律规定	64
	无障碍设计的热潮	64
3.5	文本的使用	65
	文本设计的注意事项	65
3.6	Web 调色板	66
	十六进制颜色值	67
	Web 安全颜色	67
	无障碍设计和颜色	67
3.7	颜色的运用	68
	面向儿童	68
	面向年轻人	69
	面向所有人	69
	面向老年人	70
3.8	使用图形和多媒体	71
	文件大小和图片尺寸	71
	抗锯齿/锯齿化文本的问题	71
	只使用必要的多媒体	71
	提供替代文本	72
3.9	更多设计上的考虑	73
	感觉到的加载时间	73
	第一屏	74
	适当留白	74
	水平滚动	74
3.10	导航设计	74
	网站要易于导航	74
	导航栏	74
	面包屑导航	75
	图片导航	76
	动态导航	76
	站点地图	76

	站点搜索功能 76	
3.11	线框和页面布局 77	
3.12	固定和流动布局 79	
	固定布局 79	
	流动布局 80	
3.13	为移动网络设计 81	
	三种方式 81	
	移动设备设计考虑 81	
	桌面和移动网站的例子 82	
	移动设计小结 83	
3.14	响应式网页设计 83	
3.15	Web 设计最佳实践 85	
	复习和练习 87	
	复习题 87	
	动手练习 88	
	聚焦 Web 设计 89	
	案例学习：Web 项目 89	
	项目里程碑 89	

第 4 章 CSS 基础知识(一) 93

4.1	CSS 概述 94	
	层叠样式表的优点 94	
	配置 CSS 的方法 95	
	层叠样式表的"层叠" 95	
4.2	CSS 选择符和声明 96	
	CSS 语法基础 96	
	background-color 属性 96	
	color 属性 96	
	配置背景色和文本色 96	
4.3	CSS 颜色值语法 97	
4.4	配置内联 CSS 99	
	style 属性 99	
	动手实作 4.1 99	
4.5	配置嵌入 CSS 100	
	style 元素 100	
	动手实作 4.2 101	
4.6	配置外部 CSS 103	
	link 元素 103	
	动手实作 4.3 103	

4.7	CSS 的 class、ID 和上下文选择符 ... 104	
	class 选择符 104	
	id 选择符 105	
	后代选择符 105	
	动手实作 4.4 105	
4.8	span 元素 106	
	span 元素 106	
	动手实作 4.5 106	
4.9	练习使用 CSS 108	
	动手实作 4.6 108	
	将嵌入 CSS 转换为外部 CSS 109	
	将网页与外部 CSS 文件关联 109	
4.10	CSS 语法校验 111	
	动手实作 4.7 111	
	复习和练习 113	
	复习题 113	
	动手练习 114	
	聚焦网页设计 114	
	案例学习：Pacific Trails Resort 115	
	案例学习：JavaJam Coffee House ... 118	

第 5 章 图片样式基础 121

5.1	图片 122	
	GIF 图 122	
	JPEG 图片 123	
	PNG 图片 124	
	新的 WebP 图像格式 124	
5.2	img 元素 125	
	动手实作 5.1 125	
5.3	图片链接 126	
	动手实作 5.2 127	
	无障碍访问和图片链接 128	
5.4	配置背景图片 128	
	background-image 属性 128	
	同时使用背景颜色和背景图片 128	
	浏览器如何显示背景图片 129	
	background-attachment 属性 129	
5.5	定位背景图片 130	
	background-repeat 属性 130	

定位背景图片 130
　　动手实作 5.3 131
5.6　用 CSS3 配置多张背景图片 132
　　渐进式增强 133
　　动手实作 5.4 133
5.7　收藏图标 134
　　配置收藏图标 135
　　动手实作 5.5 135
5.8　用 CSS 配置列表符号 136
　　用图片代替列表符号 136
　　动手实作 5.6 137
5.9　图像映射 137
　　map 元素 137
　　area 元素 137
　　探究矩形图像映射 138
复习和练习 139
　　复习题 139
　　动手练习 140
　　聚焦 Web 设计 141
　　案例学习：Pacific Trails Resort 141
　　案例学习：JavaJam Coffee House 143

第 6 章　CSS 基础知识(二) 147

6.1　字体 148
　　动手实作 6.1 148
6.2　文本属性 150
　　font-size 属性 150
　　font-weight 属性 151
　　font-style 属性 151
　　text-transform 属性 151
　　line-height 属性 151
　　动手实作 6.2 151
6.3　对齐和缩进 152
　　text-align 属性 153
　　text-indent 属性 153
　　动手实作 6.3 153
6.4　CSS 的宽度和高度 154
　　width 属性 154
　　min-width 属性 155

　　max-width 属性 155
　　height 属性 155
　　动手实作 6.4 156
6.5　CSS 的框模型 156
　　框模型实例 157
6.6　CSS 的边距和填充 158
　　margin 属性 158
　　padding 属性 158
6.7　CSS 的边框 159
　　动手实作 6.5 160
6.8　CSS3 的圆角 161
　　动手实作 6.6 162
6.9　CSS 的页面内空居中设置居中
　　页面内容 163
　　动手实作 6.7 164
6.10　CSS3 的边框阴影和文本阴影 165
　　CSS3 的 box-shadow 属性 165
　　CSS3 的 text-shadow 属性 166
　　动手实作 6.8 166
6.11　CSS3 的 background-clip 和
　　background-origin 属性 167
　　CSS3 的 background-clip 属性 167
　　CSS3 background-origin 属性 168
6.12　CSS3 背景大小和缩放 168
6.13　CSS3 的 opacity 属性 170
　　动手实作 6.9 170
6.14　CSS3 RGBA 颜色 172
　　动手实作 6.10 173
6.15　CSS3 HSLA 颜色 173
　　色调、饱和度、亮度和 alpha 173
　　HSLA 颜色示例 174
　　动手实作 6.11 175
6.16　CSS3 的渐变 175
　　CSS3 线性渐变语法 176
　　CSS3 渐变和渐进式增强 176
　　配置 CSS3 渐变 176
复习和练习 177
　　复习题 177
　　动手练习 178

聚焦 Web 设计 179
案例学习：Pacific Trails Resort 179
案例学习：JavaJam Coffee House 181

第 7 章 页面布局基础 185

7.1 正常流动 186
动手实作 7.1 186

7.2 浮动 188
float 属性 188
动手实作 7.2 189
浮动元素和正常流动 189

7.3 清除浮动 190
clear 属性 190

7.4 溢出 191
overflow 属性 191

7.5 CSS 的双栏页面布局 194
左侧导航的双栏布局 194
顶部 logo 左侧导航的双栏布局 195
还不算完美 195

7.6 用无序列表实现垂直导航 196
用 CSS 配置无序列表 196
用 CSS text-decoration 属性消除
　下划线 196
动手实作 7.3 197

7.7 用无序列表实现垂直导航 198
CSS display 属性 198
动手实作 7.4 199

7.8 用伪类实现 CSS 交互性 200
动手实作 7.5 201

7.9 CSS 双栏布局练习 202
动手实作 7.6 202

7.10 用 CSS 进行定位 205
static 定位 205
fixed 定位 205
相对定位 206
绝对定位 207

7.11 定位练习 208
动手实作 7.7 208

7.12 CSS 精灵 210

动手实作 7.8 211

复习和练习 212
复习题 212
动手练习 212
聚焦网页设计 213
案例学习：Pacific Trails Resort 213
案例学习：JavaJam Coffee House 214

第 8 章 链接、布局和移动开发进阶 217

8.1 深入了解相对链接 218
相对链接的例子 218
动手实作 8.1 219

8.2 区段标识符 220
动手实作 8.2 221

8.3 figure 元素和 figcaption 元素 222
figure 元素 222
figcaption 元素 222
添加图题 222
动手实作 8.3 223

8.4 图片浮动练习 224
动手实作 8.4 224

8.5 更多 HTML5 元素 226

8.5 更多 HTML5 元素 227
hgroup 元素 227
section 元素 227
article 元素 227
aside 元素 227
time 元素 227
动手实作 8.5 227

8.6 HTML5 与旧浏览器的兼容性 229
配置 CSS 块显示 229
HTML5 Shim 230
动手实作 8.6 230

8.7 CSS 对打印的支持 231
打印样式最佳实践 231
动手实作 8.7 232

8.8 移动网页设计 233
移动网页设计要考虑的问题 234
为移动使用优化布局 234

优化移动导航 234
　　　优化移动图片 235
　　　优化移动文本 235
　　　为 One Web 而设计 235
　8.9　viewport meta 标记 235
　8.10　CSS3 媒体查询 238
　　　什么是媒体查询 238
　　　使用 link 元素的媒体查询例子 238
　　　使用@media 规则的媒体查询示例 ... 239
　8.11　媒体查询练习 240
　　　动手实作 8.8 240
　8.12　灵活的图像 242
　　　动手实作 8.9 243
　8.13　测试移动显示 244
　　　用桌面浏览器测试 245
　　　针对专业开发人员 246
　复习和练习 247
　　　复习题 247
　　　动手练习 248
　　　聚焦网页设计 248
　　　案例学习：Pacific Trails Resort 249
　　　案例学习：JavaJam Coffee House 252

第 9 章　表格基础 257

　9.1　表格概述 258
　　　table 元素 258
　　　border 属性 259
　　　表格标题 259
　9.2　表行、单元格和表头 260
　　　动手实作 9.1 261
　9.3　跨行和跨列 261
　　　动手实作 9.2 262
　9.4　配置无障碍访问表格 263
　9.5　用 CSS 配置表格样式 265
　　　动手实作 9.3 265
　9.6　CSS3 结构性伪类 267
　　　动手实作 9.4 267
　　　配置首字母 268
　9.7　配置表格区域 268

　复习和练习 270
　　　复习题 270
　　　动手练习 271
　　　聚焦 Web 设计 271
　　　案例学习：Pacific Trails Resort 272
　　　案例学习：JavaJam Coffee House 273

第 10 章　表单基础 275

　10.1　概述 276
　　　form 元素 277
　　　表单控件 277
　10.2　文本框 278
　10.3　提交按钮和重置按钮 279
　　　提交按钮 279
　　　重置按钮 279
　　　示例表单 279
　　　动手实作 10.1 280
　10.4　复选框和单选钮 281
　　　复选框 281
　　　单选钮 282
　10.5　隐藏字段和密码框 283
　　　隐藏字段 283
　　　密码框 283
　10.6　textarea 元素 284
　　　动手实作 10.2 285
　10.7　select 和 option 元素 286
　　　select 元素 287
　　　option 元素 287
　10.8　label 元素 288
　　　动手实作 10.3 288
　10.9　fieldset 元素和 legend 元素 289
　　　fieldset 元素 289
　　　legend 元素 289
　　　前瞻：用 CSS 配置 fieldset 分组
　　　　样式 290
　10.10　用 CSS 配置表单样式 291
　10.11　服务器端处理 292
　　　隐私和表单 293
　10.12　表单练习 294

	动手实作 10.4 294	
10.13	HTML5 文本表单控件 295	
	E-mail 地址输入表单控件 295	
	URL 表单输入控件 296	
	电话号码表单输入控件 296	
	搜索词输入表单控件 296	
	HTML5 文本框表单控件的 有效属性 296	
10.14	HTML5 的 datalist 元素 297	
10.15	HTML5 的 slider 控件和 spinner 控件 298	
	slider 表单输入控件 298	
	spinner 表单输入控件 299	
	HTML5 和渐进式增强 300	
10.16	HTML5 日历和颜色池控件 300	
	日历输入表单控件 300	
	颜色池表单控件 301	
10.17	HTML5 表单练习 302	
	动手实作 10.5 302	
复习和练习 304		
	复习题 304	
	动手练习 305	
	聚焦 Web 设计 305	
	案例学习：Pacific Trails Resort 305	
	案例学习：JavaJam Coffee House 309	

第 11 章 媒体和交互性基础 313

11.1	插件、容器和 codec 314	
	辅助应用程序和插件 314	
11.2	配置音频和视频 315	
	访问音频或视频文件 315	
	动手实作 11.1 316	
	多媒体和浏览器兼容问题 316	
11.3	Flash 和 HTML5 embed 元素 317	
	embed 元素 317	
	动手实作 11.2 318	
11.4	HTML5 的 audio 元素和 source 元素 318	
	audio 元素 318	

	source 元素 319	
	动手实作 11.3 320	
11.5	HTML5 的 video 元素和 source 元素 320	
	video 元素 321	
	source 元素 321	
11.6	HTML5 视频练习 322	
	动手实作 11.4 322	
11.7	嵌入 YouTube 视频 323	
	iframe 元素 323	
	动手实作 11.5 324	
11.8	CSS3 的 transform 属性 325	
	CSS3 旋转变换 325	
	动手实作 11.6 326	
11.9	CSS3 的 transition 属性 327	
	动手实作 11.7 328	
11.10	CSS 过渡练习 329	
	动手实作 11.8 329	
11.11	HTML5 的 canvas 元素 331	
复习和练习 333		
	复习题 333	
	动手练习 333	
	聚焦 Web 设计 334	
	案例学习：Pacific Trails Resort 334	
	案例学习：JavaJam Coffee House 336	

第 12 章 上网发布 339

12.1	注册域名 340	
	选择域名 340	
	注册域名 341	
12.2	选择主机 341	
	主机的类型 342	
	选择虚拟主机 342	
12.3	用 FTP 发布 344	
	FTP 应用程序 344	
	用 FTP 连接 344	
	使用 FTP 344	
12.4	提交到搜索引擎 345	
	搜索引擎的组成 346	

在搜索引擎中列出你的网站............347	复习题..353
12.5 搜索引擎优化..............................347	动手练习....................................354
链接...349	聚焦 Web 设计..........................354
图片和多媒体.............................349	案例学习：Pacific Trails Resort........354
有效代码.....................................349	案例学习：JavaJam Coffee House....355
有价值的内容.............................349	附录 A 复习和练习答案............................357
12.6 无障碍访问测试..........................349	附录 B HTML5 速查表...............................358
通用设计和无障碍访问.............349	
网络无障碍访问标准.................349	附录 C CSS 速查表....................................362
测试无障碍设计相容性.............350	附录 D XHTML 速查表..............................366
12.7 使用性测试..................................351	
进行使用性测试.........................351	附录 E 对比 XHTML 和 HTML5............369
动手实作 12.1............................352	附录 F WCAG 2.0 快速参考....................375
复习和练习..353	

Basics of Web Design
HTML5 and CSS3

第 1 章

Internet 和 Web 基础

Internet 和 Web 是我们日常生活的一部分。它们是如何产生的？是什么网络协议和程序设计语言在幕后控制着网页的显示？本章讲述了网页开发人员必须掌握的基础知识，并指导你开始编制自己的第一个网页。你将学习超文本标记语言(HTML)，这是创建网页时使用的语言。将学习可扩展标记语言(XHTML)，这是 HTML 逐渐发展形成的标准版本。还将学习 HTML5，它是 HTML 目前最新的草案标准。

学习内容

- Internet 和 Web 的演变
- 对 Web 标准的需求
- 通用设计
- 无障碍 Web 设计的益处
- Web 上可靠的信息资源
- 使用 Web 时的道德规范
- Web 浏览器和 Web 服务器的作用
- Internet 协议
- URI 和域名
- HTML，XHTML 和 HTML5
- 创建第一个网页
- 使用 body，head，title 和 meta 元素
- 命名、保存和测试网页

1.1　Internet 和 Web

Internet

Internet 一词是指由计算机网络连接而成的网络,即"互联网络"、"网际网络"或者音译成"因特网"。它如今随处可见,已成为我们生活的一部分。电视和广播没有一个节目不敦促你浏览某个网站,甚至报纸和杂志也全面入驻 Internet。

Internet 的诞生

Internet 诞生于连接科研机构和大学计算机的一个网络。在这个网络中,信息能通过多条线路传输到目的地,使网络在部分中断或损毁的情况下也能照常工作。信息重新路由到正常工作的那部分网络从而送达目的地。该网络由美国高级研究计划局(Advanced Research Projects Agency,ARPA)提出,所以称为阿帕网(ARPAnet)。1969 年底,有 4 台计算机(分别位于加州大学洛杉矶分校、斯坦福研究所、加州大学圣芭芭拉分校和犹他大学)连接到一起。

Internet 的发展

随着时间的推移,其他网络(如美国国家科学基金会的 NSFnet)相继建立并连接到阿帕网。这些互相连接的网络,即 Internet,起初仅限于在政府、科研和教育领域使用。对 Internet 的商用限制在 1991 年被解禁,Internet 继续发展,Internet World Stats 的报告表明,到 2011 年,Internet 用户的数量已超过 33 亿。图 1.1 展示了 2015 年第 3 季度按地域划分的 Internet 用户数量。

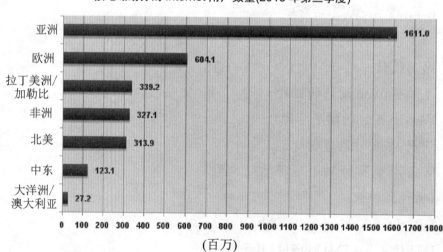

图 1.1　Internet 用户的增长情况[①]

---

① 统计数据来源于 http://www.internetWorldstats.com. Copyright@2001-2012,Miniwatts Marketing Group。

Internet 的商用被解禁后，为未来的电子商务奠定了基础。然而，虽然不再限制商业使用，但当时的 Internet 仍然是基于文本的，使用起来极为不便。后来的发展解决了这个问题。

Web 的诞生

▶ 视频讲解：Evolution of the Web

蒂姆·伯纳斯-李(Tim Berners-Lee)在瑞士欧洲粒子物理研究所(CERN)工作期间，构想了一种通信方式，使得科学家之间可以轻易"链接"到其他研究论文或文章并立刻查看该文章的内容。于是他建立了万维网(World Wide Web)来满足这种需求。1991 年，他在一个新闻组上发布了这些代码。在这个版本的万维网中，客户端和服务器之间用超文本传输协议(Hypertext Transfer Protocol，HTTP)进行通信，用超文本标记语言(Hypertext Markup Language，HTML)格式化文档。

第一个图形化浏览器

1993 年，第一个图形化 Web 浏览器 Mosaic 问世(图 1.2)。

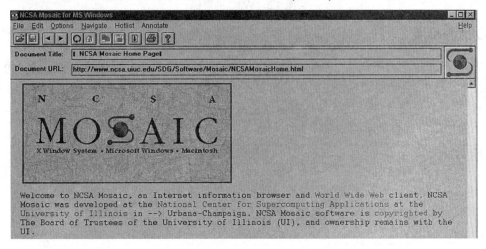

图 1.2　Mosaic：第一个图形化浏览器

它由马克·安德烈森(Marc Andreessen)和美国国家超级计算中心(NCSA)工作的一个研究生团队开发，该中心位于伊利诺斯大学香槟分校。他们中的一些人后来开发了另一款著名的 Web 浏览器 Netscape Navigator，即今天的 Mozilla Firefox 浏览器的前身。

各种技术的聚合

上个世纪 90 年代初，采用易于使用的图形化操作系统(比如 Microsoft Windows，IBM OS/2 和 Apple Macintosh)的个人电脑大量面世，而且价格变得越来越便宜。在线服务提供商(比如 CompuServe，AOL 和 Prodigy)也提供了便宜的上网连接。价格低廉的计算机硬件、易于使用的操作系统、便宜的上网费用、HTTP 协议和 HTML 语言以及图形化的浏览器，所有这些技术聚合在一起，使 Internet 上的信息很容易获得。在这个时候，万维网(World Wide Web)应运而生，它提供了图形化界面，方便用户访问存储在 Web 服务器上的信息。

1.2 Web 标准和无障碍访问

你可能已经注意到，万维网不是由单一个人或团体运作的。然而，**万维网联盟**(W3C，http://www.w3.org)在提供与网络相关的建议和建立技术模型上扮演着重要的角色。W3C 主要解决以下三个方面的问题：Web 架构、Web 设计标准和无障碍访问。W3C 提出规范(称为推荐标准，即 recommendations)来促进 Web 技术的标准化。图 1.3 是 W3C 的徽标。

图 1.3　W3C 的徽标

W3C 推荐标准

W3C 推荐标准由下属工作组提出，工作组则从参与技术开发工作的许多主要公司获取原始技术。这些推荐标准不是规定而是指导方针，许多开发 Web 浏览器的大软件公司，(比如微软)并不总是遵从 W3C 推荐标准。这给开发人员造成了不少麻烦，因为他们编写的网页在不同的浏览器中显示的效果不完全相同。

但也有好消息，那就是主流浏览器的新版本都在向这些推荐标准靠拢。甚至还有专门的组织团体，如 Web 标准项目(Web Standards Projects，http://webstandards.org)，专门从事 W3C 建议(通常称为 Web 标准)的推广，他们的推广对象不仅包括浏览器开发商，还包括开发人员和设计师。使用本书编码网页时，须遵从 W3C 推荐标准，这是创建无障碍访问网站的第一步。

Web 标准和无障碍访问

无障碍网络倡议(WAI，http://www.w3.org/WAI/)是 W3C 的一个主要工作领域。Web 已成为日常生活不可分割的一部分，有必要确保每一个人都能使用它。

Web 可能对视觉、听觉、身体和神经系统有残疾的人造成障碍。**无障碍访问**(accessible) 的网站通过遵循一系列标准来帮助人们克服这些障碍。WAI 为 Web 内容开发人员、Web 创作工具的开发人员、浏览器开发人员和其他用户代理的开发人员提出了建议，使得有特殊需要的人也能够更好地使用网络。要想查看这些建议的一个列表，请访问 WAI 的 "Web 内容无障碍指导原则" (Web Content Accessibility Guidelines，WCAG)，网址是 http://www.w3.org/WAI/WCAG20/glance/WCAG2-at-a-Glance.pdf。

无障碍访问和法律

1990 年颁布的《**美国残疾人保障法**》(ADA)是一部禁止歧视残疾人的美国联邦公民权

利法，ADA 要求商业、联邦和各州均要对残疾人提供无障碍服务，1996 年美国司法部的一项规定(http://www.usdoj.gov/crt/foia/cltr204.txt)指出，ADA 无障碍要求适用于 Internet 资源。

1998 年对《联邦康复法案》进行增补的 Section 508 条款规定，所有由美国联邦政府发展、取得、维持或使用的电子和信息技术都必须提供无障碍访问。美国联邦信息技术无障碍推动组(http://www.section508.gov)为信息技术开发人员提供了无障碍设计要求的资源。近年来，美国各州政府也开始鼓励和推广网络无障碍访问，伊利诺斯州网络无障碍法案(http://www.dhs.state.il.us/IITAA/IITAAWebImplementationGuidelines.html)是这种发展趋势的一个例证。

Web 通用设计

通用设计中心(Center for Universal Design)将**通用设计**(universal design)定义为"在设计产品和环境时尽量方便所有人使用，免除届时进行修改或特制的必要"。通用设计的例子在我们四周随处可见。路边石上开凿的斜坡既方便推婴儿车，又方便驾驶电动平衡车(图 1.4)。自动门方便了带着大包小包东西的人。斜坡设计既方便人们推着有滑轮的行李箱上下，也方便了手提行李的人。

图 1.4 电动平衡车受益于通用设计

网页开发人员越来越多地采用通用设计。有远见的开发人员在网页的设计过程中会谨记无障碍要求。为有视觉、听觉和其他缺陷的访问者提供访问途径应该是网页设计的一个组成部分，而不是网页设计完后才考虑的事情。

> 有视觉障碍的人也许无法使用图形导航按钮，而是使用屏幕朗读器来提供对页面内容的声音描述。只要做一点简单的改变，比如为图片添加描述文本或在网页底部提供文本导航区，网页开发人员就可以把自己的网页变成无障碍页面。通常情况下，提供无障碍访问途径对于所有访问者来说都有好处，因为它提升了网页的可用性。

为图片提供备用文本，以有序的方式使用标题，为多媒体提供旁白或字幕，这样的网站不仅方便有视听障碍的人访问，还方便移动浏览器的用户访问。搜索引擎可能对无障碍网站进行更全面的索引，这有助于将新的访问者带到网站。本书在介绍网页开发与设计技术的过程中，会讨论相应的无障碍和易用性设计方法。

1.3 网上的信息

任何人都可以在网上发布几乎任何信息。本节探讨如何判断你获得的信息是否可靠，如何利用那些信息。

信息和可靠性

目前有数量众多的网站，但哪些才是可靠的信息来源呢？访问网站获取信息时，重要的一点是切忌只看表面(图 1.5)。任何人可以在网上发布任何东西！一定要明智地选择信息来源。

图 1.5 谁知道你所看的网页是由谁更新的呢

首先评估网站本身的信用。它是有自己的域名(比如 http://mywebsite.com)还是一个免费网站，寄存在免费服务器上的一个文件夹中？

寄存在免费服务器上的网站的 URL 一般包含免费服务器名称的一部分，可能采用 http://mysite.tripod.com 或者 http://www.angelfire.com/foldername/mysiste 这样的形式。和免费网站相比，有自己域名的网站通常(但并非总是)提供的信息更为可靠。

还要评估域名类型，它是非赢利组织(.org)，商业组织(.com 或.biz)，还是教育机构(.edu)？商家可能提供对自己有利的信息，所以要小心。非赢利组织或者学校有时能更客观地对待一个主题。

另外要考虑的是网页创建日期或者最后更新日期。虽然有的信息不受时间影响，但几年都没有更新的网页极有可能已过时，可能算不上是最好的信息来源。

有道德地使用网上信息的道德使用

万维网这一奇妙的技术为我们提供了丰富的信息、图片和音乐，基本都是免费的(当然网费少不了)。下面谈谈与道德相关的一些话题。

- 能不能复制别人的图片并把它用到自己的网站上？
- 能不能复制别人的网站设计并把它用到自己或客户的网站上？
- 能不能复制别人网站上的文章，并把它的全部或部分当作自己的作品？
- 在自己的网站上攻击别人，或者侮辱性地链接他们的网站，这样的行为是否恰当？

对于所有这些问题的回答都是否定的。在未经许可的情况下使用别人的图片的行为就像是盗窃，事实上，如果链接这些图片，你用的其实是他们的带宽，并且有可能是在让他们花钱。复制他人或公司的网站设计也属于盗窃。在美国，无论网站上是否有版权的标记，它的任何文字和图片都自动受到版权保护。在你的网站上攻击他人和公司或者侮辱式地链接其网站都被视为诽谤。

诸如此类的与知识产权、版权和言论自由相关的事件常常被诉诸公堂。良好的网络礼节要求你在使用他人的作品之前获得许可，注明所用材料的出处(美国版权法称"合理使用")，并以一种不伤害他人的方式行使言论自由权。**世界知识产权组织**(World Intellectual Property Organization，WIPO，http://wipo.int)是致力于保护国际知识产权的组织。

如果想保留所有权，又想方便其他人使用或采纳你的作品，又该怎么办呢？"知识共享"(Creative Commons，http://creativecommons.org)是一家非赢利性组织，作者和艺术家可利用它提供的免费服务登记一种称为"知识共享"(Creative Commons)的版权许可协议。可以从几种许可协议中选择一种，具体取决于你想授予的权利。"知识共享"许可协议提醒其他人能对你的作品做什么和不能做什么。http://meyerweb.com/eric/tools/color-blend 展示了基于 Creative Commons Attribution-ShareAlike 1.0(署名-相同方式共享)许可协议的一个网页，它"保留部分权利"(Some Rights Reserved)。

1.4 浏览器和服务器

网络概述

网络(network)由两台或多台相互连接的计算机构成，它们以通信和共享资源为目的。图 1.1 展示了网络常见的组成部分，包括：

- 服务器计算机；
- 客户端工作站计算机；
- 共享设备，如打印机；
- 连接它们的设备(路由器和交换机)和媒介。

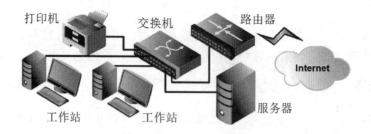

图 1.6　网络常见的组成部分

客户端是个人使用的计算机,如桌面 PC(台式机)。**服务器**用于接收客户端计算机的资源请求,比如文件请求。用作服务器的计算机通常安放在受保护的安全区域,只有网络管理员才能访问它。集线器(hub)和交换机(switch)等网络设备用于为计算机提供网络连接,路由器(router)将信息从一个网络传至另一个网络。用于连接客户端、服务器、外设和网络设备的**媒介**包括电缆、光纤和无线技术等。

客户端/服务器模型

客户端/服务器这个术语可追溯到上个千年(20 世纪 80 年代),表示通过一个网络连接的个人计算机。客户端/服务器也可用于描述两个计算机程序——客户程序和服务器程序——的关系。客户向服务器请求某种服务(比如请求一个文件或数据库访问),服务器满足请求并通过网络将结果传送给客户端。虽然客户端和服务器程序可存在于同一台计算机中,但它们通常都运行在不同计算机上(图 1.7)。一台服务器处理多个客户端请求也是很常见的。

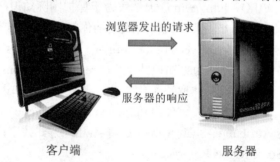

图 1.7　客户端和服务器

Internet 是客户端/服务器架构的一个典型例子。想象以下场景:某人在计算机上用浏览器访问网站,比如 http://www.yahoo.com。服务器是在一台计算机上运行的服务器程序,该计算机具有分配给 yahoo.com 这个域名的 IP 地址。连接到服务器后,它定位和查找所请求的网页和相关资源,并将它们发送给客户端。

下面简单列举了客户端和服务器的区别。

客户端

- 需要时才连接 Internet
- 通常会运行浏览器(客户端)软件,如 Internet Explorer 或谷歌浏览器
- 使用 HTTP
- 向服务器请求网页

- 从服务器接收网页和文件

服务器

- 一直保持和 Internet 的连接
- 运行服务器软件(比如 Apache 或 Internet Information Server)
- 使用 HTTP
- 接收网页请求
- 响应请求并发送状态码、网页和相关文件

客户端和服务器交换文件时,它们通常需要了解正在传送的文件类型,这是使用 MIME 类型来实现的。**多用途网际邮件扩展** (Multi-Purpose Internet Mail Extensions,MIME)是一组允许多媒体文档在不同计算机系统之间传送的规则。MIME 最初专为扩展原始的电子邮件协议而设计,但也被 HTTP 使用。MIME 提供了 7 种不同类型文件的传送方式:音频、视频、图像、应用程序、邮件、多段文件和文本。MIME 还使用子类型来进一步描述数据。例如,网页的 MIME 类型为 text/html,GIF 和 JPEG 图片的 MIME 类型分别是 image/gif 和 image/jpeg。

服务器在将一个文件传送给浏览器之前会先确定它的 MIME 类型,MIME 类型连同文件一起传送,浏览器根据 MIME 类型决定文件的显示方式。

那么信息是如何从服务器传送到浏览器的呢?客户端(如浏览器)和服务器(如服务器)之间通过 HTTP,TCP 和 IP 等通信协议进行数据交换。

1.5 Internet 协议

协议是描述客户端和服务器之间如何在网络上进行通信的规则。Internet 和 Web 不是基于单一协议工作的。相反,它们要依赖于大量不同作用的协议。

电子邮件协议

大多数人对电子邮件已习以为常,但许多人不知道的是,它的顺利运行牵涉到两个服务器:一个入站邮件服务器和一个出站邮件服务器。需要向别人发邮件时,使用的是**简单邮件传输协议**(SMTP)。接收邮件时,使用的是**邮局协议**(POP,现在是 POP3)和 **Internet 邮件存取协议**(IMAP)。

超文本传输协议

超文本传输协议(HTTP)是一组在网上交换文件的规则,这些文件包括文本、图形图像、声音、视频和其他多媒体文件。浏览器和服务器通常使用这一协议。浏览器用户输入网址或点击链接请求文件时,浏览器构造一个 HTTP 请求并把它发送到服务器。目标机器上的服务器收到请求后进行必要的处理,再将被请求的文件和相关的媒体文件发送出去,进行应答。

文件传输协议

文件传输协议(File Transfer Protocol，FTP)是一组允许文件在互联网上不同计算机之间进行交换的规则。HTTP 供浏览器请求网页及其相关文件以显示某一页面。相反，FTP 只用于将文件从一台计算机传送到另一台。开发人员经常使用 FTP 将网页从他们自己的计算机传送到服务器。FTP 也经常用于将程序和文件从服务器下载到自己的 PC。

TCP/IP(传输控制协议/Internet 协议)被采纳为 Internet 官方通信协议。TCP 和 IP 有不同的功能，它们协同工作以保证 Internet 通信的可靠性。

TCP TCP 的目的是保证网络通信的完整性，TCP 首先将文件和消息分解成一些独立的单元，称为数据包。这些数据包(图 1.8)包含许多信息，如目标地址、来源地址、序号和用以验证数据完整性的校验和。

图 1.8 TCP 数据包

TCP 与 IP 共同工作，实现文件在网上的高效传输。TCP 创建好数据包之后，由 IP 进行下一步工作，它使用 IP 寻址在网上使用特定时刻的最佳路径发送每个数据包。数据到达目标地址后，TCP 使用校验和来验证每个数据包的完整性，如果某个数据包损坏就请求重发，然后将这些数据包重组成文件或消息。

IP IP 与 TCP 共同工作，它是一组控制数据如何在网上不同计算机之间进行传输的规则。IP 将数据包路由传送到目的地址。发送后，数据包将转发到下一个最近的路由器(用于控制网络传输的硬件设备)。如此重复，直至到达目标地址。

IP 地址

每一台连接到互联网的设备都有唯一的数字 **IP 地址**，这些地址由 4 组数字组成，每组 8 位(bit)，称为一个 octet(八位元)。现行的 IP 版本 IPv4 使用的是 32 位地址，用十进制数字表示就是 xxx.xxx.xxx.xxx，其中 xxx 是 0~255 的十进制数值。IP 地址可以和域名相对应，在浏览器的地址栏中输入 URL 或域名后，**域名系统**(Domain Name System，DNS)服务器会查找与之对应的 IP 地址。例如，当我写到这里的时候查到谷歌的 IP 是 74.125.73.106。

可以在 Web 浏览器的地址栏中输入这串数字(如图 1.9 所示)，按 Enter 键，谷歌的主页就会显示了。当然，直接输入"google.com"更容易，这也正是人们为什么要创建域名(如 google.com)的原因。由于一长串数字记忆起来比较困难，所以人们引进了域名系统，作为一种将文本名称和数字 IP 地址联系起来的办法。

图 1.9　在 Web 浏览器中输入 IP 地址

> **FAQ　什么是 IPv6？**
>
> IPv6 是下一代 IP 协议。它的目的是改进当前的 IPv4，同时保持与它的向后兼容。ISP 和互联网用户可以分批次升级到 IPv6，不必统一行动。
>
> IPv6 提供了更多的地址，因为 IP 地址从 32 位加长到 128 位。这意味着总共有 2^{128} 个唯一的 IP 地址，或者说 340 282 366 920 938 463 463 374 607 431 768 211 456 个。即每个 PC、笔记本、手机、传呼机、PDA、汽车和烤箱等都可以分配到足够的 IP 地址。

1.6　统一资源标识符(URI)和域名

URI 和 URL

统一资源标识符(Uniform Resource Identifier，URI)代表 Internet 上的一个资源。**统一资源定位符**(Uniform Resource Locator，URL)是一种特别的 URI，代表网页、图形文件或 MP3 文件等资源的网络位置。URL 由协议、域名和文件在服务器上的层级位置构成。

URL

例如 http://www.webdevbasics.net/chapter1/index.html 这个 URL(如图 1.10 所示)，它表示要使用 HTTP 协议和域名 webdevbasics.net 上名为 www 的服务器。在这个例子中，根文件(通常是 index.html 或 index.htm)会显示。

图 1.10　描述文件夹中的一个文件的 URL

域名

域名用于互联网上定位某个组织或其他实体。域名系统(DNS)的作用是通过标识确切的地址和组织类型，将互联网划分为众多逻辑性的组别和容易理解的名称。DNS 将基于文本的域名和分配给设备的唯一 IP 地址联系起来。

以 www.yahoo.com 这个域名为例：.com 是顶级域名，yahoo.com 是雅虎公司注册的域名，被看成是.com 下面的二级域名。www 是在 yahoo.com 这个域中运行的 Web 服务器的名称(有时称为 Web 主机)。从整体上看，www.yahoo.com 称为一个**完全限定域名**(Fully-Qualified Domain Name，FQDN)。

顶级域名(Top-Level Domain Name，TLD)是域名的最右边的部分。一个 TLD 要么是国际顶级域名(如 com 为商业公司)，要么是国别顶级域名(如 fr 代表法国)。IANA 网站(http://www.iana.org/cctld/cctld-whois.htm)提供了完整国家代码 TLD 列表。ICANN 管理着表 1.1 列出的国际顶级域名。

表 1.1 顶级域名

顶级域名	代表
.aero	航空运输业
.asia	亚洲机构
.biz	商业机构
.cat	加泰罗尼亚语或加泰罗尼亚文化相关
.com	商业实体
.coop	合作组织
.edu	仅限于有学位或更高学历授予资格的高等教育机构使用
.gov	仅限于政府使用
.info	无使用限制
.int	国际组织(很少使用)
.jobs	人力资源管理社区
.mil	仅限于军事用途
.mobi	要和一个.com 网站对应 - .mobi 网站专为方便移动设备访问而设计
.museum	博物馆
.name	个人
.net	与互联网支持相关的团体，通常是互联网服务提供商或电信公司
.org	非赢利性组织
.pro	会计师、物理学家和律师
.tel	个人和业务联系信息
.travel	旅游业

.com，.org 和.net 这三个顶级域名目前基于诚信系统使用，也就是说假如某个人开了一家鞋店(与网络无关)，也可以注册 shoes.net 这个域名。

DNS 的作用是将域名与 IP 地址关联，每次在 Web 浏览器中输入一个新的 URL，就会发生下面这些事情。

(1) 访问 DNS。

(2) 获取相应的 IP 地址并将地址返回给浏览器。
(3) 浏览器使用这个 IP 地址向目标计算机发送 HTTP 请求。
(4) HTTP 请求被服务器接收。
(5) 必要的文件被定位并通过 HTTP 应答传回浏览器。
(6) 浏览器渲染并显示网页和相关文件。

下次如果还想不通为什么打开一个网页需要这么长时间，就想想幕后要经历的这么多步骤吧！

1.7　HTML 概述

标记语言(markup language)由规定浏览器软件(或手机等其他用户代理)如何显示和管理 Web 文档的指令集组成。这些指令通常称为标记或标签(tag)，执行诸如显示图片、格式化文本和引用链接的功能。

万维网(World Wide Web)由众多网页文件构成，文件中包含对网页进行描述的 HTML 和其他标记语言指令。蒂姆·伯纳斯-李(Tim Berners-Lee)使用标准通用标记语言(Standard Generalized Markup Language，SGML)创建了 HTML。SGML 规定了在文档中嵌入描述性标记以及描述文档结构的标准格式。SGML 本身不是网页语言；相反，它描述了如何定义这样的一种语言，以及如何创建文档类型定义(DTD)。W3C(http://w3c.org)订立了 HTML 及其相关语言的标准。和 Web 本身一样，HTML 也在不断地发生改变。

什么是 HTML

HTML 是一套标记符号或者代码集，它们插入可由浏览器显示的网页文件中。这些标记符号和代码标识了结构元素，如段落、标题和列表。还可用 HTML 在网页上放置多媒体(如图片、视频和音频)，或者对表单进行描述。浏览器的作用是解释标记代码，并渲染页面供用户浏览。HTML 实现了信息的平台无关性。换言之，不管网页是用什么计算机创建的，任何操作系统的任何浏览器所看到的页面都是一致的。

每个独立的标记代码都称为一个**元素**或**标记**，每个标记都有特定功能，它们被尖括号<和>括起来。大部分标记成对出现：有开始标记和结束标记；它们看起来就像是容器，所以有时被称为容器标记。例如，<title>和</title>标记对之间的文本会显示在浏览器窗口的标题栏中。

有些标记独立使用，不作为标记对的一部分。例如，在网页上显示水平分隔线的标记<hr />，就是独立标记，它没有对应的结束标记。你以后会逐渐熟悉它们。另外，大部分标记还可使用**属性**(attribute)进一步描述其功能。

什么是 XML

XML(eXtensible Markup Language，可扩展标记语言)是 W3C 用于创建通用信息格式以及在 Web 上共享格式和信息的一种语言。它是一种基于文本的语法，设计用于描述、分发和交互结构化信息(比如 RSS"源")。XML 的宗旨不是替代 HTML，而是通过将数据和表示分开，从而对 HTML 进行扩展。开发人员可使用 XML 创建描述自己信息所需的任何标记。

什么是 XHTML

如今使用的 HTML 最新标准化版本实际是 XHTML(eXtensible Hyper Text Markup Language,可扩展超文本标记语言)。XHTML 使用 HTML4 的标记和属性,同时使用了更严谨的 XML 语法。XHTML 在 Web 上已经使用了超过 10 年,许多网页都是用这种标记语言编码的。W3C 有段时间开发过 XHTML 的新版本,称为 XHTML 2.0。但 W3C 后来停止了 XHTML 2.0 的开发,因为它不向后兼容 HTML4。相反,W3C 改为推进 HTML5。

HTML5——HTML 的最新版本

本书写作之时,W3C 的"HTML 工作组"正在忙于更新 HTML5 的草案。图 1.11 展示了它的徽标。它是 HTML 4 的下一个版本,取代的是 XHTML。HTML5 集成了 HTML 和 XHTML 的功能,添加了新元素,提供表单编辑和原生视频支持等新功能,而且向后兼容。

图 1.11　W3C 制作的 HTML5 徽标(http://www.w3.org/html/logo)

现在已经可以开始使用 HTML5 了!主流浏览器的最新版本(比如 Internet Explorer,Firefox,Safari,谷歌浏览器和 Opera)已经开始支持 HTML5 的许多新功能。本书将完全使用 HTML5 语法。由于 HTML5 尚处在起草阶段,本书出版后可能发生变化,所以请访问 http://www.w3.org/TR/html-markup 了解最新的 HTML5 元素列表。

1.8　网页幕后揭秘

前面已经讲过 HTML 标记语言告诉浏览器如何在网页上显示信息。下面让我们揭开每个网页幕后的秘密(图 1.12)。

图 1.12　幕后的秘密挺有意思的

文档类型定义(DTD)

由于存在多个版本多种类型的 HTML 和 XHTML，W3C 建议在网页文档中使用**文档类型定义**(Document Type Definition，DTD)标明所使用的标记语言的类型。DTD 标识了文档里包含的 HTML 的版本，浏览器和 HTML 代码校验器在处理网页的时候会使用 DTD 中的信息。DTD 语句通常称为 DOCTYPE 语句，它是网页文档的第一行。HTML5 的 DTD 如下所示：

```
<!DOCTYPE html>
```

网页模板

每个网页都包含 html，head，title，meta 和 body 元素。下面将遵循使用小写字母并为属性值添加引号的编码样式。基本的 HTML5 模板如下所示(chapter1/template.html)：

```
<!DOCTYPE html>
<html lang="en">
<head>
<title>文件标题放在这里</title>
<meta charset="utf-8">
</head>
<body>
... 主体文本和更多的 HTML 标记放置于此
</body>
</html>
```

注意，除了网页标题，你创建的每个网页的前 7 行通常都是相同的。注意在上述代码中，除了文档类型定义语句之外，HTML 标记都使用小写字母。接着讨论一下 html，head，title，meta 和 body 元素的作用。

html 元素

html 元素指出当前文档用 HTML 进行格式化。html 元素告诉浏览器如何解释文档。起始<html>标记放在 DTD 下方。结束</html>标记指出网页的结尾，位于其他所有 HTML 元素之后。

html 元素还需要指出文档的书面语言(比如英语或中文)。这个额外的信息以属性的形式添加到<html>标记，属性的作用是修改或进一步描述某个元素的作用。用于指定文档书面语言的是 lang 属性。例如，lang="en"指定英语。搜索引擎和屏幕朗读器可能会参考这个属性。在 html 元素中包含网页的两个主要区域：页头(head)和主体(body)。页头区域包含对网页文档进行描述的信息，而主体区域包含实际由浏览器显示的标记、文本、图像和其他对象。

页头部分

位于页头部分的元素包括网页标题。用于描述文档的 meta 标记(比如字符编码和可以由搜索引擎访问的信息)以及对脚本和样式的引用。这些信息大多不在网页上直接显示。

页头部分包含在 head 元素中，以<head>标记开始，以</head>标记结束。页头部分至少要包含一个 title 元素和一个 meta 元素。

页头部分的第一个标记是 title 元素,它包含要在浏览器窗口标题栏显示的文本。<title> 和</title>之间的文本就是网页的**标题**,收藏和打印网页时会显示标题。流行的搜索引擎(比如 Google)根据标题文本判断关键字的相关性,甚至会在搜索结果页中显示标题文本。应指定一个能很好描述网页内容的标题。如果网页是为公司或组织设计的,标题中应该包含公司或组织的名称。

meta 元素描述网页的特征,比如字符编码等。**字符编码**是指字母、数字和符号在文件中的内部表示方式。有多种不同的字符编码方式。但是,平时应该使用一个得到广泛支持的字符编码,比如 utf8,它是 Unicode 的一种形式。meta 标记独立使用——而不是使用一对起始和结束标记。我们说它是一种独立或"自包容"标记,在 HTML5 中称为"void 元素"。meta 标记使用 charset 属性来指定字符编码,如下例所示:

```
<meta charset="utf-8">
```

主体部分

主体部分包含在浏览器窗口(称为浏览器的**视口**)中实际显示的文本和元素。该部分的作用是配置网页的内容。

主体部分以<body>标记开始,以</body>标记结束。我们的大多数时间都花在网页主体部分的编码上。在主体部分输入文本,它将在网页上直接显示。

1.9 第一个网页

 视频讲解:Your First Web Page

创建网页文档无需特殊软件,只需要一个文本编辑器。记事本是 Windows 自带的文本编辑器,TextEdit 是 Mac OS X 自带的 (配置请参考 http://support.apple.com/kb/TA20406)。除了使用简单的文本编辑器或字处理程序,另一个选择是使用商业网页创作工具,比如 Microsoft Expression Web 或 Adobe Dreamweaver。还有许多自由或共享软件可供选择,包括 Notepad++,TextPad 和 TextWrangler。不管使用什么工具,打下牢靠的 HTML 基础将让你受益匪浅,本书的例子使用记事本程序编辑。

动手实作 1.1

熟悉了网页的基本元素之后,接着开始创建第一个网页,如图 1.13 所示。

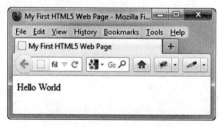

图 1.13 第一个网页

创建文件夹

使用本书开发自己的网站时，有必要新建一个文件夹来管理文件。使用操作系统在硬盘或 U 盘上新建文件夹 chapter1。

在 Mac 上新建文件夹

1. 启动 Finder，选择想要创建新文件夹的位置。
2. 选择 File > New Folder。创建一个无标题文件夹。
3. 为了重命名文件夹，选择它并点击当前名称。输入文件夹的新名称，按 Return 键。

在 Windows 上新建文件夹

1. 启动 Windows 资源管理器(按 Windows 键或选择"开始">"所有程序">"附件">"Windows 资源管理器")，切换到想要新建文件夹的位置，比如"我的文档"。
2. 选择"组织">"新建文件夹"。
3. 为了重命名文件夹，右击它，从上下文关联菜单中选择"重命名"。输入文件夹的新名称，然后按 Enter 键。

现在准备好新建第一个网页了。启动记事本或其他文本编辑器，输入以下代码。

```
<!DOCTYPE html>
<html lang="en">
<head>
<title>My First HTML5 Web Page</title>
<meta charset= "utf-8">
</head>
<body>
Hello World
</body>
</html>
```

注意：文件的第一行包含的是 DTD。HTML 代码以<html>标记开始，以</html>标记结束，这两个标记的作用是表明它们之间的内容构成了一个网页。

<head>和</head>标记界定了页头部分，其中包含一对标题标记(标题文本是"My First HTML5 Web Page")和一个<meta>标记(指定字符编码)。

<body>和</body>标记界定了主体部分，主体标记之间输入了"Hello World"这一行文本。这些代码在记事本中的样子如图 1.14 所示。你刚刚创建了一个网页文档的源代码。

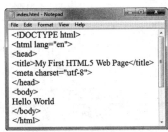

图 1.11　网页源代码在记事本中的显示

> **FAQ 每个起始标记都要另起一行吗？**
>
> 不用。即使所有标记都挤在一行中，中间不留任何空白，浏览器也能正常显示网页。然而，如果恰当地使用换行和缩进，人们在读代码的时候会感觉非常舒服。

保存文件

网页使用.htm 或.html 扩展名。网站主页常用的文件名是 index.htm 或 index.html。本书的网页使用.html 扩展名。

当前文件使用 index.html 这个名称来保存。

1. 在记事本或其他文本编辑器中显示文件。
2. 选择"文件"|"另存为"(Save As)。
3. 在"另存为"对话框中输入文件名，如图 1.15 所示。
4. 单击"保存"(Save)按钮。

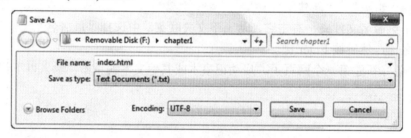

图 1.15　保存和命名文件

学生文件提供了动手实作的示例解决方案。如果愿意，可在测试网页之前将自己的作品与示例解决方案(chapter1/index.html)进行比较。

> **FAQ 为什么我的文件有一个.txt 扩展名？**
>
> 老版本 Windows 的记事本程序会自动附加一个.txt 扩展名。在这种情况下，请在 Windows 资源管理器中将文件重命名为 index.html。

测试网页

有两种方式测试网页。

1. 启动 Windows 资源管理器(Windows)或者 Finder(Mac)，找到自己的 index.html 文件，双击它。随后就会打开默认浏览器并显示 index.html 网页。
2. 启动 Web 浏览器。选择"文件"|"打开"找到自己的 index.html 文件，选定 index.html，单击"确定"。浏览器会显示 index.html 网页。

如果使用 Internet Explorer，网页的显示效果如图 1.16 所示。图 1.13 是使用 Firefox 12 显示的效果。注意浏览器窗口的标题栏显示了标题文本"My First HTML5 Web Page"。有的搜索引擎利用<title>和</title>标记之间的内容判断关键字搜索的相关性。因此，请确保每个网页都包含了描述性的标题。当网站的访问者把你的网页加入书签或收藏夹的时候也会用到<title>标记。吸引人的、贴切的网页标题会引导访客再次浏览你的网站。如果是某个公司或组织的网页，在标题中包含公司或组织的名称是个不错的主意。

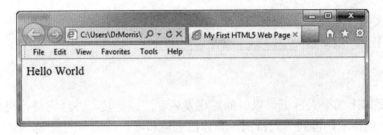

图 1.16 用 Internet Explorer 显示的网页

> **FAQ** 在浏览器中查看我的网页时，文件名是 index.html.html，为什么会这样？
> 这一般是因为操作系统设置了隐藏文件扩展名。在显示文件扩展名的情况下，将 index.html.html 重命名为 index.html。两种操作系统显示文件扩展名的方法是不同的：
> - Windows：http://support.microsoft.com/kb/865219
> - Mac：http://www.fileinfo.com/help/mac_show_extensions。

复习和练习

复习题

选择题

1. 选择正确说法。（　　）
   A. 浏览器显示的内容包含在页头部分。
   B. 浏览器显示的内容包含在主体部分。
   C. 有关网页的信息包含在主体部分。
   D. 以上都对。
2. 与计算机唯一数字 IP 地址对应的、基于文本的网络地址称为什么？（　　）
   A. IP 地址　　　B. 域名　　　C. URL　　　D. 用户名
3. 以下哪一个协议的作用是确保通信的完整性？（　　）
   A. IP　　　B. TCP　　　C. HTTP　　　D. FTP
4. http://www.google.com 这个 URL 的顶级域名是什么？（　　）
   A. http　　　B. www　　　C. yahoo　　　D. com

判断题

5. （　　）标记语言提供了告诉浏览器如何显示和管理 Web 文档的指令集。
6. （　　）以 .net 结尾的域名表明是网络公司的网站。

填空题

7. HTML 的最新版本是_____。
8. _____规定了一组特殊的标记符号或代码，它们要插入准备由浏览器显示的文件中。

9. 网页文档一般使用_____或者_____文件扩展名。
10. 网站主页一般命名为_____或者_____。

动手练习

1. 博客是网上的个人日记，以时间顺序发表看法或链接，并经常进行更新。博客讨论的话题从政经到技术，再到个人日记，具体由创建和维护该博客的人(称为博主)决定。

   建立博客来记录自己学习网页开发的历程。可考虑以下提供免费博客的网站：http://blog.163.com、http://blog.qq.com 或 http://blog.sina.com.cn。按网站说明建立自己的博客。博客可以记录自己的工作和学习经历，可以介绍有用或有趣的网站，也可记录对自己有用的设计资源网站。还可以介绍一些有特点的网站，比如提供了图片资源的网站，或者感觉导航功能好用的网站。用只言片语介绍自己感兴趣的网站。开发自己的网站时，可在博客上张贴你的网站的 URL，并解释自己的设计决定。和同学或朋友分享这个博客。

2. 新浪微博(http://weibo.com)是著名的微博社交媒体网站。每条微博最大长度是 140 字。微博用户将自己的见闻或感想发布到微博上，供朋友和粉丝浏览。如果微博是关于某个主题的，可以在主题前后添加#符号，例如用#奥斯卡#发布关于奥斯卡的微博。这个功能使用户能方便地搜索关于某个主题或事件的所有微博。

   请在微博上建立帐号来分享你觉得有用或有趣的网站。发布至少 3 条微博。也可分享包含有用设计资源的网站。等你开发自己的网站时，也可以在微博上宣传一下它。

   老师可能要求发布指定主题的微博，例如#网页开发#。搜索它可以看到所有相关微博。

Web 研究

1. 万维网联盟(W3C)负责为 Web 创建各种各样的标准，浏览 http://www.w3c.org 并回答下面的问题：
   A. W3C 最开始是怎么来的？
   B. 谁能加入 W3C？加入它的费用是多少？
   C. W3C 主页上列出了很多技术，选择感兴趣的一个，点击链接并阅读相关的页面。列举你归纳的三个事实或问题。

2. 世界网站管理员组织(WOW)是为创建和管理网站的个人与组织提供支持的一个专业协会。浏览网站 http://webprofessionals.org 并回答以下问题。
   A. 怎样加入 WOW？加入它的费用是多少？
   B. 列举 WOW 参与的一个活动。你会参加这个活动吗？解释理由。
   C. 列出 WOW 为网页开发人员职业规划提供帮助的三种方式。

聚焦 Web 设计

1. 浏览本章提到的、你感兴趣的任何一个网站，打印它的主页或其他相关页面，写一页关于该网站的总结和你对它的感受。集中讨论以下问题。
   A. 该网站的目的是什么？
   B. 目标受众是谁？
   C. 你是否认为网站能够传到目标受众那里？为什么？

D. 这个网站对你是否有用？为什么？
E. 列举该网站讨论的你感兴趣的一个话题。
F. 你是否推荐其他人浏览这个网站？
G. 该网站还应该如何改进？

第 2 章

HTML 基础

第 1 章使用 HTML5 创建了第一个网页，并在浏览器中进行了测试。我们用 DTD 指定了要使用的 HTML 版本，并使用了<html>，<head>，<title>，<meta>和<body>标记。本章将继续学习 HTML，要使用 HTML 元素(包括新的 HTML5 header，nav 和 footer 元素)配置网页结构和文本格式。要学习超链接的知识，它使万维网成为信息互联网络。要配置锚元素，通过超链接使不同的网页链接到一起。阅读本章时，一定要把每个例子过一遍。网页编码是一种技术活儿，而每种技术都需要练习。

学习内容

- 使用标题、段落、div、列表和块引用来配置网页主体
- 配置特殊字符、换行符和水平标尺
- 使用短语元素来配置文本
- 校验网页语法
- 使用新的 HTML5 header，nav 和 footer 元素配置网页
- 使用锚元素链接网页
- 配置绝对链接、相对链接和电子邮件链接

2.1 标题元素

标题(heading)元素从 h1 到 h6 共六级。标题元素包含的文本被浏览器渲染为"块"(block)。标题上下自动添加空白(white space)。<h1>的字号最大，<h6>最小。取决于所用字体(第 6 章将进一步讲解字号)，<h4>，<h5>和<h6>标记中的文本看起来可能比默认字号小一点。标题文本全都加粗。

> **FAQ 为什么不将标题放到页头部分？**
> 经常有学生试图将标题(heading)元素或者说 h 元素放到文档的页头(head)而不是主体(body)部分，造成浏览器显示的网页看起来不理想。虽然 head 和 heading 听起来差不多，但 heading 一定要放到 body 中。

图 2.1 显示了 6 级标题的效果。

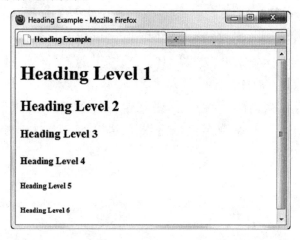

图 2.1 示例 heading.html

 动手实作 2.1

为了创建图 2.1 的网页，启动记事本或其他文本编辑器。打开学生文件 chapter1/template.html。修改 title 元素并在 body 部分添加标题。如以下加粗的代码所示。

```
<!DOCTYPE html>
<html lang="en">
<head>
<title>Heading Example</title>
<meta charset="utf-8">
</head>
<body>
<h1>Heading Level 1</h1>
<h2>Heading Level 2</h2>
<h3>Heading Level 3</h3>
<h4>Heading Level 4</h4>
<h5>Heading Level 5</h5>
```

```
<h6>Heading Level 6</h6>
</body>
</html>
```

将文件另存为 heading2.html。打开 Web 浏览器(如 Internet Explorer 或 Firefox)测试网页。它看起来应该和图 2.1 显示的页面相似。可以将自己的文档与学生文件 chapter2/heading.html 进行比较。

> **为什么 heading 标记会跑到 head 部分？**
> 尝试在文档的 head 部分编码 headinig 标记，却发现浏览器中显示的网页并不是自己想象的那样，这对学生而言，非常普遍。heading 标记和 head 部分尽管听起来很接近，但并不意味着它们就该"挨着"，一定记得在网页文档的 body 部分写 heading 标记。

> **无障碍访问和标题**
> 标题能使网页更容易访问和使用。一个好的实践是使用标题创建网页内容大纲。利用 h1、h2 和 h3 等元素来建立内容的层次结构。与此同时，将网页内容包含在段落和列表等块显示元素中。在图 2.2 中，<h1>标记在网页顶部显示网站名称，<h2>标记显示网页名称，其他标题元素则用于标识更小的主题。

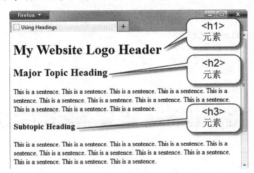

图 2.2 利用标题创建网页大纲

> 有视力障碍的用户可配置自己的屏幕朗读器显示网页上的标题。制作网页时利用标题对网页进行组织将使所有用户获益，其中包括那些有视力障碍的。

HTML5 更多的标题选项

你或许听说过 HTML5 新增的 header 和 hgroup 元素。它们提供了更多的标题配置选项。本章稍后会讨论 header 元素，hgroup 元素在第 8 章讨论。

2.2 段落元素

段落元素是将一些句子或文本组织在一起的块级元素，<p>和</p>之间的文本将显示成段落，上下各显示一个空行。

图 2.3 在第一个标题之后显示了一个段落。

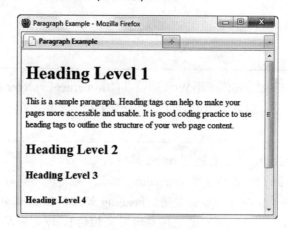

图 2.3　使用了标题和段落的网页

 动手实作 2.2

为了创建图 2.3 的网页，启动记事本或其他文本编辑器，打开学生文件 chapter2/heading.html。修改网页标题，在<h1>和<h2>之间添加一个段落。

```
<!DOCTYPE html>
<html lang="en">
<head>
<title>Paragraph Example</title>
<meta charset="utf-8">
</head>
<body>
<h1>Heading Level 1</h1>
<p>This is a sample paragraph. Heading tags can help to make your pages more accessible and usable. It is good coding practice to use heading tags to outline the structure of your web page content.
</p>
<h2>Heading Level 2</h2>
<h3>Heading Level 3</h3>
<h4>Heading Level 4</h4>
<h5>Heading Level 5</h5>
<h6>Heading Level 6</h6>
</body>
</html>
```

将文档另存为 paragraph2.html。启动浏览器测试网页。它看起来应该和图 2.3 相似。可将自己的文档与学生文件 chapter2/paragraph.html 进行比较。注意，浏览器窗口大小改变时，段落文本将自动换行。

对齐

测试网页时，会注意到标题和文本都是从左边开始显示的，这称为**左对齐**，是网页的默认对齐方式。在以前版本的 HTML 中，想让段落或标题居中或右对齐可以使用 align 属性。但这个属性已在 HTML5 中废弃.。换言之，已经从 W3C HTML5 草案规范中删除了。将在第 6 章、第 7 章和第 8 章学习如何使用 CSS 配置对齐。

发布 Web 内容时避免使用长段落。人们喜欢快速扫视网页，而不是逐字阅读。用标题概括网页内容，善用短的段落(三五句话即可)和列表(本章稍后会学习)。

2.3 换行和水平标尺

换行元素

换行元素造成浏览器跳到下一行显示下一个元素或文本。换行标记单独使用——不成对使用，没有开始和结束标记。我们说它是一种独立或自包容标记。它在 HTML5 中称为 void 元素，编码成
。图 2.4 的网页在段落的第一句话之后使用了换行。

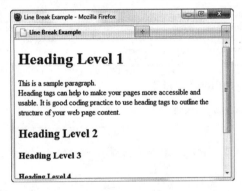

图 2.4　注意第一句话之后发生了换行

动手实作 2.3

为了创建图 2.4 的网页，请启动文本编辑器并打开学生文件 chapter2/paragraph.html。将标题修改成"Line Break Example"。将光标移至段落第一句话"This is a sample paragraph."之后。按 Enter 键，保存网页并在浏览器中查看。注意，虽然源代码中的"This is a sample paragraph."是单独占一行，但浏览器并不那样显示。要看到和源代码一样的换行效果，必须添加换行标记。编辑文件，在第一句话之后添加
标记，如下所示：

```
<body>
<h1>Heading Level 1</h1>
<p>This is a sample paragraph. <br> Heading tags can help to make your pages more
accessible and usable. It is good coding practice to use heading tags to outline the
structure of your web page content.
</p>
<h2>Heading Level 2</h2>
<h3>Heading Level 3</h3>
<h4>Heading Level 4</h4>
<h5>Heading Level 5</h5>
<h6>Heading Level 6</h6>
</body>
```

将文件另存为 linebreak2.html。启动浏览器进行测试，结果如图 2.4 所示。将自己的作品与学生文件 Chapter2/linebreak.html 进行比较。

水平标尺元素

网页设计师经常使用线和边框等视觉元素分隔或定义网页的不同区域。水平标尺元素 <hr> 在在网页上配置一条水平线。由于水平标尺元素不包含任何文本，所以编码成 void 元素，不会成对使用。水平标尺元素在 HTML5 中有新的语义，代表内容主题分隔或变化。图 2.5 展示了段落后添加水平标尺的一个网页(学生文件 chapter2/hr.html)。第 6 章将学习如何使用层叠样式表(CSS)为网页元素配置线和边框。

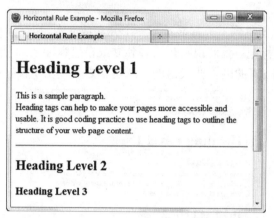

图 2.5 段落下方显示一条水平线

 在网页上使用水平标尺请三思，一般留空就足以分隔开不同的内容了。

 动手实作 2.4

为了创建图 2.5 的网页，请启动文本编辑器并打开学生文件 chapter2/linebreak.html。将标题修改成"Horizontal Rule Example"。将光标移至</p>标记后并按 Enter 键另起一行。在新行上输入<hr>，如下所示：

```
<body>
<h1>Heading Level 1</h1>
<p>This is a sample paragraph. <br> Heading tags can help to make your pages more
accessible and usable. It is good coding practice to use heading tags to outline the
structure of your web page content.
</p>
<hr>
<h2>Heading Level 2</h2>
<h3>Heading Level 3</h3>
<h4>Heading Level 4</h4>
<h5>Heading Level 5</h5>
<h6>Heading Level 6</h6>
</body>
```

将文件另存为 hr2.html。启动浏览器进行测试，结果如图 2.5 所示。可将自己的作品与学生文件 Chapter2/hr.html 进行比较。

2.4 块引用元素

除了用段落和标题组织文本，有时还需要为网页添加引文。<blockquote>标记以特殊方式显示引文块——左右两边都缩进。引文块包含在<blockquote>和</blockquote>标记之间。

图 2.6 展示了包含标题、段落和块引用的示例网页。

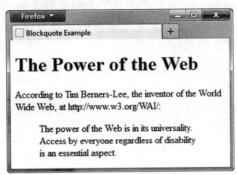

图 2.6 块引用元素中的文本被缩进了

使用<blockquote>标记可以方便地缩进文本块。你或许会产生疑问，<blockquote>是适合任意文本，还是仅适合长引文。<blockquote>标记在语义上正确的用法是缩进网页中的大段引文块。为什么要强调语义？这是为将来的"语义网"准备的。《科学美国人》(*Scientific American*)将"语义网"描述成"对计算机有意义的一种新形式的内容，具有广阔发展前景。"以符合语义的、结构性的方式使用 HTML 是迈向"语义网"的第一步。所以如果仅仅是缩进文本，就不要使用<blockquote>。本书以后会讲解如何配置元素的边距和填充。

动手实作 2.5

为了创建图 2.6 的网页，请启动文本编辑器并打开 chapter1/template.html。修改 title 元素。然后在主体部分添加一个<h1>标题，一个<p>标记和一个<blockquote>标记，如下所示：

```
<!DOCTYPE html>
<html lang="en">
<head>
<title>Blockquote Example</title>
<meta charset="utf-8">
</head>
<body>
<h1>The Power of the Web</h1>
<p>According to Tim Berners-Lee, the inventor of the World Wide Web, at
http://www.w3.org/WAI/:
</p>
<blockquote>
The power of the Web is in its universality. Access by everyone
regardless of disability is an essential aspect.
</blockquote>
```

```
</body>
</html>
```

将文件另存为 blockquote2.html。启动浏览器进行测试，结果如图 2.6 所示。可将自己的作品与学生文件 Chapter2/blockquote.html 进行比较。

> **FAQ 为什么我的网页看起来还是一样的？**
>
> 经常有这样的情况，把网页修改好了而浏览器显示的仍是旧的页面。如果确定已修改了网页，而浏览器没有显示更改的内容，下面这些提示也许能解决问题。
> 1. 确定修改之后的网页文件已经保存。
> 2. 确定文件保存到正确位置——硬盘上的特定文件夹。
> 3. 确认浏览器从正确位置打开网页。
> 4. 一定要单击浏览器的"刷新"或"重载"按钮(或者按 F5 键)。

2.5 短语元素

短语元素有时也称为**逻辑样式元素**，用于指定容器标记之间的文本的上下文与含义。不同浏览器对这些样式的解释也不同。短语元素和其他文本一起显示(称为内联显示)，可应用于一个文本区域，也可应用于单个字符。例如，<strong>元素指定和它关联的文本要以一种比正常文本更加"强调"的方式显示。

表 2.1 列出了常见的短语元素及其用法示例。注意，一些标记(比如<cite>和<dfn>)在今天的浏览器中会造成和<em>一样的显示(倾斜)。这两个标记在语义上将文本描述成引文(citation)或定义(definition)，但两种情况下实际都显示为倾斜。

表 2.1 短语元素

元素	例子	用法
<abbr>	WIPO	标识文本是缩写。配置 title 属性
<b>	加粗文本	文本没有额外的重要性，但样式采用加粗字体
<cite>	*引用*文本	标识文本是引文或参考，通常倾斜显示
<code>	代码(code)文本	标识文本是程序代码，通常使用等宽字体
<dfn>	*定义*文本	标识文本是词汇或术语定义，通常倾斜显示
<em>	*强调*文本	使文本强调或突出于周边的普通文本，通常倾斜显示
<i>	*倾斜*文本	文本没有额外的重要性，但样式采用倾斜字体
<kbd>	输入文本	标识要用户输入的文本，通常用等宽字体显示
<mark>	记号文本	文本高亮显示以便参考(仅 HTML5)
<samp>	sample 文本	标识是程序的示例输出，通常使用等宽字体
<small>	小文本	用小字号显示的免责声明等
<strong>	**强调**文本	使文本强调或突出于周边的普通文本，通常加粗显示
<sub>	下标文本	在基线以下用小文本显示的下标
<sup>	上标文本	在基线以上用小文本显示的上标
<var>	变量文本	标识并显示变量或程序输出，通常倾斜显示

注意，所有短语元素都是容器标记，必须有开始标记和结束标记。如表 2.1 所示，<strong>元素表明文本有很"强"的重要性。浏览器和其他用户代理通常(但并非总是)加粗显示<strong>文本。屏幕朗读器(比如 Jaws 或 Window-Eye)可能会将<strong>文本解释为重读。例如，如果想要强调下面这行文本中的电话号码：

请拨打免费电话表明你的 Web 开发需求：888.555.5555

像下面这样编码：

```
<p>请拨打免费电话表明你的 Web 开发需求：
<strong>888.555.5555</strong></p>
```

注意：<strong>开始和结束标记都包含在段落标记(<p>和</p>)之中，这是正确的嵌套方式，被认为是良构(well formed)代码。如果<p>和<strong>标记对相互重叠，而不是一对标记嵌套在另一对标记中，嵌套就不正确了。嵌套不正确的代码无法通过 HTML 校验(参见稍后的 2.11 节"HTML 语法校验")，而且可能造成显示问题。

图 2.7 展示了在网页(学生文件 chapter2/em.html)中使用<em>标记以倾斜方式对短语"Access by everyone"进行强调。

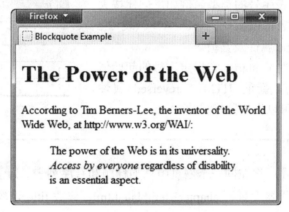

图 2.7　<em>标记的实际效果

相应的代码片断如下：

```
<blockquote>
The power of the Web is in its universality.
<em>Access by everyone</em> regardless of disability is an essential
aspect.
</blockquote>
```

2.6　有序列表

列表用于组织信息。标题、短段落和列表使网页显得更清晰，更容易阅读。HTML 支持创建三种列表：描述列表、有序列表和无序列表。所有列表都渲染成"块"，上下自动添加空白。本节讨论有序列表，它通过数字或字母编号来组织列表中包含的信息。有序列表的序号可以是数字(默认)、大写字母、小写字母、大写罗马数字和小写罗马数字。图 2.8 展示了有序列表的一个例子。

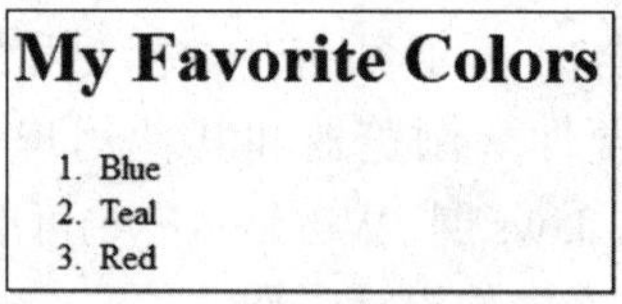

图 2.8 有序列表的例子

有序列表以<ol>标记开始，</ol>标记结束；每个列表项以<li>标记开始，</li>标记结束。对图 2.8 的网页的标题和有序列表进行配置的代码如下：

```
<h1>My Favorite Colors</h1>
<ol>
   <li>Blue</li>
   <li>Teal</li>
   <li>Red</li>
</ol>
```

type，start 和 reversed 属性

type 属性改变列表序号的类型。例如，创建按大写字母排序的有序列表可以用<ol type="A">。表 2.2 列出了有序列表的 type 属性及其值。

另一个有用的属性是 start，它指定序号的起始值 (例如从 "10" 开始)。新的 HTML5 reversed 属性 (reversed="reversed")可以指定降序排序。

表 2.2 有序列表的 type 属性

值	序号
1	数字(默认)
A	大写字母
a	小写字母
I	罗马数字
i	小写罗马数字

 动手实作 2.6

在这个动手实作中，将在同一个网页中添加标题和有序列表。为了创建如图 2.9 所示的网页，请启动文本编辑器度打开 chapter1/template.html。修改 title 元素，并在主体部分添加 h1，ol 和 li 标记。如下所示：

```
<!DOCTYPE html>
<html lang="en">
<head>
<title>Heading and List</title>
<meta charset="utf-8">
</head>
<body>
<h1>My Favorite Colors</h1>
<ol>
   <li>Blue</li>
   <li>Teal</li>
   <li>Red</li>
</ol>
</body>
</html>
```

将文件另存为 ol2.html。启动浏览器并测试网页，结果应该如图 2.9 所示。将自己的作品与学生文件 chapter2/ol.html 进行比较。

花些时间试验一下 type 属性，将有序列表设置成大写字母编号。将文件另存为 ol3.html 并在浏览器中测试。将自己的作品与学生文件 chapter2/ola.html 进行比较。

> **FAQ　为什么动手实作中的网页代码要缩进？**
>
> 网页代码是否缩进对浏览器来说没有任何影响，但为了方便人们阅读和维护代码，有必要合理地缩进代码。例如，<li> 标记通常应该缩进几个空格，这样在源代码中就能看出列表的样子。虽然没有明确规定缩进空格的数量，但你的老师或工作单位可能有一定的标准。坚持使用缩进，有利于创建更容易维护的网页。

2.7　无序列表

无序列表在列表的每个项目前都加上列表符号。默认列表符号由浏览器决定，但一般都是圆点。图 2.10 是无序列表的一个例子。

无序列表以 <ul> 标记开始，</ul> 标记结束。ul 元素是块显示元素，上下会自动添加空白。每个列表项以 <li> 标记开始，</li> 标记结束。对图 2.10 的网页的标题和无序列表进行配置的代码如下：

图 2.10　无序列表的例子

```
<h1>h1>My Favorite Colors</h1>
<ul>
  <li>Blue</li>
  <li>Teal</li>
  <li>Red</li>
</ul>
```

> **FAQ　可不可以改变无序列表的列表符号？**
>
> 在 HTML5 之前，可以为 <ul> 标记设置 type 属性将默认列表符号更改为方块 type="square" 或空心圆 (type="circle")。但 HTML5 已弃用无序列表的 type 属性，因为它只有装饰性，无实际意义。但不用担心，第 5 章会讲解如何配置列表符号来显示图片和形状。

动手实作 2.7

在这个动手实作中，将在同一个网页中添加标题和无序列表。为了创建如图 2.11 所示的网页，请启动文本编辑器并打开 chapter1/template.html。修改 title 元素，并在主体部分添加 h1, ul 和 li 标记。如下所示：

```
<!DOCTYPE html>
<html lang="en">
<head>
```

```html
    <title>Heading and List</title>
    <meta charset="utf-8">
  </head>
  <body>
    <h1>My Favorite Colors</h1>
    <ul>
       <li>Blue</li>
       <li>Teal</li>
       <li>Red</li>
    </ul>
  </body>
</html>
```

将文件另存为 ul2.html。启动浏览器并测试网页，结果应该如图 2.11 所示。可将自己的作品与学生文件 chapter2/ul.html 进行比较。

花些时间试验一下 type 属性，将无序列表的项目符号设置成方块。将文件另存为 ul3.html 并在浏览器中测试。将自己的作品与学生文件 chapter2/ulsquare.html 比较。

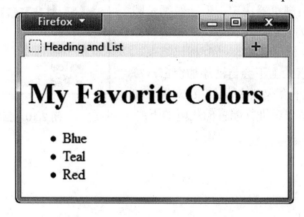

图 2.11 无序列表

2.8 描述列表

描述列表(XHTML 和 HTML4 称为**定义列表**)用于组织术语及其定义。术语单独显示，对它的描述根据需要可以无限长。术语独占一行并顶满格显示，描述另起一行并缩进。描述列表还可用于组织常见问题(FAQ)及其答案。问题和答案通过缩进加以区分。任何类型的信息如果包含多个术语和较长的解释，就适合使用描述列表。图 2.12 是描述列表的例子。

描述列表以<dl>标记开始，</dl>标记结束；每个要描述的术语以<dt>标记开始，</dt>标记结束；每项描述内容以<dd>标记开始，</dd>标记结束。

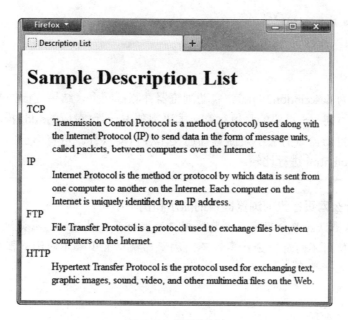

图 2.12 描述列表

 动手实作 2.8

在这个动手实作中,将在同一个网页中添加标题和描述列表。为了创建如图 2.12 所示的网页,请启动文本编辑器并打开 chapter1/template.html。修改 title 元素,并在主体部分添加 h1,dl,dt 和 dd 标记。如下所示:

```
<!DOCTYPE html>
<html lang="en">
<head>
<title>Description List</title>
<meta charset="utf-8">
</head>
<body>
<h1>Sample Description List</h1>
<dl>
  <dt>TCP</dt>
    <dd>Transmission Control Protocol is a method (protocol) used along with the Internet Protocol (IP) to send data in the form of message units, called packets, between computers over the Internet.</dd>
  <dt>IP</dt>
    <dd>Internet Protocol is the method or protocol by which data is sent from one computer to another on the Internet. Each computer on the Internet is uniquely identified by an IP address.</dd>
  <dt>FTP</dt>
    <dd>File Transfer Protocol is a protocol used to exchange files between computers on the Internet.</dd>
  <dt>HTTP</dt>
    <dd>Hypertext Transfer Protocol is the protocol used for exchanging text, graphic images, sound, video, and other multimedia
```

```
files on the Web.</dd>
</dl>
</body>
</html>
```

将文件另存为 description2.html。启动浏览器并测试网页，结果应该如图 2.12 所示。不必担心换行位置不同——重要的是每行<dt>术语都独占一行，对应的<dd>描述则在它下方缩进。尝试调整浏览器窗口的大小，注意描述文本会自动换行。可将自己的作品与学生文件 chapter2/description.html 进行比较。

> **FAQ** 为什么网页在我的浏览器中的显示和例子不同？
> 文本根据屏幕分辨率或浏览器视口的大小而自动缩进。网页开发人员的一个重要工作就是保证使用不同屏幕分辨率、不同浏览器视口大小和不同浏览器的用户看到大致相同的网页，不至于严重"走样"。

2.9 特殊字符

为了在网页文档中使用诸如引号、大于号(>)、小于号(<)和版权符(©)等特殊符号，需要使用特殊字符，或者称为实体字符(entity characters)。例如，假定要在网页中添加版权行：

© Copyright 2014 我的公司。保留所有权利。

那么可以使用特殊字符©显示版权符号，相应的代码如下：

© Copyright 2014 我的公司。保留所有权利。

另一个有用的特殊字符是 ，它代表不间断空格(nonbreaking space)。你也许已经注意到，不管多少空格，Web 浏览器都只视为一个。要在文本中添加多个空格，可连续使用 。如果只是想将某个元素调整一点点位置，这种方法是可取的。但是，如果发现网页包含太多连续的 特殊字符，就应该通过其他方法对齐元素，比如通过层叠样式表来使用边距或填充(参见第 6 章)。

表 2.3 和本书网站(http://webdevbasics.net/2e/chapter2.html)列举了特殊字符及其代码。

表 2.3 常用特殊字符

字符	实体名称	代码
"	引号	&quot;
©	版权符	&copy;
&	&符号	&amp;
空格	不间断空格	
'	撇号	&rsquo;
—	长破折号	&mdash;
|	竖线	|

动手实作 2.9

图 2.13 展示了要创建的网页。启动文本编辑器并打开 chapter1/template.html。修改 title 元素，将<title>和</title>之间的文本更改为"Web Design Steps"。图 2.13 的示例网页包含一个标题、一个无序列表和一行版权信息。

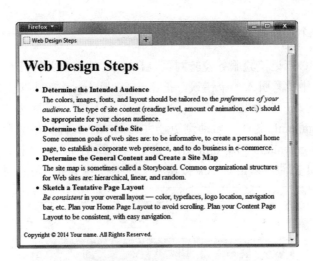

图 2.13　示例 design.html

将标题"Web Design Steps"配置为一级标题(<h1>)，代码如下：

```
<h1>Web Design Steps</h1>
```

接着创建无序列表，每个列表项的第一行是一个网页设计步骤标题。在本例中，每个步骤标题都应进行强调(加粗显示，或者突出于其他文本显示)。该无序列表开始部分的代码如下：

```
<ul>
  <li><strong>Determine the Intended Audience</strong>
  <br> The colors, images, fonts, and layout should be tailored to
  the <em>preferences of your audience.</em> The type of site content
  (reading level, amount of animation, etc.) should be appropriate for
  your chosen audience.</li>
```

继续编辑网页文件，完成整个无序列表的编写。记住，在列表末尾添加</ul>结束标记。最后编辑版权信息，把它包含在 small 元素中。使用特殊符号©显示版权符。版权行的代码如下：

```
<p><small>Copyright &copy; 2014 Your name. All Rights
Reserved.</small></p>
```

文件另存为 design2.html，启动浏览器测试，与学生文件 Chapter2/design.html 比较。

2.10　HTML 语法校验

▶ 视频讲解：HTML Validation

W3C 提供了免费的标记语言语法校验服务，网址是 http://validator.w3.org/，可以用它校验网页，检查语法错误。HTML 校验方便学生快速检测代码使用的语法是否正确。在工作场所，HTML 校验可以充当质检员的角色。无效的代码会影响浏览器渲染页面的速度。

动手实作 2.10

下面试验用 W3C 标记校验服务校验网页。启动文本编辑器并打开 Chapter2/design.html。首先在 design.html 中故意引入一个错误。把第一个</strong>结束标记删除。这一更改将导致多条错误信息。更改后保存文件。

接着校验 design.html 文件。启动浏览器并访问 W3C 标记校验服务的文件上传网页(http://validator.w3.org/#validate_by_upload)。点击"选择文件"，从计算机选择刚才保存的 Chapter2/ design.html 文件。单击 Check 按钮将文件上传到 W3C 网站，如图 2.14 所示。

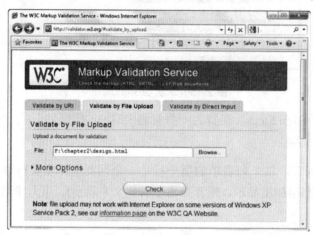

图 2.14 校验网页

随后会显示一个错误报告网页。注意"Errors found while checking this document"消息。可以向下滚动网页查看错误，如图 2.15 所示。

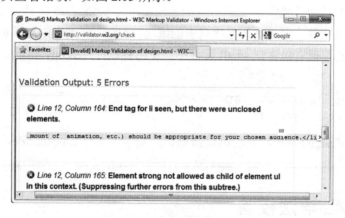

图 2.15 第 12 行有错

消息指出第 12 行有错，这实际是遗漏</strong>结束标记的那一行的下一行。注意，HTML 错误消息经常都会指向错误位置的下一行。

显示的错误消息是"End tag for li seen, but there were unclosed elements"。找出问题根源就靠你自己了。首先应检查容器标记是否成对使用，本例的问题就出在这里。还可向下滚动查看更多的错误信息。但一般情况下，一个错误会导致多条错误信息。所以最好每改正一个错误就重新校验一次。

在文本编辑器中编辑 design.html 文件，加上丢失的</strong>标记，保存文件。重新访问 http://validator.w3.org/#validate_by_upload，选择文件，选择 More Options 并确定勾选了 Show Source 和 Verbose Output 选项，点击 Revalidate 按钮重新校验。

结果如图 2.16 所示。注意"This document was successfully checked as HTML5！"信息，这表明网页通过了校验。恭喜你，design.html 现在是有效的 HTML5 网页了！警告消息可以忽略，它只是说 HTML5 兼容性检查工具目前正处于试验阶段。

图 2.16　网页通过了校验

校验网页是很好的习惯。但是，校验代码时要注意判断。由于许多 Web 浏览器仍然没有完全遵循 W3C 推荐标准，所以有的时候，比如在网页中加入多媒体内容的时候，会出现虽然网页没有通过校验，但仍然能在多种浏览器和各种平台上正常工作的情况。

除了 W3C 校验服务，还可使用其他工具检查代码的语法，例如位于 http://html5.validator.nu 的 HTML5 校验器，以及位于 http://lint.brihten.com/html 的 HTML5 工具 lint。

2.11　结构性元素

div 元素

div 元素在网页中创建一个结构性区域(称为"division")。作为块显示元素，它上下会自动添加空白。div 元素以<div>标记开始，以</div>结束。div 元素适合定义包含了其他块显示元素(标题、段落、无序列表以及其他 div 元素)的区域。本书以后会使用层叠样式表(CSS)配置 HTML 元素的样式、颜色、字体以及布局。

HTML5 结构性元素

除了常规性的 div 元素,HTML5 还引入了许多语义上的结构性元素来配置网页区域。这些新的块级显示元素目的并不是完全取代 div 元素,而是和 div 以及其他元素结合使用,通过一种更有意义的方式阐述结构区域的用途,从而对网页文档进行更好的结构化。本节将探索以下 3 个新元素:header,nav 和 footer。图 2.17 展示了如何使用 header,nav,div 和 footer 元素来建立网页的结构,这种图称为线框图。

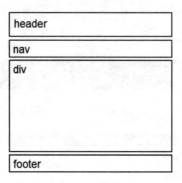

图 2.17 结构性元素

header 元素

HTML5 header 元素的作用是包含网页文档或文档区域(比如第 8 章会详细解释的 section 和 article)的标题。header 元素以<header>标记开始,以</header>结束。header 元素是块显示元素,通常包含一个或多个标题元素(h1 到 h6)。

nav 元素

新的 HTML5 nav 元素的作用是建立一个导航链接区域。nav 是块显示元素,以<nav>标记开始,以</nav>结束。

footer 元素

新的 HTML5 footer 元素的作用是为网页或网页区域创建页脚。footer 是块显示元素,以<footer>标记开始,以</footer>结束。

 动手实作 2.11

下通过创建如图 2.18 所示的 Trillium Media Design 公司主页来练习使用结构性元素。在文本编辑器中打开学生文件 chapter1/template.html。像下面这样编辑代码。

1. 将<title>和</title>标记之间的文本修改成 Trillium Media Design。
2. 光标定位到主体部分,在 header 元素中用 h1 元素显示文本 Trillium Media Design。

```
<header>
  <h1>Trillium Media Design</h1>
</header>
```

图 2.18 Trillium 主页

3. 编码 nav 元素来包含主导航区域的文本。配置加粗文本(使用 b 元素),并用特殊字符 添加额外的空格。

```
<nav>
  <b>Home   Services   Contact</b>
</nav>
```

4. 编码 div 元素中的内容来包含 h2 和段落元素。

```
<div>
  <h2>New Media and Web Design</h2>
  <p>Trillium Media Design will bring your company&rsquo;s Web
presence to the next level. We offer a comprehensive range of
services.</p>
  <h2>Meeting Your Business Needs</h2>
  <p>Our expert designers are creative and eager to work with you.</p>
</div>
```

5. 配置 footer 元素来包含用小字号(用 small 元素)和斜体(用 i 元素)显示的版权声明。

```
<footer>
  <small><i>Copyright &copy; 2014 Your Name Here</i></small>
</footer>
```

将网页另存为 structure2.html。在浏览器中测试,结果应该如图 2.18 所示。可将你的作品与学生文件 chapter2/structure.html)进行比较。

> **Quick TIP** 旧浏览器(比如 Internet Explorer 8 和更早的版本)不支持新的 HTML5 元素。第 8 章会讨论如何使旧浏览器正确显示 HTML5 结构性标记。目前只需确保用流行浏览器的最新版本测试网页就可以了。

2.12 锚元素

锚元素(anchor element)的作用是定义**超链接**(后文简称"链接"),它指向你想显示的另一个网页或文件。锚元素以<a>标记开始,以</a>结束。两个标记之间是可以点击的链接文本或图片。用 href 属性配置链接引用,即要访问(链接到)的文件的名称和位置。

图 2.19 的网页用锚标记配置了到本书网站(http://webdevbasics.net)的链接。锚标记的代码如下所示:

```
<a href="http://webdevbasics.net">Basics of Web Design Textbook Companion</a>
```

注意,href 的值就是网站 URL。两个锚标记之间的文本在网页上以链接形式显示(大多数浏览器都是添加下划线)。鼠标移到链接上方,指针会自动变成手掌形状,如图 2.19 所示。

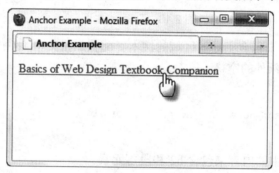

图 2.19 示例链接

 图片可以作为超链接吗?
可以。虽然本章着眼于文本链接,但图片也可以配置成链接,详情参见第 5 章。

 动手实作 2.12

为了创建图 2.19 的网页,请启动文本编辑器并打开 chapter1/template.html 模板文件。修改 title 元素,在主体部分添加锚标记,如加粗的部分所示:

```
<!DOCTYPE html>
<html lang="en">
<head>
<title>Anchor Example</title>
<meta charset="utf-8">
</head>
<body>
<a href="http://webdevbasics.net">Basics of Web Design Textbook Companion</a>
</body>
</html>
```

将文档另存为 anchor2.html。启动浏览器测试网页，结果应该如图 2.19 所示。可将自己的作品与学生文件 chapter2/anchor.html 进行比较。

链接目标

你可能已经注意到，在动手实作 2.12 中，当访问者点击链接时，会在相同的浏览器窗口中自动打开新网页。可在锚标记中使用 target 属性配置 target="_blank"在新浏览器窗口或新标签页中打开网页。但不能控制是在新窗口(新的浏览器实例)还是新标签页中打开，那是由浏览器本身的配置决定的。target 属性的实际运用请参考 chapter2/target.html。

绝对链接

绝对链接指定资源在 Web 上的绝对位置。动用实作 2.12 的超链接就是绝对链接。用绝对链接来链接其他网站上的资源。这样链接的 href 值包含 http://协议名称以及域名。下面是指向本书网站主页的绝对链接：

    <a href="http://webdevbasics.net">Basics of Web Design</a>

如果访问本书网站的其他网页，可以在 href 值中包含具体的文件夹名称。例如，以下锚标记配置的绝对链接指向网站上的 2e 文件夹中的 chapter1.html 网页：

    <a href="http://webdevbasics.net/2e/chapter1.html">Chapter 1</a>

相对链接

需要链接到自己网站内部的网页时，可以使用相对链接。这种链接的 href 值不以 http:// 开头，也不含域名，只包含想要显示的网页的文件名(或者文件夹和文件名的组合)。链接位置相对于当前显示的网页。例如，为了从主页 index.html 链接到相同文件夹中的 contact.html，可以像下面这样创建相对链接：

    <a href="contact.html">Contact Us</a>

block anchor

一般使用锚标记将短语(甚至一个单词)配置成链接。HTML5 为锚标记提供了新功能，即 block anchor，它能将一个或多个元素(包括作为块显示的，比如 div，h1 或者段落)配置成链接。学生文件 chapter2/block.html 展示了一个例子。

> **无障碍访问和超链接**
> 有视力障碍的用户可用屏幕朗读软件配置显示文档中的超链接列表。但是，只有链接文本充分说明了链接的作用，超链接列表才真正有用。以学校网站为例，一个"搜索课程表"链接要比"更多信息"或"点我"链接更有用。

2.13 练习使用链接

动手是学习网页编码的最佳方式。下面创建一个示例网站,其中包含三个网页,通过配置链接来练习锚标记的使用。

站点地图

图 2.20 是新网站的站点地图——主页加两个内容页(Services 和 Contact)。**站点地图**描述了网站结构。网站中的每个页都显示成站点地图中的一个框。如图 2.20 所示,主页位于顶部,它的下一级称为二级主页。在这个总共只有三个网页的小网站中,二级主页只有两个,即 Services 和 Contact。网站的主导航区域通常包含到网站地图前两级的网页的链接。

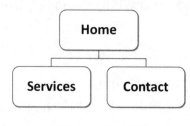

图 2.20 站点地图

> **如何新建文件夹?**
> 学习如何编码网页之前,首先要知道如何在计算机上执行基本的文件处理任务,比如新建文件夹。动用实作 1.1 描述了如何新建文件夹。除此之外,还可以查看操作系统的文档来了解如何新建文件夹。
> - Mac: http://support.apple.com/kb/HT2476
> - Windows: http://windows.microsoft.com/en-us/windows7/Create-a-new-folder

 动手实作 2.13

1. **新建文件夹**。计算机上的文件夹和日常生活中的文件夹相似,都是用于收纳一组相关的文件。本书将每个网站的文件都放到一个文件夹中。这样在处理多个不同的网站时就显得很有条理。利用自己的操作系统为新网站新建名为 mypractice 的文件夹。
2. **创建主页**。以动手实作 2.11 的 Trillium Media Design 网页(图 2.18)为基础创建新主页(图 2.21)。将动用实作 2.11 的示例文件(chapter2/structure.html)复制到 mypractice 文件夹,并重命名为 index.html。网站主页一般都是 index.html 或 index.htm。
   启动文本编辑器来打开 index.html。导航链接放到 nav 元素中。编辑 nav 元素来配置三个链接。
   - 文本"Home"链接到 index.html
   - 文本"Services"链接到 services.html
   - 文本"Contact"链接到 contact.html

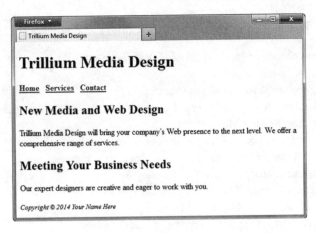

图 2.21　新的 index.html 主页

像下面这样修改 nav 元素中的代码。

```
<nav>
<b><a href="index.html">Home</a>  
 <a href="services.html">Services</a>  
 <a href="contact.html">Contact</a>
</b>
</nav>
```

保存文件。在浏览器中打开网页，它应该和图 2.21 的页面相似。将你的作品与学生文件 chapter2/practice/index.html 进行比较。

3. 创建服务页。基于现有网页创建新网页是经常采用的一个手段。下面基于 index.html 创建如图 2.22 所示的服务页。在文本编辑器中打开 index.html 文件并另存为 services.html。

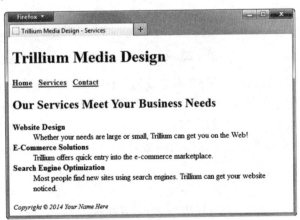

图 2.22　services.html 网页

首先将<title>和</title>之间的文本更改为"Trillium Media Design – Services"来修改标题(title)。为了使所有网页都具有一致的标题(header)、导航和页脚，不要更改 header，nav 或 footer 元素的内容。

将光标定位到主体部分，删除起始和结束 div 标记之间的内容，并修改成以下内容：

```
<h2>Our Services Meet Your Business Needs</h2>
  <dl>
    <dt><strong>Website Design</strong></dt>
      <dd>Whether your needs are large or small, Trillium can get
      you on the Web!</dd>
    <dt><strong>E-Commerce Solutions</strong></dt>
      <dd>Trillium offers quick entry into the e-commerce
      marketplace.</dd>
    <dt><strong>Search Engine Optimization</strong></dt>
      <dd>Most people find new sites using search engines.
      Trillium can get your website noticed.</dd>
</dl>
```

保存文件并在浏览器中测试，结果应该如图 2.22 所示。把它和学生文件 chapter2/practice/services.html 比较。

4. **创建联系页**。基于 index.html 创建如图 2.23 所示的联系页。在文本编辑器中打开 index.html 文件并另存为 contact.html。

图 2.23　contact.html 网页

首先将<title>和</title>之间的文本更改为"Trillium Media Design – Contact"来修改标题(title)。为了使所有网页都具有一致的标题(header)、导航和页脚，不要更改 header，nav 或 footer 元素的内容。

将光标定位到主体部分，删除起始和结束 div 标记之间的内容，并修改成以下内容：

```
<h2>Contact Trillium Media Design Today</h2>
  <ul>
    <li>E-mail: contact@trilliummediadesign.com</li>
    <li>Phone: 555-555-5555</li>
  </ul>
```

保存文件并在浏览器中测试，结果应该如图 2.23 所示。把它和学生文件 chapter2/practice/contact.html 比较。点击每个链接来测试网页。点击 Home 应显示主页 index.html。点击 Services 应显示 services.html。点击 Contact 应显示 contact.html。

> **FAQ 为什么我的相对链接不起作用？**
> 检查以下各项。
> - 是否将文件保存到了指定的文件夹？
> - 文件名是否正确？在 Windows 资源管理器或者 Mac Finder 中检查文件名。
> - 锚标记的 href 属性是否输入了正确的文件名？检查打字错误。
> - 鼠标放到链接上会在状态栏显示相对链接的文件名。请验证文件名正确。许多操作系统(例如 UNIX 和 Linux)区分大小写，所以要确定文件名的大小写正确。进行 Web 开发时坚持使用小写字母的文件名是一个好习惯。

2.14 电子邮件链接

锚标记也可用于创建电子邮件链接。电子邮件链接会自动打开浏览器设置的默认邮件程序，它与外部超链接相似但有两点不同：
- 它使用 mailto:，而不是 http://
- 它打开浏览器配置的默认邮件程序，将电子邮件地址作为收件人

例如，要创建指向 help@webdevbasics.net 的电子邮件链接，要按如下方式编写代码：

```
<a href="mailto:help@webdevbasics.net">help@webdevbasics.net</a>
```

在网页和锚标记中都写上电子邮件地址是一个好习惯，因为不是所有人的浏览器都配置了电子邮件程序，将邮件地址写在这两个地方能够方便所有访问者。

> **Quick TIP** 有许多免费的网页版电子邮件服务可供选择，比如 163 等。创建新网站或者注册免费服务(比如新闻邮件)时，可创建一个或多个免费电子邮件帐号。这样可以对自己的电子邮件进行组织，因为一部分邮件是需要快速回复的，比如学校、工作或者私人邮件，另一部分邮件则可以在自己方便的时候查看。

> **FAQ 在网页上显示我的真实电邮地址会不会招来垃圾邮件？**
> 不一定。虽然一些没有道德的垃圾邮件制造者可能搜索到你的网页上的电邮地址，但电子邮件软件可能内置了垃圾邮件筛选器，能防范收件箱被垃圾邮件淹没。
> 配置直接在网页上显示的电子邮件链接，遇到以下情况时有助于提升网站的可用性。
> - 访问者使用的是公共电脑，上面没有配置电子邮件软件。所以点击电邮链接会显示一条错误消息。如果不明确显示电邮地址，访问者就可能不知道怎么联系你。
> - 访问者使用的是私人电脑，但不喜欢使用浏览器默认配置的电子邮件软件(和地址)，他/她可能和别人共用一台电脑，或者不想让人知道自己的默认电子邮件地址。
>
> 如果明确显示你的电邮地址，上述两种情况下访问者仍然能知道你的地址并联系上你(不管是通过电子邮件软件，还是通过基于网页的电子邮件服务，比如 mail.163.com)，因而提升了网站的可用性。

动手实作 2.14

这个动手实作将修改动手实作 2.13 创建的联系页(contact.html)，在网页的内容区域配置电子邮件链接。启动文本编辑器并打开 chapter2/practice 文件夹中的 contact.html 文件。

图 2.24　联系页上配置电子邮件链接

在内容区域配置电子邮件链接，如下所示：

```
<li>E-mail:
<a href="mailto:contact@trilliummediadesign.com">
    contact@trilliummediadesign.com</a>
</li>
```

保存网页并在浏览器中测试，结果应该如图 2.24 所示。将它和学生文件 chapter2/practice2/contact.html 比较。

复习和练习

复习题

选择题

1. 哪一对标记用于链接网页？(　　)
   A. \<hyperlink\>标记　　　　　　　　　B. \<a\>标记
   C. \<link\>标记　　　　　　　　　　　D. \<body\>标记
2. 哪一对标记用于创建最大的标题？(　　)
   A. \<h1\> \</h1\>　　　　　　　　　　B. \<h9\> \</h9\>
   C. \<h type="largest"\> \</h\>　　　　　D. \<h6\> \</h6\>
3. 哪个标记用于配置接着的文本或元素在一个新行上显示？(　　)
   A. \<new line\>　　　B. \<nl\>　　　C. \<br\>　　　D. \<line\>
4. 哪一对标记用于配置段落？(　　)
   A. \<para\> \</para\>　　　　　　　　　B. \<paragraph\> \</paragraph\>

C. <p> </p>   D. <body> </body>

5. 哪个 HTML5 元素用于指定可导航的内容？（　　）。
   A. nav   B. header
   C. footer   D. p

6. 什么时候应该编码绝对链接？（　　）
   A. 链接到网站内部的网页
   B. 链接到网站外部的网页
   C. 总是使用，W3C 要求优先绝对链接
   D. 从不使用，绝对链接已被弃用

7. 想在网页上用倾斜字体强调文本时，哪一对标记是最好的选择？（　　）
   A. <b> </b>   B. <strong> </strong>
   C. <em> </em>   D. <bold> </bold>

8. 哪一个标记在网页上配置水平线？（　　）
   A.
                             B. <hl>
   C. <hr>   D. <line>

9. 哪种 HTML 列表会自动编号？（　　）
   A. 编号列表>   B. 有序列表
   C. 序列表   D. 描述列表

10. 哪种说法是正确的？
    A. W3C 标记校验服务描述如何修改网页中的错误。
    B. W3C 标记校验服务列出网页中的语法错误。
    C. W3C 标记校验服务只有 W3C 会员才能使用。
    D. 以上都不对。

动手练习

1. 写标记语言代码，用最大的标题元素显示你的姓名。
2. 写标记语言代码显示一个无序列表，列出一周中的每一天。
3. 写标记语言代码显示一个有序列表，使用大写字母作为序号，在列表中显示：Spring, Summer, Fall 和 Winter。
4. 想某个偶像的名言。写标记语言代码，在标题中显示偶像的姓名，用块引用 (blockquote) 显示名言。
5. 修改下面的代码段，将加粗改成强调。体会两者在显示上的区别。

   ```
   <p>A diagram of the organization of a website is called a <b>site map</b> or
   <b>storyboard</b>. Creating the <b>site map</b> is one of the initial steps in
   developing a website.</p>
   ```

6. 写代码创建旨向网站 google.com 的绝对链接。
7. 写代码创建指向网页 clients.html 的相对链接。
8. 为你最喜欢的乐队创建网页，列出乐队的名字、成员、官方网站链接、你最喜欢的三张 CD(新乐队可以少一点)以及每张 CD 的简介。一定要使用以下元素：html, head,

title，meta，body，header，footer，div，h1，h2，p，u，li 和 a。在页脚区域用电子邮件链接配置你的姓名。将网页另存为 band.html，在文本编辑器中打开文件并打印网页源代码。在浏览器中显示网页并打印。将两份打印稿交给老师。

聚焦 Web 设计

标记语言代码本身非常呆板——最重要的还是设计。上网浏览并找到两个网页，其中一个有吸引力，另一个没有。打印每个网页。创建一个网页，针对找到的两个网页回答以下问题。

A. 网站的 URL 是什么？
B. 网页是吸引人还是不吸引人？为自己的回答列出三个理由。
C. 如果网页不吸引人，怎样改进它？
D. 会鼓励其他人访问这个网站吗？为什么？

案例学习：Pacific Trails Resort

这个案例分析将贯穿全书。本章介绍 Pacific Trails Resort 网站的背景，展示站点地图，并指导为你为它创建两个主页。

Melanie Bowie 是加州北海岸 Pacific Trails Resort 的经营者。这个度假胜地非常安静，既提供舒适的露营帐篷，也提供高档酒店供客人就餐和住宿。目标是喜爱大自然和远足的情侣或夫妇。

Melanie 希望创建网站来强调地理位置和住宿的独特性。她希望网站有一个主页、介绍特制帐篷的一个网页、带有联系表单的一个预约页以及介绍度假地各种活动的一个网页。

图 2.25 展示了 Pacific Trails Resort 网站的站点地图。该站点地图描述了网站的基本架构，一个主页和三个内容页面：Yurts(帐篷)，Activities(活动)和 Reservations(预约)。

图 2.26 是 Pacific Trails Resort 网站布局的线框(wireframe)图，其中包含 header 区域、导航区域、内容区域以及显示版权信息的页脚区域。

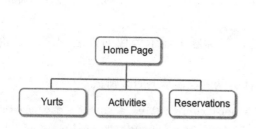

图 2.25　Pacific Trails Resort 站点地图

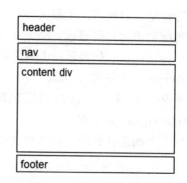

图 2.26　Pacific Trails Resort 页面布局线框图

本案例共有三个任务。
1. 为 Pacific Trails Resort 网站创建文件夹。
2. 创建主页：index.html。
3. 创建 Yurts 页：yurts.html。

任务 1：创建 pacific 文件夹，以后 Pacific Trails Resort 网站的所有文件都会放到其中。

任务 2：创建主页。使用文本编辑器创建 Pacific Trails Resort 网站的主页，如图 2.27 所示。

图 2.27　Pacific Trails Resort 网站主页(index.html)

启动文本编辑器来创建网页文档。

1. **网页标题(title)**：使用描述性的网页标题——商业网站最好直接使用公司名称。
2. **header 区域**：用<h1>显示大标题 Pacific Trails Resort。
3. **导航区域**：将以下文本放到一个 nav 中并加粗显示(使用<b>元素)。

   ```
   Home    Yurts    Activities    Reservations
   ```

   编码锚标记，使"Home"链接到 index.html，"Yurts"链接到 yurts.html，"Activities"链接到 activities.html，而"Reservations"链接到 reservations.html。用特殊字符 在超链接之间添加必要的空格。

4. **内容区域**：用 div 元素编码主页的内容区域。参考动作实作 2.11 完成以下任务。

   A. 将以下内容放到一个 h2 元素中：Enjoy Nature in Luxury
   B. 将以下内容放到一个段落中：

   Pacific Trails Resort offers a special lodging experience on the California North Coast. Relax in serenity with panoramic views of the Pacific Ocean。

   C. 将以下内容放到一个无序列表中：

   Private yurts with decks overlooking the ocean
   Activities lodge with fireplace and gift shop
   Nightly fine dining at the Overlook Café

Heated outdoor pool and whirlpool

Guided hiking tours of the redwoods

D. 联系信息：将地址和电话号码放到无序列表下方的一个 div 中，根据需要使用换行标记：

Pacific Trails Resort

12010 Pacific Trails Road

Zephyr, CA 95555

888-555-5555

5. **页脚区域**。在 footer 元素中配置版权信息和电子邮件。配置成小字号(使用<small>元素)和斜体(使用<i>元素)。具体版权信息是"Copyright © 2014 Pacific Trails Resort"。

在版权信息下方用电子邮件链接配置你的姓名。

图 2.27 的网页看起来比较"空"，但不必担心。随着积累的经验越来越多，并学到更多的高级技术，网页会变得越来越专业。网页上的空白必要时可用
标记来添加。你的网页不要求和例子完全一致。目的是多练习并熟悉 HTML 的运用。将文件保存到 pacific 文件夹，命名为 index.html。

任务 3：Yurts 页。创建如图 2.28 所示的 Yurts 页。基于现有网页创建新网页可以提高效率。新的 Yurts 网页将以 index.html 为基础。用文本编辑器打开 index.html，把它另存为 yurts.html，同样放到 pacific 文件夹。

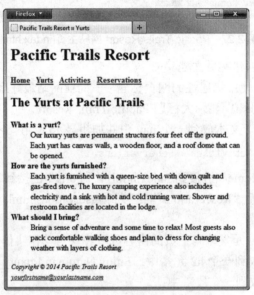

图 2.28 新的 Yurts 网页

现在准备编辑 yurts.html 文件。

1. 修改网页标题。将<title>标记中的文本更改为 Pacific Trails Resort :: Yurts。
2. 内容区域。

   a. 将<h2>标记中的文本更改为 The Yurts at Pacific Trails。

   b. 删除段落、无序列表和联系信息。

c. Yurts 页包含一个问答列表。使用描述列表添加这些内容。用<dt>元素包含每个问题。利用<strong>元素以加粗文本显示问题。用<dd>元素包含答案。下面是具体的问答列表：

What is a yurt?

Our luxury yurts are permanent structures four feet off the ground. Each yurt has canvas walls, a wooden floor, and a roof dome that can be opened.

How are the yurts furnished?

Each yurt is furnished with a queen-size bed with down quilt and gas-fired stove. The luxury camping experience also includes electricity and a sink with hot and cold running water. Shower and restroom facilities are located in the lodge.

What should I bring?

Bring a sense of adventure and some time to relax! Most guests also pack comfortable walking shoes and plan to dress for changing weather with layers of clothing.

保存网页并在浏览器中测试。测试从 yurts.html 到 index.html 的链接，以及从 index.html 到 yurts.html 的链接。如果链接不起作用，请检查以下要素。

- 是否将网页以正确的名字保存到正确的文件夹中。
- 锚标记中的网页文件名是否拼写正确。

纠正错误后重新测试。

案例学习：JavaJam Coffee House

Julio Perez 是 JavaJam Coffee House 的主人，此咖啡屋供应小吃、咖啡、茶和软饮料，每星期有几个晚上会举办当地的民间音乐表演和诗歌朗诵会。JavaJam 的客人主要是大学生和年轻职员。Julio 想让他的咖啡屋上网，展示小店的服务项目和提供表演的时间表。他想要主页、菜单页、表演时间表页和工作机会页。

JavaJam Coffee House 网站的站点地图如图 2.29 所示。该站点地图描述网站的基本架构，一个主页和三个主要内容页：Menu、Music 和 Jobs。

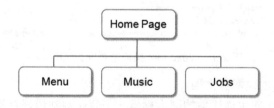

图 2.29 JavaJam 站点地图

图 2.30 是主页的页面布局线框图，它包括标题、导航、内容和用于显示版权信息的页脚区域。

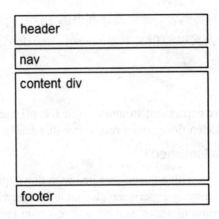

图 2.30 JavaJam 线框图

本案例共有三个任务。
1. 为 JavaJam 网站创建文件夹。
2. 创建主页：index.html。
3. 创建菜单页：menu.html。

任务 1：创建 javajam 文件夹来包含 JavaJam 网站文件。

任务 2：创建主页。使用文本编辑器创建 JavaJam Coffee House 网站的主页，如图 2.31 所示。

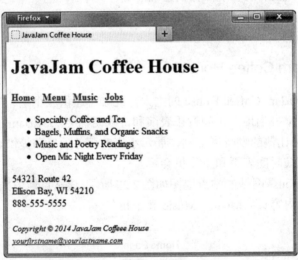

图 2.31 JavaJam 网店主页(index.html)

启动文本编辑器来创建网页文档。
1. **网页标题(title)**：使用描述性的网页标题——商业网站最好直接使用公司名称。
2. **header 区域**：用<h1>显示大标题 JavaJam Coffee House。
3. **导航区域**：将以下文本放到一个 nav 中并加粗显示(使用<b>元素)。
   Home Menu   Music   Jobs
   编码锚标记，使"Home"链接到 index.html，"Menu"链接到 menu.html，"Music"链接到 music.html，而"Jobs"链接到 jobs.html。用特殊字符 在超链接之间添

加必要的空格。
4. **内容区域**：用 div 元素编码主页的内容区域。参考动作实作 2.11 完成以下任务：
   A. 将以下内容放到一个无序列表中：
      Specialty Coffee and Tea
      Bagels, Muffins, and Organic Snacks
      Music and Poetry Readings
      Open Mic Night Every Friday Night
   B. 联系信息：将地址和电话号码放到无序列表下方的一个 div 中，根据需要使用换行标记：
      54321 Route 42
      Ellison Bay, WI 54210
      1-888-555-5555
5. **页脚区域**。在 footer 元素中配置版权信息和电子邮件。配置成小字号(使用<small>元素)和斜体(使用<i>元素)。具体版权信息是"Copyright © 2014 JavaJam Coffee House"。
   在版权信息下方用电子邮件链接配置你的姓名。
   图 2.31 的网页看起来比较"空"，但不必担心。随着积累的经验越来越多，并学到更多的高级技术，网页会变得越来越专业。网页上的空白必要时可用
标记来添加。你的网页不要求和例子完全一致。目的是多练习并熟悉 HTML 的运用。将文件保存到 javajam 文件夹，命名为 index.html。

任务 3：菜单页。创建图 2.32 所示的菜单页。基于现有网页创建新网页可以提高效率。新菜单页将以 index.html 为基础。用文本编辑器打开 index.html，把它另存为 menu.html，同样放到 javajam 文件夹。

图 2.32　JavaJam 菜单页(menu.html)

现在准备编辑 menu.html 文件。
1. 修改网页标题。将<title>标记中的文本更改为 JavaJam Coffee House Menu。
2. 内容区域。`

a. 删除无序列表和联系信息。
b. 使用描述列表添加菜单内容。用<dt>元素包含每种咖啡的名称。利用<strong>元素以加粗文本显示咖啡名称。用<dd>元素包含对这种咖啡的描述。下面是具体内容：

Just Java

Regular house blend, decaffeinated coffee, or flavor of the day.
Endless Cup $2.00

Cafe au Lait

House blended coffee infused into a smooth, steamed milk.
Single $2.00 Double $3.00

Iced Cappuccino

Sweetened espresso blended with icy-cold milk and served in a chilled glass.
Single $4.75 Double $5.75

保存网页并在浏览器中测试。测试从 menu.html 到 index.html 的链接，以及从 index.html 到 menu.html 的链接。如果链接不起作用，请检查以下要素。

- 是否将网页以正确的名字保存到正确的文件夹中。
- 锚标记中的网页文件名是否拼写正确。

纠正错误后重新测试。

第 3 章

Basics of Web Design
HTML5 and CSS3

网页设计基础

在网上冲浪的时候，你可能发现有一些网站很吸引人，使用起来很方便，但也有一些很难看或者让人讨厌。如何区分好坏呢？本章将讨论推荐的网页设计原则，涉及的主题包括网站的组织结构、网站导航、页面设计、文本设计、图形设计和无障碍访问。

学习内容

- 了解最常见的网站组织结构
- 了解视觉设计原则
- 针对目标受众进行设计
- 创建清晰、易用的网站导航
- 增强网页上的文本的可读性
- 恰当使用图片
- 网页设计保持一致
- 了解网页布局设计技术
- 获得可以灵活响应的 Web 设计
- 运用网页设计最佳实践

3.1 为目标受众设计

无论开发者个人的喜好是什么,网站都应该设计得能够吸引目标受众——也就是网站的访问者。他们可能是青少年、大学生、年轻夫妇或老人,当然也可能是所有人。访问者的目的可能各不相同,他们可能只是随便看一下,搜索学习或工作方面的资料,进行购物比较,或者找工作,等等。网站设计应该具有亲和力,而且能满足目标受众的需要。

例如,图 3.1 的美国航天航空局网站(http://www.nasa.gov)使用了许多引人注目的图片。它和图 3.2 的基于文本而且链接密度很大的美国劳工统计局网站(http://www.bls.gov)在外观和感觉上就大有不同。

图 3.1 图像很有吸引力

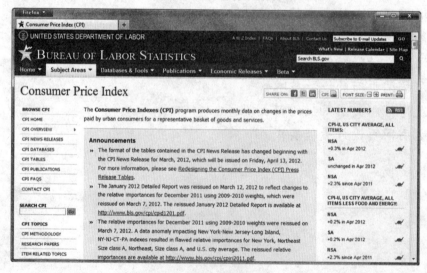

图 3.2 文本密集型的网站提供了大量选择

第一个网站很炫，能够吸引人进一步浏览，第二个网站提供了大量选择，让人可以快速进入工作状态。设计网站时一定要牢记自己的目标受众，遵循一些推荐的网站设计原则。

浏览器友好性

一个网页在自己喜欢的浏览器中看起来很好，并不表示在所有浏览器中都很好。Net Market Share(http://marketshare.hitslink.com)的调查表明，虽然 Microsoft Internet Explorer 仍然是最流行的桌面浏览器，但 Mozilla Firefox 和 Google Chrome 浏览器的份额正在不断增加。根据 Net Market Share 的报告，近一个月最流行的 4 种桌面浏览器是 Internet Explorer(54%)、Firefox(20%)、Chrome(19%)和 Safari(2%)；最流行的 4 种手机/平板电脑浏览器是 Safari(64%)、Android Browser(19%)，Opera Mini (12%)和 Symbian Browser(1%)。

网页设计要渐进式增强。首先使网站在最常用的浏览器中完美显示，然后用 CSS3 和/或 HTMl5 进行增强，充分利用浏览器的最新版本。

在 PC 和 Mac 最流行的浏览器中测试网页。网页的许多默认设定，包括默认字号和默认边距，在不同浏览器、版本和操作系统上的设置都是不同的。还要在其他类型的设备(比如平板和手机)上测试网页。Opera 提供了免费的 Opera Mini 移动浏览器模拟，网址是 http://www.opera.com/mobile/demo。

屏幕分辨率

网站访问者使用各种各样的分辨率。Net Market Share 最近的一项调查(http://marketshare.hitslink.com/report.aspx?qprid=17)表明，人们在使用 90 多种不同的分辨率。最常用的 4 种分辨率是 1366×768(16%)，1920×1080(9%)，1024×768(7%)和 1280×800 (6%)。另外，随着智能手机和平板设备越来越普及，网站的移动用户也会变得越来越多。注意移动设备的屏幕分辨率可能很低，比如 240×320，320×480 和 480×800。流行的平板设备具有较高的分辨率，例如 Apple iPad (1024×768)，Motorola Xoom (1280×800)，Samsung Galaxy Tab (1200×800)和,Kindle Fire (1024×600)。第 8 章会探索 CSS 媒体查询功能，可利用它在各种屏幕分辨率上获得较好的显示。

> **FAQ** 怎么才能创建在所有浏览器上都完全一样的网页？
> 答案是不能。优先照顾最流行的浏览器和分辨率，但要预计到网页在其他浏览器和设备上显示时会有少量差异。移动设备上的变化可能更大。本章稍后会讲解如何实现可以灵活响应的网页设计。

3.2 网站组织

访问者将以什么方式浏览网站？怎样才能找到他们需要的东西？这主要由网站的组织或架构决定。常见的网站组织结构有以下三种类型：

- 分级式
- 线性
- 随机(有时也称为"网式结构")

网站的组织结构图称为**站点地图**(site map)。创建站点地图是开发网站的初始步骤之一。

分级式组织

大部分网站使用分级式组织结构。如图 3.3 所示，**分级式组织结构**的站点地图有一个明确定义的主页，它链接到网站的各个主要部分。各部分的网页则根据需要进行更详细的组织。主页连同层次结构的第一级往往要设计成每个网页上的主导航栏。

了解分级式组织结构的缺点也很重要。图 3.4 展示了一个过"浅"的网站设计，网站的主要部分太多了。该站点设计需组织成更少的、更易于管理的主题或信息单元，这个过程称为"组块"或"意元集组"(chunking)。在网页设计的情况中，每个网页都是一个信息单元(chunk)。密苏里大学心理学家尼尔森·科文(Nelson Cowan)发现成人的短期记忆有信息数量上的极限，一般最多只能记住 4 项信息(4 个 chunk)，例如电话号码的 3 部分：888-555-5555(http://web.missouri.edu/~cowann/research.html)。基于这一设计原则，主导航链接的数量一定不要太多。太多的话可以分组，并在网页上开辟单独的区域来显示。每一组的链接数量不要超过 4 个。

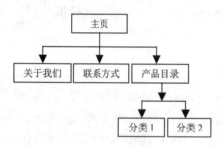

图 3.3 分级式网站组织结构　　图 3.4 该网站设计的层级非常浅

另一个设计上的误区是将网站设计得太"深"，图 3.5 展示了这样的一个例子。界面设计的"三次点击原则"告诉我们，网页访问者最多只应点击三次链接，就能从网站上的一个页面跳转到同一网站上的其他任意页面。换句话说，如果访问者无法在三次鼠标点击操作之内找到自己想要的东西，就会觉得很烦并且很有可能离开网站。在大型网站上这一原则也许很难满足，但总的目标是清晰组织网站，使访问者能够在网站架构内轻松地进行导航页面导航。

线性组织

如果一个网站或网站上的一组页面的作用是提供需要按顺序观看的教程、导览或演示，这时线性组织结构就非常有用，如图 3.6 所示。

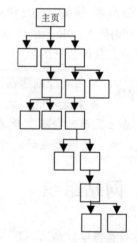

图 3.5 该网站使用了过深的层级设计

图 3.6 线性网站组织结构

在线性组织结构中，页面一个接一个浏览。有些网站在大结构上使用分级式结构，在一些小地方使用线性结构。

随机组织

随机组织(有时称为网式结构)没有提供清晰的导航路径，如图 3.7 所示。它通常没有清晰的主页以及可识别的导航结构。随机组织不像分级或线性组织那样普遍，通常只在艺术类网站或另辟蹊径的原创网站上采用。这种类型的组织结构通常不会用在商业网站上。

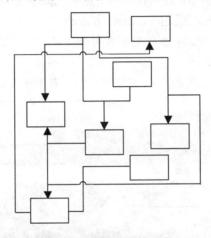

图 3.7 随机网站组织结构

> **网站的最佳组织方式是什么？**
>
> 有时，很难一开始就为网站创建完善的站点地图。有的设计团队会专门为此召开会议，聚集在有一面白墙的房间里，带上一包大号便笺纸。他们会将网站需要的主题名称或子标题写在便笺纸上，贴到墙上，并对这些便笺的位置进行讨论，直到网站结构变得清晰而且团队意见达成一致。如果不是在团队中工作，也可以自己试试这个办法，然后和朋友或同学讨论你选择的网站组织方式。

3.3 视觉设计原则

▶ 视频讲解(Video Note)：Principles of Visual Design

几乎所有设计都可运用四个视觉设计原则：重复、对比、近似和对齐。无论设计网页、按钮、徽标、CD 封面、产品宣传册还是软件界面——重复、对比、近似和对齐的设计原则都有助于打造一个项目的"外观和感觉"，它们决定着信息是否能得到有效传达。

重复：在整个设计中重复视觉元素

应用重复原则时，Web 设计师在整个产品中重复一个或多个元素。重复出现的元素将作品紧密地联系在一起。图 3.8 显示了田纳西州政府网站主页(http://www.tn.gov)。在网页设计中，重复运用了大量设计元素，包括形状、颜色、字体和图像。

- 网页左侧的主要导航链接采用相同的矩形形状。注意如何在重复的导航矩形中使用背景颜色区分链接的类型,蓝色矩形代表站点的目标受众(有三类受众：居民、访客和商家)，中灰色代表站点的主要内容区域，而浅灰色代表"杂项"(站点地图和联系方式等)。
- 中下方的 Governor 区域以及右边栏的类别标题的底部边线也重复使用了灰色
- 网页只使用了两种字体，这同样符合"重复"原则，有助于创建一致的外观。Arial 是默认字体。网页标题采用 Verdana 字体。
- 网页中部的大矩形视觉元素有助于吸引访问者，并重复使用了三张缩略图。服务区域也使用了几张缩略图。

无论颜色、形状、字体还是图片，重复的元素都有助于保证一致的设计。

图 3.8　重复、对比、近似和对齐的设计原则在这个网站上得到了很好的运用

对比：添加视觉刺激和吸引注意力

为了应用对比原则，设计师应加大元素之间的差异(加大对比度)，使设计作品有趣而且具有吸引力。设计网页时，背景颜色和文本之间应该有很好的对比度。对比度不强烈，文本将变得难以阅读。请注意图 3.8，看看导航区域如何使用具有强烈对比的文本颜色(要么在蓝色和中灰色背景上使用浅色文本，要么在浅灰色上使用深色文本)。主要内容区域则在中色或浅色背景上使用深色文本，从而提供很好的视觉对比，增强了可读性。

近似：分组相关项目

设计师在应用近似原则时，相关的项目在物理上应该放到一起，无关项目则应分隔开。几个东西紧挨在一起，提供了这是"信息或功能的一个逻辑分组"的视觉线索。在图 3.8 中，垂直的导航链接紧挨在一起，在页面中创建了一个视觉分组，使导航功能更容易使用。注意 Governor 区域、服务区和右边栏链接如何将相似的选项组织到一起。设计师在这个网页上很好地利用了近似原则对相关元素进行分组。

对齐：对齐元素实现视觉上的统一

为了创建风格统一的网页，另一个原则就是对齐。根据这个原则，每个元素都要和页面上的其他元素进行某种方式的对齐(垂直或水平)。图 3.8 的网页也应用了这一原则。注意网页中的元素在每一栏中都是垂直对齐的。观察服务区域(Driver Online Services，Renew Health License，Annual Report Filing)，注意缩略图、标题和正文的对齐方式。

重复、对比、相似和对齐能显着改善网页设计。有效运用这 4 个原则，网页看起来将更专业，而且能更清晰地传达信息。设计和构建网页时，请记住这些设计原则。

3.4 提供无障碍访问

 第 1 章介绍了通用设计的概念。通用设计中心对通用设计的定义是："在设计产品和环境时尽量方便所有人使用，免除届时进行修改或特制的必要"。

无障碍设计的受益者

试想一下以下这些情景。

- 玛丽亚(Maria)，二十多岁的年轻女子，身体不便，无法使用鼠标，键盘用起来也比较费劲——没有鼠标也能工作的网页使她访问内容时能轻松一点。
- 里奥提斯(Leotis)，聋哑大学生，想成为 Web 开发师——为音频/视频配上字幕或文字稿，能帮助他访问内容。
- 金(Jim)，中年男士，用拨号方式上网，随意浏览网页——为图片添加备用文本，为多媒体添加文字稿，他可以在带宽较低的时候获得更好的上网体验。
- 娜迪尼(Nadine)，年龄较大的女士，由于年龄问题，眼睛有老花现象，读小字很困难——设计网页时使文字能在浏览器中放大，方便她阅读。
- 卡伦(Karen)，大学生，经常用手机上网——用标题和列表组织无障碍内容，使其能在移动设备上获得更好的上网体验。
- 普拉克什(Prakesh)，已过不惑之年的男士，盲人，职业要求访问网页——用标题和列表组织网页内容，为链接添加描述性文本，为图片提供备用文本，在没有鼠标时也能正常使用，帮助他访问内容。

以上所有人都能从无障碍设计中受益。以无障碍方式设计网页，能为所有人增强易用性——即使没有残障或者使用宽带连接(图 3.9)。

图 3.9 每个人都能从无障碍网页受益

无障碍设计有助于提高在搜索引擎中的排名

搜索引擎的后台程序(一般称为机器人或蜘蛛)跟随网站上的链接来检索内容。如果网页都使用了描述性的网页标题，内容用标题和列表进行了良好组织，链接都添加了描述性的文本，而且图片都有备用文本，蜘蛛会更"喜欢"这类网站，说不定能得到更好的排名。

法律规定

互联网和网络已成为重要的文化元素，因此美国通过立法来强制推行无障碍设计。1998年对《联邦康复法案》进行增补的 Section 508 条款规定所有由联邦政府开发、取得、维持或使用的电子和信息技术都必须提供无障碍访问。本书讨论的无障碍设计建议就是为了满足 Section 508 标准和 W3C Accessibility Initiative 指导原则。本书写作时，Section 508 条款正在进行修订，最新情况请通过 http://www.access-board.gov 了解。

无障碍设计的热潮

在美国联邦政府通过立法推广无障碍访问的同时，私营企业也在积极地跟随这个潮流。W3C 在这一领域也很活跃，他们发起了"无障碍网络倡议"(Web Accessibility Initiative，WAI，详情请访问 http://www.w3.org/WAI/。WAI 为 Web 内容开发人员、创作工具开发人员和浏览器开发人员制定了指导原则和标准。WAI 的这些指导原则的最新版本是 Web Content Accessibility Guidelines 2.0(WCAG 2.0)。为了满足 WCAG 2.0 的要求，请记住它的 4 个原则，或者说 POUR 原则。其中，P 代表 Perceivable(可感知)；O 代表 Operable(可操作)；U 代表 Understandable(可理解)；而 R 代表 Robust(健壮)。

- 内容必须**可感知**(不能出现用户看不到或听不到内容的情况)。任何图形或多媒体内容都应该同时提供文本格式，比如图片的文本描述，视频/音频的字幕或文字稿等。
- 界面组件必须**可操作**。可操作的内容要有导航或者其他交互功能，方便使用鼠标或键盘进行操作。多媒体内容应避免闪烁而引发用户癫痫。

- 内容和控件必须**可理解**。可理解的内容容易阅读，采取一致的方式组织，并且提供有用的错误消息。
- 内容应该**足够健壮**，当前和将来的用户代理(包括辅助技术，比如屏幕朗读器)能够顺利处理这些内容。内容要遵循 W3C 推荐标准进行编写，而且应该兼容于多种浏览器、浏览器和辅助技术(如屏幕朗读器)。

附录的"WCAG 2.0 快速参考"更详细地描述了如何设计无障碍网页。随着本书学习的进行，将在创建网页时逐渐添加无障碍访问功能。之前已通过第 1 章和第 2 章学习了 title 标记、标题标记以及超链接描述文本的重要性，你已经在创建无障碍网页方面开了一个好头。

3.5 文本的使用

冗长的句子和解释在教科书和言情小说中很常见，但它们真的不适合网页。在浏览器中，大块的文本和长的段落阅读起来是很困难的。

- 使用短句，言简意赅
- 用标题和副标题组织内容
- 项目列表能充分吸引人的眼球，而且易于阅读

如图 3.10 所示的犹他州旅游网站(State of Utah Travel & Tourism)就合理运用了标题、小段落和无序列表来组织内容，使网页很容易阅读，访问者能快速找到自己需要的内容。

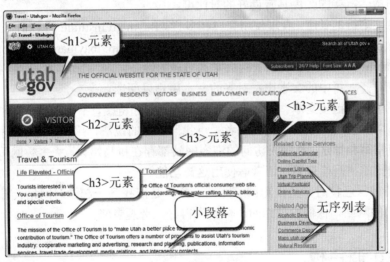

图 3.10　内容的组织很合理

文本设计的注意事项

怎样才知道网页是否容易阅读呢？文本容易阅读，才能真正吸引访问者。要慎重决定字体、字号、浓淡和颜色。第 6 章将讨论如何配置网页中的字体。下面是一些增强网页可读性的建议。

- **使用常用的字体**。英语字体使用 Arial、Verdana 或 Times New Roman，中文字体使

用宋体、微软雅黑或黑体。请记住，要显示一种字体，访问者的计算机必须已经安装了这种字体。也许你的网页用 Gill Sans Ultra Bold Condensed 或者某种钢笔行书字体看起来很好看，但如果访问者的计算机没有安装这种字体，浏览器会用默认字体代替。请访问 http://www.ampsoft.net/webdesign-l/WindowsMacFonts.html，了解哪些字体是"Web 安全"的。

- **谨慎选择字型**。Serif 字体(有衬线的字体)，比如 Times New Roman，原本是为了在纸张上印刷文本而开发的——不是为了在显示器上显示。研究表明，Sans Serif 字体(无衬线的字体)，比如 Arial，在计算机屏幕上显示时比 Serif 字体更易读(详情参见 http://www.alexpoole.info/academic/lecturenotes.html 或 http://www.wilsonweb.com/wmt6/html-email-fonts.htm)。微软专门为计算机屏幕显示而开发的 Verdana 字体(Sans Serif)看起来可能比 Arial 字体更舒适，因为它增大了字母的宽度和开放度。[①]
- **注意字号**。字体在 Mac 上的显示比 PC 上的要小一些。即使同样在 PC 平台上，不同浏览器的默认字号也是不同的。可考虑创建字号设置的原型页，在各种浏览器和屏幕分辨率设置中测试。
- **注意字体的浓淡**。重要的文本可以加粗(使用<strong>元素)或强调(使用<em>元素配置成斜体)。但是，不要什么都进行强调，否则重点就不突出了。
- **使用恰当的颜色组合**。学生经常为网页选择一些他们从前想都不敢想的颜色组合。为了选择具有良好对比度，而且组合起来令人赏心悦目的颜色，一个办法是从用于网站的图片或网站标识(logo)中选取颜色。确保网页背景与文本、链接、已访问链接和激活链接的颜色具有良好的对比度。
- **注意文本行的长度**。合理使用空白和多栏。Baymard Institute 的 Christian Holst 建议每行使用 50-75 个字符(汉字减半)来增强可读性(http://baymard.com/blog/line-length-readability)。图 3.30 展示了网页文本布局的例子。
- **检查对齐**。居中的文本比左对齐的文本更难以阅读。
- **慎重选择超链接文本**。只为关键词或短语制作超链接，不要将整个句子都做成超链接。防止使用"点击这里"或者"点我"这样的说法，用户知道怎么操作。
- **检查拼写和语法**。你每天访问的许多网站都存在拼写错误。大多数网页创作工具都有内置的拼写检查器，请考虑使用这一功能。

最后，请确保已校对并全面测试了网站。最好是能找到一起学习网站设计的伙伴，好让你检查他们的网站，他们检查你的。俗话说得好，旁观者清。

3.6 Web 调色板

计算机显示器使用不同强度的红(Red)、绿(Green)和蓝(Blue)颜色组合来产生某种颜色，称为 RGB 颜色。RGB 强度值是 0~255 的数值。

[①] 从 Windows Vista 开始，推荐的西文字体是 Calibri，中文字体是微软雅黑。——译注

每个 RGB 颜色由三个值组成，分别代表红、绿、蓝。这些数值的顺序是固定的(红、绿、蓝)，并指定了所用的每种颜色的数值。图 3.11 展示了几个例子。一般用十六进制值指定网页上使用的颜色。

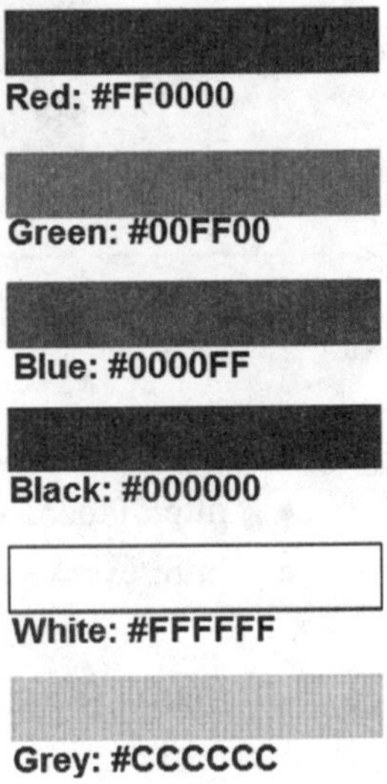

十六进制颜色值

十六进制以 16 为基数，基本数位包括 0、1、2、3、4、5、6、7、8、9、A、B、C、D、E 和 F。用十六进制值表示 RGB 颜色时，总共要使用 3 对十六进制数位。每一对值的取值范围是 00~FF(十进制 0~255)。这 3 对值分别代表红、绿和蓝的颜色强度。采用这种表示法，红色将表示为#FF0000，蓝色为#0000FF。#符号表明该值是十六进制的。可在十六进制颜色值中使用大写或小写字母——#FF0000 和#ff0000 都表示红色。

不用担心，处理网页颜色时不需要手动计算，熟悉这一数字方案就可以了。图 3.12 是从 http://webdevbasics.net/color 截取的颜色表的一部分。

图 3.11 示例颜色

图 3.12 颜色表的一部分

Web 安全颜色

观察这个颜色表，会发现十六进制值呈现一定规律(成对的 00、33、66、99、CC 或 FF)，这种规律表示颜色位于 Web 安全调色板。

> **FAQ 一定要使用 Web 安全颜色吗？**
> 不用，可以选择任何颜色，只要保证文本和背景具有良好对比度。Web 安全颜色是在 8 位颜色(256 色)的时代设计的。今天，几乎所有显示设备都支持上千万种颜色。

无障碍设计和颜色

不是所有访问者都能看得见或分辨颜色。即使在用户无法识别颜色的情况下，你的信息也必须清楚地表达。Vischeck(http://www.vischeck.com/vischeck/)的报告称每 20 个人里面就有 1 个人患有某种类型的色盲。

颜色的选择至关重要。以图 3.13 为例，一般人很难看清楚蓝底上的红字。避免红色、绿色、棕色、灰色或紫色的任意两种组合使用。白、黑以及蓝/黄的各个色阶对于大多数人来说都很容易分辨。

Can you read this easily?

图 3.13 有的颜色组合很难分辨

 访问以下网站了解更多关于颜色的主题。下一节将继续讨论网页上的颜色选择。

- http://www.colorschemedesigner.com
- http://0to255.com
- http://www.colorsontheweb.com/colorwizard.asp

3.7 颜色的运用

本章第一节强调了为目标受众设计的重要性，本节将讨论如何为目标受众选择合适的颜色。

面向儿童

年轻一点的受众(比如儿童)比较喜欢明快生动的颜色。如图 3.14 所示，专为儿童设计的美国铸币公司主页(http://usmint.gov/kids)运用了明快的图片、大量颜色和交互内容。下面列举了几个面向儿童的网站：

- http://www.sesamestreet.org/games
- http://www.nick.com
- http://www.usmint.gov/kids

图 3.14 一个典型的面向儿童的网站

面向年轻人

十几二十岁的年轻人通常喜欢深色背景(偶尔使用明亮对比)、音乐和动态导航。图 3.15 展示了由迈克尔·马丁(Micael Martin)专门这个年龄段的用户设计的网站(http://underatedrock.com)。请注意，它的外观和感觉与专为儿童设计的网站是完全不同的。下面列举了几个面向年轮人的网站：

- http://us.battle.net/wow
- http://www.nin.com
- http://www.thresholdrpg.com

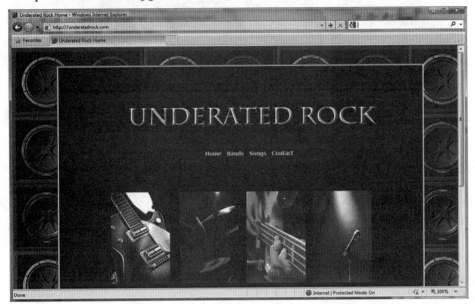

图 3.15　许多青少年觉得深色系网站比较好看

面向所有人

如果目标是吸引"所有人"，那么运用颜色时请仿效流行网站如 Amazon.com 和 eBay.com 的方式。这些网站使用了中性的白色背景和一些分散的颜色来强调页面中的某些区域并增添其趣味性。雅各布·尼尔林(Jakob Nielsen)和马丽·塔希尔(Marie Tahir)在《专业主页设计技术》(*Homepage Usability: 50 Websites Deconstructed*)一书中也叙述了白色背景的应用。根据他们的研究，84%的网站使用白色作为背景色，并且其中有 72%的网站将文本颜色设置为黑色。这一做法能够使文本和背景之间的对比达到最大化——实现最佳的可读性。

另外，面向"所有人"的网站通常包含了吸引人的图像。图 3.16 所示的 National Park Service 主页(http://www.nps.gov)用丰富的颜色和图形吸引访问者，同时在白色背景上提供主要内容，从而获得最强烈的对比。

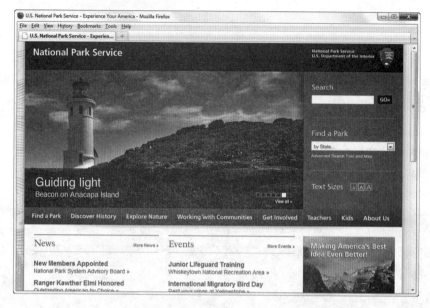

图 3.16　提供吸引人的图片，内容区域采用白底

面向老年人

对于老年人，浅色背景、清晰明确的图像和大字体是比较合适的。图 3.17 展示了 Senior Health 网站(http://nihseniorhealth.gov)的截图，该网站面向 55 岁以上的人群。下面列举了几个面向老年人的网站：

- http://www.aarp.org
- http://www.theseniornews.com
- http://senior.org

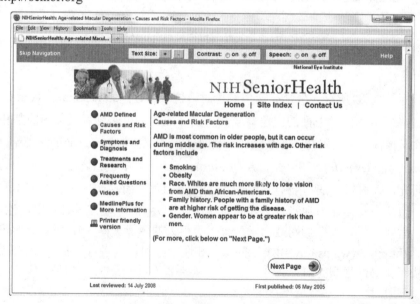

图 3.17　专为 55 岁以上人群设计的网站

3.8 使用图形和多媒体

如图 3.16 所示，吸引人的图片会成为网页的焦点。但要注意的是，应避免完全依赖图片表达你的意思。有的人可能看不见图片和多媒体内容，他们可能使用移动设备或者辅助技术(比如屏幕朗读软件)访问网站。图片或多媒体内容想要传达的重点应设有对应的文本描述。本节要讨论图形和多媒体在网页上的运用。

文件大小和图片尺寸

文件大小和图片尺寸要尽量小。只显示传达你的意思所需的部分。用图像软件剪裁图片，或创建链接到正常大小图片的缩略图。专家常用 Adobe Photoshop 和 Adobe Fireworks 优化图片。还可考虑免费的在线图像编辑和优化工具 Pixlr Editor(http://www.pixlr.com/editor)。

抗锯齿/锯齿化文本的问题

回过头去看图 3.14，注意硬币导航图片中的文本是很容易分辨的。每个硬币中的文本都是抗锯齿文本(antialiased text)。抗锯齿技术在数字图像的锯齿状边缘引入中间色，使其看起来比较平滑。图像处理软件(比如 Adobe Photoshop 和 Adobe Fireworks)可以创建抗锯齿的文本图像。图 3.18 显示的图像就采用了抗锯齿技术。图 3.19 则是没有进行抗锯齿处理的例子，注意锯齿状的边缘。

Antialiased

图 3.18 抗锯齿文本

图 3.19 由于没有进行抗锯齿处理，该图像有锯齿状边缘

只使用必要的多媒体

只在能为网站带来价值的前提下才使用多媒体。不要因为自己有一张动画 GIF 图片或者一段 Flash 动画(参见第 11 章)，就强行使用它。使用动画的目的一定是为了更有效地传达一个意思。注意限制动画长度。

年青人通常比年纪较大的人更喜欢动画。如图 3.14 所示，专为儿童设计的美国铸币公司主页(http://usmint.gov/kids)就采用了大量动画。这些动画对于一个面向成年人的购物网站来说显得太多了。然而，设计良好的导航动画或者产品/服务描述动画对于几乎任何人都是适宜的。经常使用 Adobe Flash 为网页增添趣味性和交互性，例如图 3.20 的美国国会图书馆网页。将在第 11 章学习如何配置 Flash 动画。还将在第 7 章和第 11 章学习用新的 CSS3 属性为网页添加动画和交互功能。

图 3.20　Flash 动画为基于文本的主页增添了视觉上的趣味性(http://www.loc.gov)

提供替代文本

网页上的每张图片都应该配置替代文本。参考第 5 章了解如何配置网页中的图片。替代文本可由移动设备显示，在图片加载速度较慢时临时显示以及在配置成不显示图片的浏览器中显示。残疾人用屏幕朗读软件访问网站时，替代文本也会被大声地朗读出来。在图 3.21 中，我们使用 Firefox Web Developer 扩展来显示 National Park Service 网站(http://nps.gov)上的一张图片的替代文本。

图 3.21　Firefox 的 Web Developer 扩展在图片上方显示替代文本

3.9　更多设计上的考虑

你最不想看到的就是访问者还没有完全加载网页就离开了网站！请确保网页以尽可能快的速度下载。一般愿意花多少时间等待网页完全加载？Web 可用性专家雅各布·尼尔森(Jakob Nielsen)的调查表明，很多访问者不会等超过 10 秒钟的时间。在 56 Kbps 带宽的情况下，浏览器大概花 9 秒钟的时间显示一个总大小为 60 KB 的网页，包括网页文档及其相关文件。因此，将网页和相关图片和媒体文件的总大小限制在 60 KB 以内是一个很好的做法。但是，如果确定访问者愿意等待，也可以忽略该限制。

PEW Internet and American Life Project 的最新研究发现，美国家庭和办公室用户的宽带连接(cable，DSL 等)比例正在上升，65%的美国成年人在家都使用宽带。虽然使用宽带的访问者数目呈上升趋势，但请记住仍有 35%的家庭是没有宽带连接的。最新统计数据请访问 http://www.pewinternet.org。

图 3.22 比较了以不同带宽(网速)下载不同大小的文件所需的时间，数据来自以下计算器：http://www.t1shopper.com/tools/calculate/downloadcalculator.php。

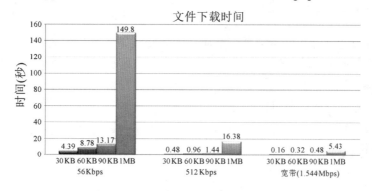

图 3.22　带宽和文件下载时间的关系

为了判断网页的加载时间是否能够接受，一个方法是在 Windows 资源管理器中查看网站文件的大小。计算网页及其相关图片和媒体文件的总大小。如果某个网页和相关文件的总大小超过 60 KB，请仔细检查设计。考虑一下是否真的需要所有图片才能完整传达你的信息。也许应该为 Web 优化一下图片，或者将一个页面的内容分成几个页面。到了应该做出一些决定的时候了！流行的网页创作工具(比如 Microsoft Expression Web 和 Adobe Dreamweaver)可以计算不同传输速度时的下载时间。

感觉到的加载时间

感觉到的加载时间(perceived load time)是指网页访问者感觉到的等待网页加载的总时间。由于访问者常常因为网页加载太慢而离开，因此缩短他们感觉到的等待时间是非常重要的。除了对图片进行优化，缩短感觉到的加载时间的另一个技术是使用图像精灵，也就是将多个小图片合并成一个文件，详情参见第 7 章。

第一屏

将重要信息放置在第一屏(above the fold)是借鉴了新闻出版业的一个技术。报纸放在柜台或自动贩卖机上等待销售时，折线之上(above the fold)的部分是可见的。出版商发现如果把最重要的、最吸引人的信息放在这个位置，报纸就能卖得更多。也可将这个技术应用于网页，吸引访问者并将他们留住。请将有趣的内容安排在第一屏——访问者无需向下滚动即可看到的区域。在流行的1024×768的分辨率下，这个分界线是600像素(因为要除去浏览器菜单和控件)。不要将重要信息和导航放到最右边，因为在某些分辨率下，浏览器刚开始不显示这个区域。

适当留白

空白(white space)这个术语也是从出版业借鉴来的。在文本块周围"留白"(因为纸张通常是白色的)能增强页面的可读性。在图片周围留白可以突出显示它们。另外，文本块和图像之间也应该留白。那么，这种空白多大才合适呢？要视情况而定，请自行试验，直到页面看起来能够吸引目标受众。

水平滚动

为了方便访问者浏览和使用网页，请避免创建在浏览器窗口中显示起来太宽的页面。这种页面要求用户水平滚动。在1024×768的分辨率下，可视区域(除去浏览器使用的那一部分)约为960像素。注意，并非所有访问者在访问网站时都采用最大的浏览器可视区域(不是所有人都最大化显示浏览器窗口)。

3.10 导航设计

网站要易于导航

有的时候，由于开发人员沉浸于自己的网站而会，造成只见树木，不见森林。没有好的导航系统，对网站不熟悉的人首次访问可能迷失方向，不知道该点击什么，或者该如何找到自己需要的东西。在每个页面上，都要提供清晰的导航链接，它们应该在每个页面的同一位置，以保证最大的易用性。

导航栏

清晰的**导航栏**(navigation bar)，无论文本的还是图像的，可以使用户清楚地知道自己身在何处和下一步能去哪里。

一般在网站标志(logo)下显示水平导航栏(如图3.23所示)，或者在网页左侧显示垂直导航栏。较不常见的是在网页右侧显示垂直导航栏，该区域在低分辨率的时候可能被切掉。

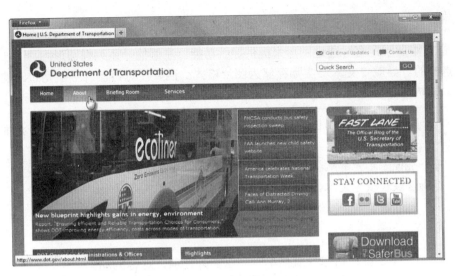

图 3.23　水平文本导航栏(http://www.dot.gov)

面包屑导航

访问者不应在网站中感到迷失方向。知名的网站可用性与网页设计专家雅各布·尼尔森建议大型网站采用**面包屑路径**，它告诉网站访问者当前会话中的网页路径。图 3.24 展示了 http://www.cabq.gov 的一个网页。网页顶部的 logo 区域下方有一个良好组织的主导航栏。此外，还为每个访问者提供了人性化的面包屑路径。例如，当前显示的面包屑路径是：Home → Albuquerque Green → Take Action → In Your Community。访问可利用这个路径轻松返回之前浏览过的页面。网页左侧还包含了一个垂直导航栏，提供了 Albuquerque Green 区域的链接。如这个例子所示，网站经常使用多种类型的导航。

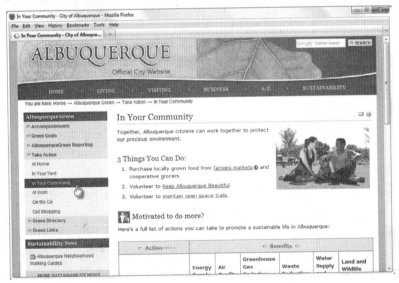

图 3.24　访问者可以沿着"面包屑"返回之前在这个网站中去过的地方

图片导航

如图 3.14 所示，有时通过图形来提供导航功能。左侧的一系列椭圆形图片"按钮"都是可以点击的。导航"文本"实际存储为图片格式。但要注意，图片导航是过时的设计技术。文本导航更容易使用，搜索引擎也更容易为它建立索引。

 虽然图 3.14 使用图片链接来提供网站的导航功能，但它采用了两个技术来确保无障碍访问。
- 每个 image 元素都配备了替代文本(参见第 5 章)。
- 页脚区域提供了文本链接。

动态导航

有的网站支持在鼠标指向导航菜单时显示额外选项，这称为动态导航。它在为访问者提供大量选项的同时，还避免了界面远示拥挤。不是一直显示全部导航链接，而是根据情况动态显示特定的菜单项(通常利用 HTML 和 CSS 的组合)。

美国劳工统计局网站(http://www.bls.gov)就提供了一个动态导航菜单。在图 3.25 中，选择 Publications 将弹出一个包含更多选项的菜单。

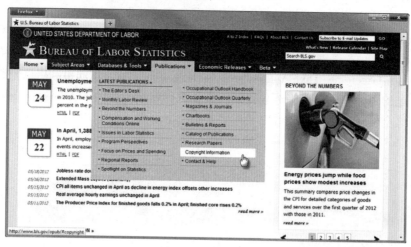

图 3.25 使用 HTML，CSS 和 JavaScript 实现动态导航

站点地图

即使提供了清晰和统一的导航系统，访问者有时也会在大型网站中迷路。站点地图提供了到每个主要页面的链接，帮助访问者获取它们需要的信息，如图 3.26 的 National Park Service 网站所示。

站点搜索功能

注意在图 3.26 中，网页左上角提供了搜索功能。这个功能帮助访问者找到在导航或站点地图中不好找的信息。

图 3.26　这个大型网站为访问者提供了站点搜索和站点地图

3.11　线框和页面布局

线框(wireframe)是网页设计的草图或者蓝图，显示了基本页面元素(比如标题、导航、内容区域和页脚)的基本布局，但不包括具体设计。作为设计过程的一部分，线程用于试验各种页面布局，开发网站结构和导航功能，并方便在项目成员之间进行沟通。注意在线框图中不需要填写具体内容，比如文本、图片、标识和导航。

图 3.27、图 3.28 和图 3.29 显示了包含水平导航条的三种可能的页面设计。图 3.27 没有分栏，内容区域显得很宽，适合显示文字内容比较多的网页，就是看起来不怎么"时尚"。图 3.28 采用三栏布局，还显示了一张图片。设计上有所改进，但感觉还是少了一点什么。图 3.29 也分为三栏，但栏宽不再固定了。网页设计了标题(header)区域、导航区域、内容区域(包括标题、小标题、段落和无序列表)和页脚区域。这是三种布局中最吸引人的一个。注意图 3.28 和图 3.29 如何利用分栏和图片来增强网页的特色。

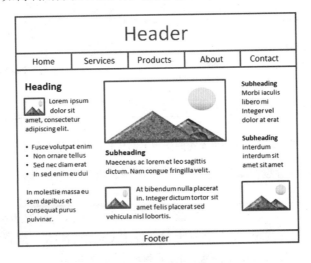

图 3.27　普通的页面布局

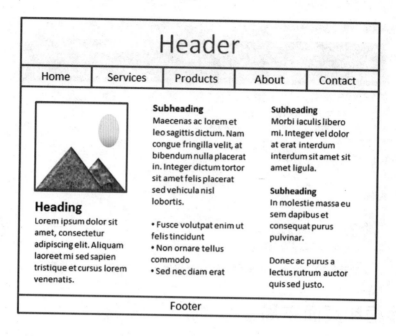

图 3.28 图片和分栏使网页更吸引人

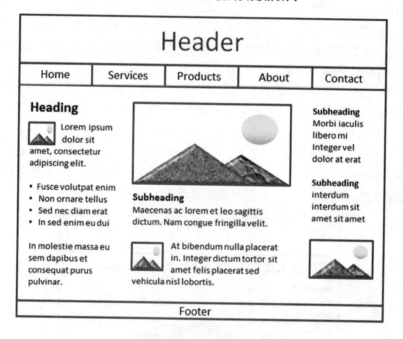

图 3.29 这个页面布局使用了图片和各种宽度的分栏

　　图 3.30 的网页包含标题(header)、垂直导航区域、内容区域(标题、小标题、图片、段落和无序列表)和页脚区域。

　　主页往往采用和内容页不一样的页面布局。但即便如此，一致的标识、导航和颜色方案都有助于保证网站的协调统一。本书将指导你使用 CSS 和 HTML 配置颜色、文本和布局。下一节要探索两种常用的布局设计技术：固定布局和流动布局。

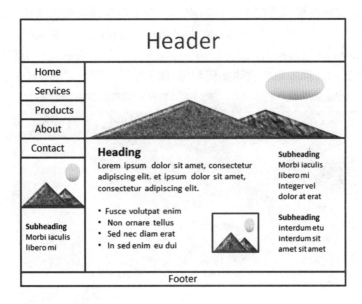

图 3.30　采用垂直导航的页面布局

3.12　固定和流动布局

学会用线框图描绘页面布局后，接着探索线框图的两种常见的设计技术，即固定布局和流动布局。

固定布局

采用固定设计的网页以左边界为基准，宽度固定，如图 3.31 所示。

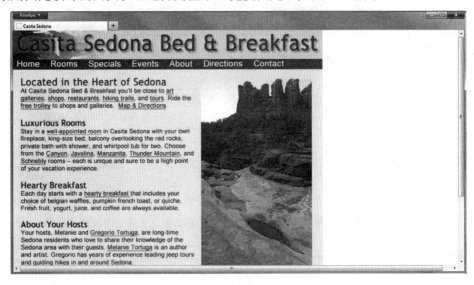

图 3.31　使用固定宽度配置的网页(固定设计)

注意图 3.31 浏览器视口右侧不自然的留白。为了避免这种让人感觉不舒服的外观，一个流行的技术是为内容区域配置固定宽度(比如 960 像素)，但让它在浏览器视口中居中，如图 3.32 所示(http://www.nps.gov)。浏览器的大小发生改变时，左右边距会自动调整，确保内容区域始终居中显示。第 6 章将教你如何利用 CSS 配置宽度和使内容居中。

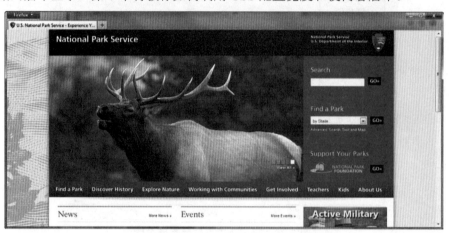

图 3.32　固定宽度的内容区域居中显示

流动布局

如果网页采用流动设计，那么内容将占据 100%的浏览器窗口，无论屏幕分辨率是多大。左侧和右侧都不会有留有空白页边，多栏内容会自行"流动"，以填满任何大小的窗口。图 3.33 展示了一个例子。其他例子还有 http://amazon.com 和 http://sears.com。这种页面布局的一个缺点是高分辨率下的文本行被拉得很长，造成阅读上的困难。

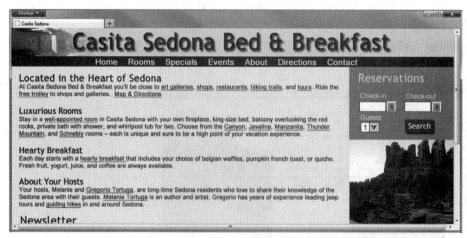

图 3.33　这个网页使用流动设计来自动调整内容，使之充满整个浏览器窗口

图 3.34 是流动布局的一种变化形式。标题和导航区域占据 100%宽度，内容区域则居中显示，占据 80%宽度。和图 3.33 对比一下，居中内容区域会随浏览器视口大小的变化而自动增大或缩小。为了确保文本的可读性，可用 CSS 为该区域配置一个最大宽度。

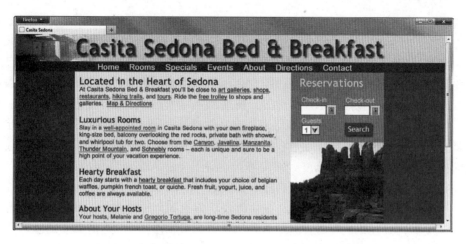

图 3.34 该流动布局为居中内容区域配置了最大宽度

采用固定和流动设计的网站在网上随处可见。固定宽度布局为开发人员提供了最多的页面控制，但造成页面在高分辨率时留下大量空白。而流动设计在高分辨率下可能造成阅读上的困难，因为页面宽度被拉伸超出设计者的预期。为文本内容区域配置最大宽度可缓解文本可读性问题。即使总体使用流动布局，其中的一部分设计也可以配置成固定宽度(比如图 3.33 和图 3.34 右侧的 Reservations 栏)。不管固定还是流动布局，内容区域居中显示都最令人赏心悦目。

3.13 为移动网络设计

桌面浏览器不是人们访问网站的唯一途径。智能手机和平板电脑使"一直在线"成为现实。摩根士丹利的互联网分析师玛丽·米克尔(Mary Meeker)预测到 2015 年，使用移动设备上网的人数将超过使用台式机上网的人数(http://www.scribd.com/doc/69353603/Mary-Meekers-annual-Internet-Trends-report)。访问 http://mashable .com/2012/08/22/mobile-trends-ecommerce 了解移动设备的增长趋势。考虑到这个增长趋势，网页更需面向移动用户设计。

三种方式

可通过以下三种方式为访问者提供令人满意的移动体验。
1. 开发单独的移动网站并分配.mobi 顶级域名(参见第 1 章)。JCPenney 就是这样设计的(http://jcp.com 和 http://jcp.mobi)。
2. 域名不变，但为移动用户创建单独的网站。
3. 采用灵活响应的网页设计技术(参见下一节)，使用 CSS 配置当前网站来适配移动设备。

移动设备设计考虑

不管采用哪种方式，设计移动网站时都有一些基本的考虑。
- **屏幕尺寸小**。常见手机屏幕尺寸包括 320×240，320×480，480×800，640×960(Apple

iPhone 4)和1136×640(Apple iPhone 5)。即使是大屏幕手机,也不会有太多像素可供使用。

- **带宽小(连接速度低)**。虽然更快的3G和4G网络正在普及,但许多移动用户的连接速度都不理想。一般网站上的图片会占用相当多的带宽。取决于不同的套餐,有的移动用户的带宽是按KB付费的。要注意到这一点,避免不必要的图片。
- **字体、颜色和媒体问题**。移动设备的字体支持有限。使用em或百分比指定字号,并配置常规font-family名称(参见第6章)。移动设备对颜色的支持可能有限。谨慎挑选颜色以保证高对比度。许多移动设备不支持Adobe Flash媒体。
- **控制手段少,处理器和内存有限**。虽然触屏手机非常普遍,但仍然有不少移动用户用不了鼠标风格的控制手段。提供键盘访问来帮助这些用户。虽然移动设备的处理速度和内存在不断提升,但还是无法与台式机相比。虽然这对本书的练习网站来说不是问题,但未来随着开发技能的加强,开发更高级的网站时要注意这个问题。
- **功能**。提供超链接或者搜索按钮来方便用户查询网站的各项功能。

桌面和移动网站的例子

美国白宫网站采用第二种方式在同一个域中为桌面和移动用户开发了单独的网站。图3.35的桌面网站(http://www.whitehouse.gov)采用了大图片和交互式幻灯片。图3.36的移动网站(http://m.whitehouse.gov)则以文字为主,提供了到特色内容的链接、一个搜索功能以及切换到常规(桌面)网站的链接。

图3.35 桌面浏览器中显示的 http://whitehouse.gov

图 3.36 以文字为主的移动网站，提供了到特色内容的链接

移动设计小结

- 注意屏幕尺寸小和带宽限制
- 不要显示无关紧要的内容，比如侧边栏
- 将桌面版本的背景图片替换成为小屏幕显示优化的图片
- 为图片提供替代文本
- 移动显示使用单栏布局
- 颜色的选择要侧重高对比度.

3.14 响应式网页设计

本章前面指出，Net Market Share 的一项调查表明，现在有超过 90 种不同的屏幕分辨率。而在桌面浏览器、平板设备和智能手机上，网站都应该良好显示和工作。虽然可以开发单独的桌面和移动版本，但更科学的方式是让所有设备都访问同一个网站。W3C 的 One Web 倡议正是为了这个目的提出的，它的理念是提供单个资源，但配置成在各种类型的设备上都能获得最优显示。

"响应式 Web 设计"是 Web 开发者伊森·马科特(Ethan Marcotte)提出的一个概念(http://www.alistapart.com/articles/responsive-web-design)，旨在使用编码技术(包括流动布局、灵活图像和媒体查询)为不同的浏览场景(比如智能手机和平板设备)渐进式增强网页显示。第 8 章将学习如何配置灵活图像并编码 CSS 媒体查询，从而配置网页在各种屏幕分辨率下都能良好显示。

Media Queries 网站(http://mediaqueri.es)演示了响应式 Web 设计方法，提供了网页在各种屏幕宽度下的截图：320px(智能手机)，768px(平板设备)，1024px(笔记本电脑)和

1600px(桌面)。

图 3.37、图 3.38、图 3.39 和图 3.40 显示的是同一个.html 网页文件，只是使用 CSS 媒体查询检测视口大小并进行不同的显示。图 3.38 是标准的桌面浏览器显示。

图 3.38 是上网本和平板设备横放时的显示。

图 3.37　网页在桌面上的显示

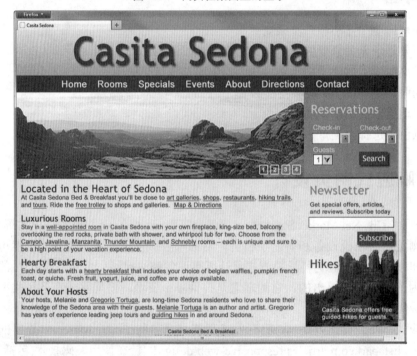

图 3.38　上网本显示的网页

图 3.39 是平板设备竖放时的显示。

图 3.40 是在智能手机上的显示。注意，logo 区域变小了，删除了图片，并突出显示了电话号码。

第 3 章　网页设计基础　85

图 3.39　平板设备竖放时显示的网页　　　图 3.40　智能手机显示的网页

第 8 章将进一步探索如何使用 CSS 媒体查询配置网页。

3.15　网页设计最佳实践

表 3.1 是推荐的网页设计实践核对清单。请以它为准创建可读性强、可用性强和无障碍的网页。

表 3.1　网页设计最佳实践核对清单

页面布局

- ☐ 1. 统一网站 header/logo
- ☐ 2. 统一导航区域
- ☐ 3. 让人一目了然的网页标题(title)，包括公司/组织/网站的名称
- ☐ 4. 页脚区域——版权信息、上一次更新日期、联系人电邮
- ☐ 5. 良好运用基本设计原则：重复、对比、近似和对齐
- ☐ 6. 在 1024×768 或更高分辨率下显示时不需要水平滚动
- ☐ 7. 页面中的文本/图片/空白均匀分布
- ☐ 8. 在 1024×768 分辨率下，重复信息(header/logo 和导航区)占据的区域不超过浏览器窗口的 1/4～1/3
- ☐ 9. 在 1024×768 分辨率下，主页"第一屏"（向下滚动之前）包含吸引人的、有趣的信息
- ☐ 10. 使用拨号连接时，主页在 10 秒钟之内下载完毕

导航

- [ ] 1. 主导航链接标签清晰且统一
- [ ] 2. 目标受众能够方便地使用导航功能
- [ ] 3. 如果主导航区域使用了图片和/或多媒体，应在页脚提供清晰的文本链接(无障碍设计)
- [ ] 4. 提供导航协助，比如站点地图、"跳至内容"链接或者面包屑路径

颜色和图片

- [ ] 1. 在页面背景/文本中使用最多三四种颜色
- [ ] 2. 颜色的使用要一致
- [ ] 3. 文本颜色具有良好对比度
- [ ] 4. 不要单独靠颜色来表达信息(无障碍设计)
- [ ] 5. 颜色和图片的使用能够改善网站，而不是分散访问者的注意力
- [ ] 6. 图片经过优化，不会明显拖慢下载速度
- [ ] 5. 使用的每张图片都有清楚的目的
- [ ] 8. img 标记用 alt 属性设置替代文本(无障碍设计)
- [ ] 9. 动画图像不会使访问者分散注意力，要么不重复播放，要么只重复几次就可以了

多媒体

- [ ] 1. 使用的每个音频/视频/Flash 文件都目的明确
- [ ] 2. 使用的音频/视频/Flash 文件能够改善网站，而不是分散访问者的注意力
- [ ] 3. 为使用的每个音频或视频文件提供文字旁白，即 caption(无障碍设计)
- [ ] 4. 标示音频或视频文件的下载时间
- [ ] 5. 提供多媒体插件的下载地址

内容表示

- [ ] 1. 使用常用字体，如 Arial 或 Times New Roman。中文使用宋体或微软雅黑
- [ ] 2. 合理运用 Web 写作技术，包括标题、项目列表、短段落和短句、空白等
- [ ] 3. 统一字体、字号和字体颜色
- [ ] 4. 网页内容提供有意义和有用的信息
- [ ] 5. 使用统一方式组织内容
- [ ] 6. 信息查找容易(最少点击)
- [ ] 7. 要提示时间：上一次修订和/或版权日期要准确
- [ ] 8. 页面内容没有排版或语法错误
- [ ] 9. 添加超链接文本时，避免"点击这里"的说法
- [ ] 10. 如果没有使用标准链接颜色，必须统一设置一套颜色以表明链接的已访问/未访问状态
- [ ] 11. 如果使用了图片和/或多媒体，同时提供与该内容等价的替代文字(无障碍设计)

功能

- [ ] 1. 所有内部链接都正常工作
- [ ] 2. 所有外部链接都正常工作
- [ ] 3. 所有表单能像预期的那样工作
- [ ] 4. 网页不报错

其他无障碍设计
- □ 1. 在恰当的地方使用专为改善无障碍访问而提供的属性，例如 alt 和 title
- □ 2. 为了帮助屏幕朗读器，html 元素的 lang 属性要指明网页的朗读语言

浏览器兼容性
- □ 1. 在主流版本的 Internet Explorer(9 或以上)中正常显示
- □ 2. 在主流版本的 Firefox 中正常显示
- □ 3. 在主流版本的 Opera 中正常显示
- □ 4. 在主流版本的 Safari(Mac 和 Windows)中正常显示
- □ 5. 在主流版本的谷歌浏览器(Google Chrome)中正常显示
- □ 6. 在主流平板和智能手机上正常显示

注意：该 Web 设计最佳实践核对清单版权归 Terry Ann Morris 所有((http://terrymorris.net/bestpractices)。使用已获许可

复习和练习

复习题

选择题

1. 以下哪一条不符合一致性网站设计要求？(　　)
   A. 每个内容页一个类似的导航区域
   B. 每个内容页使用相同的字体
   C. 不同的页使用不同的背景颜色
   D. 每个内容页上在相同的位置使用相同的网站标识(logo)
2. 三种最常用的网站组织方式是什么？(　　)
   A. 水平、垂直和对角
   B. 分级、线性和随机
   C. 无障碍、易读和易维护
   D. 以上都不是
3. 以下哪一条不是推荐的 Web 设计最佳实践？(　　)
   A. 设计网站，使之易于导航
   B. 向每个人都呈现色彩艳丽的网页
   C. 设计网页，使之能快速加载
   D. 限制动画内容的使用
4. WCAG 的 4 原则是什么？(　　)
   A. 重复、对比、对齐、近似
   B. 可感知、可操作、可理解、健壮
   C. 无障碍、易读、易维护、可靠
   D. 分级、线性、随机、顺序
5. 以下哪一个是指网页的草图或蓝图，它显示了基本网页元素的结构(但不包括具体设

计)？（　　）
   - A. 绘图
   - B. HTML 代码
   - C. 站点地图
   - D. 线框
6. 以下什么要受到站点目标受众的影响？（　　）
   - A. 站点使用的颜色数量
   - B. 站点使用的字号和样式
   - C. 站点的总体外观与感觉
   - D. 以上都是
7. 对于主导航栏使用了图片的网站，适合运用什么设计实践？（　　）
   - A. 为图片提供替代文本
   - B. 在页面底部放置文本链接
   - C. A 和 B 都对
   - D. 不需要特别注意
8. 以下哪些一条是移动 Web 设计最佳实践？（　　）
   - A. 配置单栏网页布局
   - B. 配置多栏网页布局
   - C. 避免用列表组织信息
   - D. 尽量在图片中嵌入文本
9. 创建文本超链接时，应该采取以下哪一个操作？（　　）
   - A. 整个句子创建成超链接
   - B. 在文本中包括"点击此处"
   - C. 关键词作为超链接
   - D. 以上都不对
10. 创建能自动拉伸以填满整个浏览器窗口的设计技术称为(　　)。
    - A. 固定
    - B. 流动
    - C. 线框
    - D. 精灵

动手练习

1. **网站设计评价**。本章讨论了网页设计，包括导航设计技术以及重复、对比、对齐和近似等设计原则。本练习将检查和评估一个网站的设计。可能由老师提供要评估的网站的 URL。如果没有，从以下 URL 中挑选一个。

   http://www.arm.gov

   http://www.telework.gov

   http://www.dcmm.org

   http://www.sedonalibrary.org

   http://bostonglobe.com

   http://www.alistapart.com

   访问要评估的网站。写一篇论文来包含以下内容：

   a. 网站 URL

   b. 网站名称

   c. 目标受众

   d. 主页屏幕截图

   e. 导航栏的类型(可能有多种)

   f. 具体说明重复、对比、对齐和近似原则是如何应用的。

   g. 完成 Web 设计最佳实践核对清单(参见表 3.1)。

   h. 提出网站的三项改进措施

2. **响应式 Web 设计**。访问 Media Queries 网站(http://mediaqueri.es)，这里演示了一组采用了响应式 Web 设计的站点。选择一个来进行深入研究。写论文，在其中包含以下内容：

a. 网站 URL
b. 网站名称
c. 目标受众
d. 不同设备上的三张网站屏幕截图(桌面，平板和手机)
e. 描述三张屏幕截图的相似性和差异
f. 描述针对手机在显示上的两处修改
g. 网站在全部三种设备上都满足了目标爱众的需求吗？对回答进行说明

聚焦 Web 设计

选择性质或目标受众相近的两个网站，例如：
- http://amazon.com 和 http://bn.com
- http://chicagobears.com 和 http://greenbaypackers.com
- http://cnn.com 和 http://msnbc.com

1. 描述两个网站如何运用重复、对比、对齐和近似设计原则。
2. 描述两个网站如何运用 Web 设计最佳实践。你认为应该如何改进这些网站？为每个网站都提出三项改进措施。

案例学习：Web 项目

本案例学习的目的是采用推荐的设计实践来设计一个网站。可以是关于兴趣爱好或者主题、自己的家庭、教堂或俱乐部、朋友公司、自己所在公司的一个网站。网站要包含一个主页和至少 6 个(不超过 10 个)内容页。"Web 项目案例学习"为长度为整个学期的一个项目提供了大纲，你将在此过程中设计、创建和发布自己的原创网站。

项目里程碑

- Web 项目主题批准(转向下一个里程碑之前必须获得批准)
- Web 项目计划分析表
- Web 项目站点地图
- Web 项目页面布局设计
- Web 项目更新 1
- Web 项目更新 2
- 发布和展示项目

1. Web 项目主题批准

网站主题必须得到老师的批准。写一页论文来讨论以下事项。

- 网站的名称和用途是什么？
  列出网站名称以及创建它的原因。
- 网站要达到什么目标？
  解释网站想要达到的目标，描述网站成功需要什么。

- 目标受众是谁?
  按照年龄、性别、社会阶层等描述目标受众。
- 网站面临哪些机遇或者想要解决什么问题?
  例如,你开发的网站可以向别人提供有关某个主题的资料,或者创建简单的企业网站等。
- 网站包含什么类型的内容?
  描述这个网站需要什么类型的文本、图形和媒体。
- 列出网上至少两个相关或相似网站。

2. Web 项目计划分析表。写一页论文来讨论以下主题
- 网站目标
  列出网站名称,用一、两句话说明网站目标。
- 想要看到什么结果?
  列出网站上每个网页的暂定标题。建议包含 7 到 11 个网页。
- 需要什么信息?
  为每个网页都列出内容(事实、文本、图形、声音和视频)的来源。文本内容应该自己创作,但可考虑无版权的图片和多媒体。仔细核实版权(参见第 1 章)。

3. Web 项目站点地图

利用字处理软件的绘图功能、图形处理软件或者纸笔来绘制网站的站点地图,展示出网页的层次结构和相互关系。除非老师有特殊规定,否则使用图 3.3 的站点地图样式。

4. Web 项目页面布局设计

利用字处理软件的绘图功能、图形处理软件或者纸笔来绘制主页和内容页的线框页面布局。除非老师有特殊规定,否则使用图 3.27 到图 3.30 的页面布局样式。指明 logo、导航、文本和图片的位置。不用关心具体的遣词造句或图片。

5. 项目更新会议 1

到这个时候,你至少应该完成了网站的 3 个网页。如果自己不会,请老师帮你将网页发布到网上(参见第 12 章了解关于选择 Web 主机的问题)。除非有别的安排,否则应该在上机时间进行"项目更新会议"。准备好下面这些东西和老师一起讨论:
- 网站的 URL
- 网页和图片的源文件
- 站点地图(根据需要进行修订)

6. 项目更新会议 2

到这个时候,你至少应该完成了网站的 6 个网页。它们应该已经发布到网上了。除非有别的安排,否则应该在上机时间进行"项目更新会议"。准备好下面这些东西和老师一起讨论:
- 网站的 URL

- 网页和图片的源文件
- 站点地图(根据需要进行修订)

7. 发布和展示项目

将项目完整地发布到网上。准备在班上展示网站,要解释项目的目标、目标受众、颜色的使用以及开发过程中面临的任何挑战(同时说明具体是如何解决的)。

第 4 章

CSS 基础知识(一)

前面学习了使用 HTML 配置网页的结构和内容，下面开始探讨层叠样式表(Cascading Style Sheets，CSS)。网页设计师使用 CSS 将网页的样式和内容区分开。用 CSS 配置文本、颜色和页面布局。

CSS 于 1996 年首次成为 W3C 推荐标准。1998 年发布了 CSS Level 2 推荐标准(或者称为 CSS2)，引入了定位网页元素所需的一些新属性。CSS 还在不断进化，CSS Level 3(CSS3)计划支持的功能包括嵌入字体、圆角和透明等。本章通过在网页上配置颜色来探讨 CSS 的运用。

学习内容

- 了解 CSS 的作用
- 体会 CSS 的优点
- 用 CSS 在网页上配置颜色
- 配置内联样式
- 配置嵌入样式表
- 配置外部样式表
- 使用元素名称、类、id 和上下文选择符来配置网页
- 校验 CSS 语法

4.1 CSS 概述

样式表(style sheet)在桌面出版界已使用了多年，它的作用是将排版样式和间距指令应用于出版物。CSS 则为网页开发人员提供了这一功能(以及其他更多的功能)，允许他们将排版样式(字体、字号等)、颜色和页面布局指令应用于网页。

CSS Zen Garden(http://www.csszengarden.com)展示了 CSS 的强大功能和灵活性。请访问这个网站，查看 CSS 的真实例子。注意，随着你选择不同的设计(用 CSS 样式规则来配置)，网页内容的呈现方式也会发生显著变化。虽然 CSS Zen Garden 的设计是由 CSS 的大师创建的，但是从另一方面看，这些设计师和你没有什么两样？他们都是从 CSS 的基础开始学起的!

CSS 是由 W3C 开发的一种灵活的、跨平台的、基于标准的语言。W3C 对 CSS 的描述请访问 http://www.w3.org/Style/。注意，虽然 CSS 已经出现很多年了，但是它仍然被视为新技术，而且目前流行的浏览器仍然没有以完全相同的方式对它进行支持。本章重点讨论主流浏览器中提供较好支持的那部分 CSS。

层叠样式表的优点

使用 CSS 有以下优点(参见图 4.1)。

- **更多排版和页面布局控制**。可以控制字号、行间距、字间距、缩进、边距以及元素定位。
- **样式和结构分离**。页面中使用的文本格式和颜色可以独立于网页主体(body 部分)进行配置和存储。
- **样式可以存储**。CSS 允许将样式存储到单独的文档中并将其与网页关联。修改样式的时候可以不用修改网页代码。也就是说，假如你的客户决定将背景颜色从红色改为白色，那么只需修改包含样式的那个文件，而不需要修改每个网页文档。
- **文档变得更小**。由于格式从文档中分离了出来，因此实际文档会变得更小。
- **网站维护更容易**。还是一样，样式需要修改，修改样式表就可以了。

图 4.1　用一个 CSS 文件就可以控制多个网页

有了这么多优点，你可能想知道 CSS 是否也有什么缺点。事实上，确实有一个很大的缺点，即 CSS 技术还没有被所有浏览器全部支持。但是，随着越来越多的浏览器开始向标准靠拢，这一缺点在将来也不会是个大问题。截止本书写作时为止，主流浏览器已开始支持新的 CSS3 功能，比如圆角和透明色，只不过可能并非以一样的方式！本书将重点放在主流浏览器提供良好支持的 CSS 功能。

配置 CSS 的方法

有 4 种不同的方法将 CSS 技术集成到网站：内联、嵌入、外部和导入。

- **内联样式**。内联样式是指将代码直接写入网页的主体部分，作为 HTML 标记的属性。这种样式只适合提供了样式属性的特定元素。
- **嵌入样式**。嵌入样式在网页的页头部分(<head></head>之间)进行定义。这些样式指令可以应用于整个网页文档。
- **外部样式**。外部样式在单独的文本文件中编码。网页在页头部分使用 link 元素链接到该文件。
- **导入样式**。导入样式与外部样式很相似，同样是将包含了样式定义的文本文件与网页文档链接。但是，是用@import 指令将外部样式表导入嵌入样式，或者导入另一个外部样式表。

层叠样式表的"层叠"

图 4.2 展示了"层叠"(优先级规则)的含义。具体地说，样式的应用是按顺序进行的，从最外层(外部样式)到最内层(HTML 属性)。通过这种方式，可以先设置好应用于整个网站的样式，再设置应用于更具体的区域(比如特定于某个网页)的样式。内层样式覆盖外层样式。

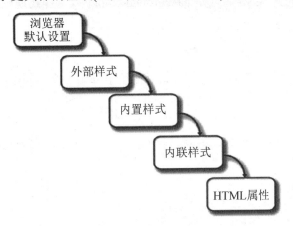

图 4.2　层叠样式表中的"层叠"的含义[①]

本章将要学习如何配置内联样式、嵌入样式和外部样式。

---

① 由于对 cascading 一词的中文翻译的混乱，导致许多人都忘记了这个词的本义，即"瀑布"或者"像瀑布那样向下流"。在 CSS 中，这意味着将始终应用全局样式，直到有局部样式将其覆盖。——译注

4.2 CSS 选择符和声明

CSS 语法基础

样式表由规则构成，这些规则描述了将要应用的样式。每条规则都包含一个选择符和一个声明。

- **CSS 样式规则选择符**

  选择符可以是 HTML 元素名称、类名或 id。本节讨论的是如何将样式应用于元素名称选择符。类和 id 选择符将在本章稍后讲解。

- **CSS 样式规则声明**

  声明是指你要设置的 CSS 属性(例如颜色)及其值。

例如，如图 4.3 所示的 CSS 规则将网页中使用的文本的颜色设为蓝色。选择符是 body 标记，声明则将 color 属性的值设为 blue。

图 4.3 使用 CSS 将文本颜色设置为蓝色

background-color 属性

配置元素背景颜色的 CSS 属性是 background-color。以下样式规则将网页背景色配置成黄色：

```
body { background-color: yellow }
```

注意，声明要包含在一对花括号中，冒号(:)用于分隔一个声明中的属性和值。

color 属性

用于配置元素的文本颜色的 CSS 属性是 color。以下 CSS 样式规则将网页上的文本的颜色配置成蓝色：

```
body { color: blue }
```

配置背景色和文本色

一个选择符要配置多个属性，请用分号(;)分隔不同的声明，如图 4.4 所示：

```
body { color: blue; background-color: yellow; }
```

你可能想知道，哪些属性和值是允许使用的呢？附录 C "CSS 速查表"详细列出了 CSS 属性。本章介绍用于配置颜色的 CSS 属性，如表 4.1 所示。

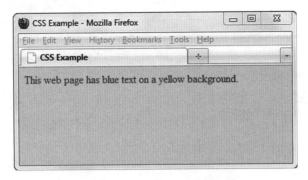

图 4.4　网页配置成黄底蓝字

表 4.1　本章使用的 CSS 属性

属性名称	说明	属性值
background-color	元素的背景颜色	任何有效的颜色值
color	元素的前景(文本)颜色	任何有效的颜色值

下一节将进一步介绍如何配置颜色。

4.3　CSS 颜色值语法

上一节使用 CSS 颜色名来配置颜色。本书配套网站提供了一个颜色名和颜色值列表,详情请访问 http://webdevbasics.net/color。但是,颜色名称毕竟是有限的,而且并非所有浏览器都支持。

要想获得更好的灵活性和控制,需要使用数值颜色值,比如第 3 章介绍的十六进制颜色值。本书末尾和配套网站(http://webdevbasics.net/color)的"Web 安全调色板"提供了十六进制颜色值的例子。

以下样式规则配置浅黄色背景(#FFFFCC)和中蓝文本颜色(#3399CC),如图 4.5 所示:

```
body { color: #3399CC; background-color: #FFFFCC; }
```

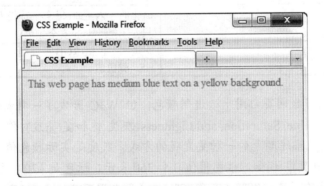

图 4.5　使用十六进制颜色值配置颜色

声明中的空格可有可无。结束分号(;)同样可选,但以后需要其他样式规则时就有用了。以下代码同样合法:

例 1

```
body {color:#3399CC;background-color:#FFFFCC}
```

例 2

```
body {
  color: #3399CC;
  background-color: #FFFFCC;
}
```

例 3

```
body {
color: #3399CC;
background-color: #FFFFCC;
}
```

例 4

```
body { color: #3399CC;
       background-color: #FFFFCC;
}
```

CSS 语法允许通过多种方式配置颜色：

- 颜色名称；
- 十六进制颜色值；
- 十六进制短颜色值；
- 十进制颜色值(RGB 三元组)。
- CSS3 新增的 HSL(Hue, Saturation, and Lightness，色调/饱和度/亮度)颜色值，参考 http://www.w3.org/TR/css3-color/#hsl-color

访问 http://meyerweb.com/eric/css/colors/ 查看使用不同方式配置颜色值的一个图表。本书一般使用十六进制颜色值。表 4.2 展示了将段落配置成红色文本的 CSS 语法。

表 4.2 将段落文本颜色设为红色的 CSS 语法

CSS 语法	颜色类型
p { color: red }	颜色名称
p { color: #FF0000 }	十六进制颜色值
p {color: #F00 }	简化的十六进制(每个字符代表一个十六进制对—只适用于 Web 安全颜色)
p { color: rgb(255,0,0) }	十进制颜色值(RGB 三元组)
p { color: hsl(0, 100%, 50%) }	HSL 颜色值

虽然大多数网页都用十六进制颜色，但 W3C 开发了一种新的颜色表示法，称为 HSL(Hue, Saturation, and Lightness，灰度/饱和度/亮度)。作为 CSS3 的一部分，HSL 提供了在网页上描述颜色的一种更直观的方式。灰度是实际颜色值，取值范围是 0 到 360(类似于圆周 360 度)。例如，红色用值 0 和 360 表示，绿色是 120，蓝色是 240。饱和度是百分比(完全颜色饱和度=100%，灰色=0%)。亮度也用百分比表示(正常颜色=50%，白色=100%，黑色=0%)。表 4.2 列出了红色的 HSL 表示。深蓝色用 HSL 表示成(240, 100%, 25%)。访问以下网址来使用颜色工具 http://www.colorhexa.com 和 http://www.workwithcolor.com/color-converter-01.htm。访问 http://www.w3.org/TR/css3-color/#hsl-color，进一步了解 HSL 颜色。

> **FAQ　有没有使用 CSS 设置颜色的其他方式？**
>
> 有的，CSS3 Color Module(目前处于提议推荐状态)不仅允许配置颜色，还允许配置颜色的透明度，这是使用 RGBA(Red, Green, Blue, Alpha)实现的。CSS3 新增的还有 HSLA((Hue, Saturation, Lightness, Alpha)颜色、opacity 属性以及 CSS 渐变背景。第 6 章将探讨这些技术。

4.4 配置内联 CSS

前面说过，有 4 种方式配置 CSS：内联、嵌入、外部和导入。本节讨论内联 CSS。

style 属性

内联样式通过 HTML 标记的 style 属性实现。属性值是样式规则声明。记住，每个声明都由属性和值构成。属性和值以冒号分隔。以下代码将<h1>标题文本设为某种红色：

```
<h1 style="color:#cc0000">这个标题显示成红色</h1>
```

如果属性不止一个，就用分号(;)分隔。以下代码将标题文本设为红色，背景设为灰色：

```
<h1 style="color:#cc0000; background-color:#cccccc">这个标题显示显示成灰底红字</h1>
```

 动手实作 4.1

这个动手实作将使用内联样式配置网页。

- 将全局 body 标记配置成白底绿字。这种样式默认会被其他元素继承。

  ```
  <body style="background-color:#F5F5F5; color:#008080;">
  ```

- h1 元素配置成绿底白字。将覆盖 body 元素的全局样式。

  ```
  <h1 style="background-color:#008080; color:#F5F5F5;">
  ```

图 4.6 展示了一个例子。

启动文本编辑器并编辑模板文件 chapter1/template.html。修改 title 元素，在主体部分添加 h1 标记、段落、style 属性和文本，如以下加粗的代码所示：

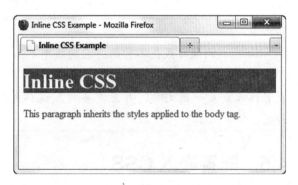

图 4.6　用内联样式配置的网页

```
<!DOCTYPE html>
<html lang="en">
<head>
<title>Inline CSS Example</title>
<meta charset="utf-8">
</head>
<body style="background-color:#F5F5F5;color:#008080;">
  <h1 style="background-color:#008080;color:#F5F5F5;">Inline CSS</h1>
  <p>This paragraph inherits the styles applied to the body tag.</p>
```

```
</body>
</html>
```

将文档另存为 inline2.html，启动浏览器测试它，结果如图 4.6 所示。注意，应用于 body 的内联样式由网页上的其他元素(比如段落)继承，除非向该元素应用更具体的样式(比如向 h1 应用的样式)。可将你的作品与 chapter4/inline.html 进行比较。

下面再添加一个段落，将文本配置成深灰色：

```
<p style="color:#333333"> This paragraph overrides the text color style applied to the body tag.</p>
```

将文档另存为 inline3.html，结果如图 4.7 所示。可将你的作品与 chapter4/inlinep.html 进行比较。

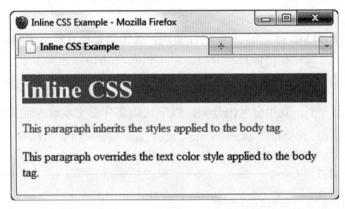

图 4.7 第二个段落的内联样式覆盖了 body 的全局样式

注意，第二段的内联样式覆盖 body 的全局样式。如果有 10 个段落都需要以这种方式配置，又该怎么办呢？为每个段落标记编码内联样式，会造成大量冗余代码。因此，内联样式不是使用 CSS 最高效的方式。下一节将学习如何配置应用于整个网页文档的嵌入样式。

> 内联样式并不常用。它的效率不高，会为网页文档带来额外的代码，而且不便维护。不过，内联样式在某些情况下相当好用，比如通过某个内容管理系统或者博客发表一篇文章，并且需要对默认样式进行少许调整，从而更好表达自己想法的时候。

4.5 配置嵌入 CSS

style 元素

嵌入样式应用于整个网页文档，这些样式要放到网页 head 部分的**<style>**元素中。起始<style>标记开始定义嵌入样式，</style>结束定义。使用 XHTML 语法时，<style>标记要求定义一个 type 属性。要向该属性赋值"text/css"来指定 CSS MIME 类型。HTML5 语法不需要 type 属性。

图 4.8 的网页使用嵌入样式和 body 选择符来设置网页的文本颜色和背景颜色。请参考学生文件 chapter4/embed.html。

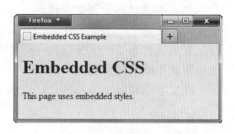

图 4.8 使用嵌入样式的网页

```
<!DOCTYPE html>
<html lang="en">
<head>
<title>Embedded Styles</title>
<meta charset="utf-8">
<style>
body { background-color: #CCFFFF;
       color: #000033;
}
</style>
</head>
<body>
<h1>Embedded CSS</h1>
<p>This page uses embedded styles.</p>
</body>
</html>
```

注意在样式规则中，每个规则都单独占一行。这种格式并不是必须的，但和单独一行很长的文本相比，这种写法的可读性更好，更容易维护。在这个例子中，<style>和</style>之间的样式将作用于整个网页文档，因为 body 选择符指定的样式是作用于整个<body>标记的。

 动手实作 4.2 ─────────────────────────────

启动文本编辑器并打开学生文件 Chapter4\starter.html。另存为 embedded2.html，在浏览器中测试它。此时的网页应该如图 4.9 所示。

图 4.9 没有任何样式的网页

在文本编辑器中查看源代码。注意，代码使用了<h1>，<h2>，<div>，<p>，<ul>和<li>等元素。在这个"动手实作"中，将编码嵌入样式来配置背景和文本颜色。将用 body 选择符配置默认背景颜色(#E6E6FA)和默认文本颜色(#191970)。还要使用 h1 和 h2 选择符为标题区域配置不同的背景和文本颜色。

在文本编辑器中编辑网页，在网页的 head 区域，将以下代码添加到<title>元素的下面。

```
<style>
body { background-color: #E6E6FA; color: #191970; }
h1 { background-color: #191970; color: #E6E6FA; }
h2 { background-color: #AEAED4; color: #191970; }
</style>
```

保存文件并在浏览器中测试。图 4.10 显示了网页及其色样。选择的是一个单色方案。通过重复使用数量有限的几种颜色来增强网页的吸引力，并统一网页的设计风格。

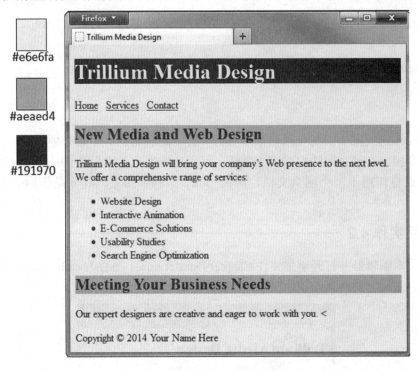

图 4.10　配置了嵌入样式的网页

查看网页源代码，检查 CSS 和 HTMl 代码。这个网页的例子可参考 chapter4/embedded.html。注意，所有样式都在网页的一个位置，所以它比内联样式更容易维护。还要注意，只需为 h2 选择符进行一次样式编码，两个<h2>元素都会应用这个样式。这比在每个<h2>元素那里进行相同的内联编码高效。

但很少有网站只有一个网页。在每个网页的 head 部分重复编码 CSS 同样是无效率和难以维护的。下一节将采用终极方式，配置外部样式表。

4.6 配置外部 CSS

▶ 视频讲解：External Style Sheets

当 CSS 位于网页文档的外部时，CSS 的灵活与强大才真正显露无遗。外部样式表是包含 CSS 样式规则的文本文件，使用 .css 扩展名。这种 .css 文件通过 link 元素与网页关联。因此，多个网页可关联同一个 .css 文件。.css 文件不包含任何 HTML 标记，它只包含 CSS 样式规则。

外部 CSS 的优点是只需在一个文件中配置样式。这意味着以后需要修改样式的时候，修改一个文件就可以了，不必修改多个网页。在大型网站上，这可以为网页开发人员节省很多时间并提高开发效率。下面让我们练习使用这种非常实用的技术。

link 元素

link 元素将外部样式表与网页关联。它位于网页的 head 部分，是独立标记(void 标记)。link 元素使用三个属性：rel，href 和 type。
- rel 属性的值是"stylesheet"。
- href 属性的值是 .css 文件名。
- type 属性的值是"text/css"，这是 CSS 的 MIME 类型。type 属性在 HTML5 中可选，在 XHTML 中必需。

例如，在网页的 head 部分添加以下代码，将网页和外部样式表 color.css 关联：

```
<link rel="stylesheet" href="color.css">
```

 动手实作 4.3

现在练习使用外部样式。首先创建外部样式表文件。接着要配置网页与之关联。

创建外部样式表。启动文本编辑器，输入样式规则将网页背景设为蓝色，文本设为白色。将文件另存为 color.css。代码如下：

```
body { background-color: #0000FF;
       color: #FFFFFF; }
```

图 4.11 展示了在记事本中打开的外部样式表文件 color.css。该文件不包含任何 HTML 代码。样式表文件不编码 HTML 标记，只编码 CSS 规则(选择符、属性和值)。

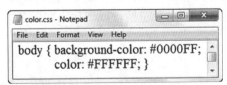

图 4.11 外部样式表 color.css

配置网页。为了创建如图 4.12 所示的网页，启动文本编辑器来编辑模板文件 chapter1/template.html。修改 title 元素，在 head 部分添加 link 标记，在 body 部分添加一个段落。如以下加粗的代码所示：

```
<!DOCTYPE html>
<html lang="en">
<head>
<title>External Styles</title>
<meta charset="utf-8">
<link rel="stylesheet" href="color.css">
</head>
<body>
<p>This web page uses an external style sheet.</p>
</body>
</html>
```

将文件另存为 external2.html。启动浏览器来测试网页，如图 4.12 所示。可将自己的作品与学生文件 chapter4/external.html 进行比较。

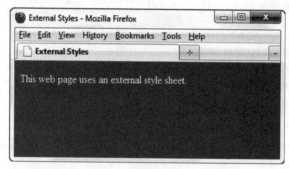

图 4.12 这个网页和外部样式表关联

样式表 color.css 可以和任意数量的网页关联。任何时候需要修改样式，只需更改一个文件(color.css)，而不需要更改多个文件。正如前面提到的那样，这一技术可以提高大型网站的开发效率。这只是一个简单的例子，但只需更新一个文件这种优势对于大型和小型网站来说都有重要意义。

4.7 CSS 的 class、ID 和上下文选择符

class 选择符

class 选择符配置某一类 CSS 规则，并将其应用于网页的一个或多个区域。配置一类样式时，要将选择符配置成类名。在类名前添加句点符号(.)。类名必须以字母开头，可包含数字、连字号和下划线。类名中不能出现空格。以下代码配置名为 feature 的一类样式，将文本颜色设为 red：

```
.feature { color: #FF0000; }
```

一类样式可应用于任何元素。这是使用 class 属性来做到的，例如 class="feature"。注意此时不要在类名前添加圆点。以下代码将 feature 类的样式应用于一个<li>元素：

```
<li class="feature">Usability Studies</li>
```

id 选择符

用 id 选择符向网页上的单个区域应用独特的 CSS 规则。class 选择符可在网页上多次应用，而 id 在每个网页上只能应用一次。为某个 id 配置样式时，要在 id 名称前添加#符号。id 名称可包含字母、数字、连字号和下划线。id 名称不能包含空格。以下代码在样式表中配置名为 content 的 id：

```
#content { color: #333333; }
```

使用 id 属性，即 id="content"，便可将 id 为"content"的样式应用于你希望的元素。以下代码将 id 为"content"的样式应用于一个<div>标记：

```
<div id="content">This sentence will be displayed using styles
configured in the content id.</div>
```

后代选择符

用后代选择符(descendant selector)在容器(父)元素的上下文中配置一个元素。它允许为网页上的特定区域配置 CSS，同时减少 class 和 id 的数量。先列出容器选择符(可以是元素选择符、class 或 id)，再列出要配置样式的选择符。例如，以下代码将 content 这个 id 中的段落配置成绿色文本：

```
#content p { color: #00ff00; }
```

 动手实作 4.4

这个动手实作将修改 Trillium Media Design 网页，练习配置 class 和 id。启动文本编辑器并打开学生文件 chapter4/embedded.html。将文件另存为 classid.html。

配置 CSS。编码 CSS 来配置名为 feature 的类，再配置名为 footer 的 id。

1. 创建名为 feature 的类来配置红色(#FF0000)文本。在网页 head 部分添加以下代码来配置嵌入样式：

   ```
   .feature { color: #FF0000; }
   ```

2. 创建名为 content 的 id 来配置米白色背景。在网页 head 部分添加以下代码来配置嵌入样式：

   ```
   #content { background-color: #F6F6FD; }
   ```

配置 HTML。为 HTML 元素关联刚才创建的 class 和 id。

1. 修改无序列表最后两个<li>标记。添加 class 属性，将<li>与 feature 类关联：

   ```
   <li class="feature">Usability Testing</li>
   <li class="feature">Search Engine Optimization</li>
   ```

2. 修改起始 div 标记(位于结束 nav 标记下方)。添加 id 属性为该 div 分配 content id：

   ```
   <div id="content">
   ```

保存 classid.html 文件并在浏览器中测试。网页的效果如图 4.13 所示。注意 class 和 id

所定义的样式是如何应用的。学生文件 chapter4/classy.html 提供了一个例子。

图 4.13 这个网页使用了 CSS 的 class 和 id 选择符

 为了获得最大兼容性，要慎重选择类和 id 名称。总是以字母开头。千万不要使用空格。除此之外，数字、短划线和下划线可以随便使用。以下网址列出了常用类名和 id 名称：

http://code.google.com/webstats/2005-12/classcs.html

http://dev.opera.com/articles/view/mama-common-attributes

4.8 span 元素

span 元素

<span>元素在网页中定义一个上下示留空的内联区域。以<span>标记开头，以</span>结尾。适合格式化一个包含在其他区域(比如<p>，<blockquote>或 <div>)中的区域。

 动手实作 4.5

本动手实作练习在 Trillium MediaDesign 主页中使用 div 和 span 元素。启动文本编辑器，打开 chapter4/starter.html 文件。将其另存为 span2.html，在浏览器中测试，如图 4.9 所示。

在文本编辑器中打开 span2.html 查看源代码。本动手实作将编写嵌入样式以配置背景和文本颜色。还要在网页中添加<span>标记。图 4.14 是完成动手实作第一部分之后的效果。

图 4.14 这个网页使用了 div 元素和 span 元素

第一部分

配置嵌入样式。编辑 span2.html，在 head 部分的结束</head>标记上方添加嵌入样式。将配置 body，h1 和 h2 元素的样式，还要配置名为名为 companyname 的一个 class。代码如下所示：

```
<style>
body { background-color:#FFFFFF;
       color: #191970; }
h1 { background-color:#191970;
     color: #E6E6FA; }
h2 { color: #6A6AA7; }
nav { background-color: #E2E2EF; }
footer { color: #666666; }
.companyname { color: #6A6AA7; }
</style>
```

配置公司名称。如图 4.14 所示，第一个段落中的公司名称(Trillium Media Design)使用了不同的颜色。前面已在 CSS 中创建 companyname 类。现在将其应用于一个 span。找到第一段中的文本"Trillium Medium Design"。用一个 span 元素包含这些文本。将 companyname 类分配给该 span，如下所示：

```
<p><span class="companyname">Trillium Media Design</span> will bring
```

保存文件并在浏览器中测试，结果如图 4.14 所示。学生文件 chapter4/span.html 是一个例子。

第二部分

查看图 4.14 的网页，注意 h1 元素和导航区域之间的空白。这是 h1 元素的默认底部边距。"边距"(margin)是 CSS 框模型的重要组成部分之一，将在第 6 章全面学习。为了指示浏览器缩小这个区域，一个办法是配置元素之间的边距。在嵌入 CSS 中，为 h1 元素选择符添加以下样式：

```
margin-bottom: 0;
```

保存文件并在浏览器中查看。网页现在应该如图 4.15 所示。注意 h1 和导航区域之间的空白消失了。学生文件 chapter4/rework.html 是一个例子。

图 4.15　导航区域和网站大标题之间的空白消失了

---

id、class 或后代选择符应该如何选择？

配置 CSS 最高效的方式就是使用 HTML 元素作为选择符。但有时要求更具体，这时就需要用到其他类型的选择符。class 用于配置网页中的某一类对象。可在一个网页中多处应用 class。id 和 class 相似，但只能应用于一处。所以，id 适合应用于网页中独一无二的项目，比如导航区域。随着越来越熟悉 CSS，会逐渐体会到后代选择符的强大和高效，它允许配置特定上下文中的元素(比如 footer 区域的段落)，同时不需要在 HTML 代码中编码额外的 class 或 id。

4.9　练习使用 CSS

　动手实作 4.6

这个动手实作将修改 Trillium Media Design 网站来使用外部样式表。将创建名为 trillium.css 的外部样式表文件，修改主页(index.html)来使用外部样式表而不是嵌入样式，并将第二个网页与 trillium.css 样式表关联。

启动浏览器并打开 chapter4/span.html，显示效果应该和图 4.14 一样。在文本编辑器中打开它，另存到 trillium 文件夹，并命名为 index.html。

将嵌入 CSS 转换为外部 CSS

编辑 index.html 文件，选定 CSS 规则 rules(<style>和</style>之间的所有行)。按 Ctrl+C 复制这些代码。接着要将这些 CSS 粘贴到一个新文件中。在文本编辑器中创建一个新文件，按快捷键 Ctrl+V 将 CSS 规则粘贴到其中。将新文件保存到 trillium 文件夹，命名为 trillium.css。图 4.16 展示了新的 trillium.css 文件在记事本程序中的样子。注意没有任何 HTML 元素。连<style>元素都没有。文件中只包含 CSS 规则。

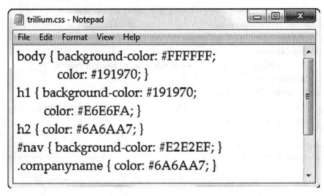

图 4.16　外部样式表文件 trillium.css

将网页与外部 CSS 文件关联

接着在文本编辑器中编辑 index.html 文件。删除刚才复制的 CSS 代码。删除结束标记</style>。将起始标记<style>替换成<link>元素来关联样式表文件 trillium.css。以下是<link>元素的代码：

`<link href="trillium.css" rel="stylesheet">`

保存文件并在浏览器中测试。网页应该如图 4.14 所示。虽然看起来没有变化，但代码已经不同了。现在的网页是用外部 CSS 而非嵌入 CSS。

接下来要做的事情就有点意思了，要将另一个网页与样式表关联。学生文件包含一个 chapter4/services.html 网页。图 4.17 展示了它在浏览器中显示的效果。注意，虽然网页的结构和主页相似，但文本和颜色的样式都没有设置好。

启动文本编辑器并编辑 services.html 文件。编码<link>元素将网页与 trillium.css 关联。在 head 区域添加以下代码(放到结束标记</head>的前面)：

`<link href="trillium.css" rel="stylesheet">`

将文件保存到 trillium 文件夹，并在浏览器中测试。此时网页会变得如图 4.18 所示。注意已经应用了 CSS 规则！

图 4.17 还没有和样式表文件关联的 services.html 网页

图 4.18 已经和样式表文件 trillium.css 关联的 services.html 网页

可以点击 Home 和 Services 链接在 index.html 和 services.html 之间切换。chapter4/trillium 文件夹包含了示例解决方案。

外部样式表的好处是以后需要修改样式规则时，通常只需修改一个样式表文件。这样可以更高效地开发包含大量网页的站点。例如，需要修改一处颜色或字体时，只需修改一个 CSS 文件，而不是修改几百个文件。学会熟练运用 CSS，有助于增强你的专业水准，提升你的开发效率。

> **CSS 不起作用怎么办？**
>
> CSS 编码要细心。一些常见的错误会造成浏览器无法向网页正确应用 CSS。根据以下几点检查代码，使 CSS 能正常工作。
>
> - 冒号(:)要和分号(;)用在正确的地方，它们是很容易混淆的。冒号用于分隔属性及其值；而每一对"属性:值"则使用分号分隔。
> - 确认属性及其值之间使用的是冒号(:)而不是等号(=)。
> - 确认每个选择符的样式规则都在一对{}之间。
> - 检查选择符语法、它们的属性以及属性的值都正确使用。
> - 如果部分 CSS 能正常工作，部分不能，就从头检查 CSS，找到没有正确应用的第一个值。一般是没有正常工作的规则上方的那个规则存在错误。
> - 用程序检查 CSS 代码。W3C 的 CSS validator(http://jigsaw.w3.org/css-validator)可以帮助你找出语法错误。下一节将描述如何用该工具校验 CSS。

4.10　CSS 语法校验

 视频讲解：CSS Validation

W3C 提供了免费的"标记校验服务"(http://jigsaw.w3.org/css-validator/)，它能校验 CSS 代码，检查其中的语法错误。CSS 校验为学生提供了快速的自测方法，证明自己写的代码使用了正确的语法。在工作中，CSS 校验工具可以充当质检员的角色。无效代码会影响浏览器渲染页面的速度。

动手实作 4.7

下面试验用 W3C CSS 校验服务校验一个外部 CSS 样式表。本例使用动手实作 4.3 完成的 color.css 文件(学生文件 chapter4/color.css)。找到 color.css 并在文本编辑器中打开。我们准备故意在 color.css 中引入错误。找到 body 选择符样式规则，删除 background-color 属性名称中的第一个"r"。删除 color 属性值中的#。保存文件。

现在校验 color.css 文件。访问 W3C CSS 校验服务网页(http://jigsaw.w3.org/css-validator/)，选"通过文件上传"。单击"选择文件"按钮，在自己的计算机中选择 color.css 文件。单击 Check 按钮。随后会出现如图 4.19 所示的结果。注意，总共发现了两个错误。在每个错误中，都是先列出选择符，再列出错误原因。

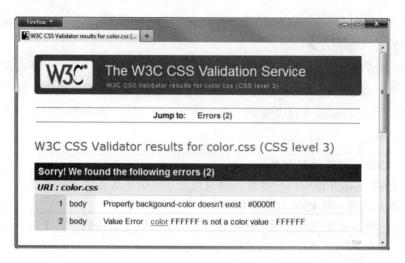

图 4.19　校验结果表明存在错误

注意，图 4.19 的第一条消息指出 backgound-color 属性不存在。这就提醒你检查属性名称的拼写。编辑 color.css 文件，添加遗失的"r"来纠正错误。保存文件并重新校验。现在浏览器会显示如图 4.20 所示的结果，这时只剩下一个错误了。

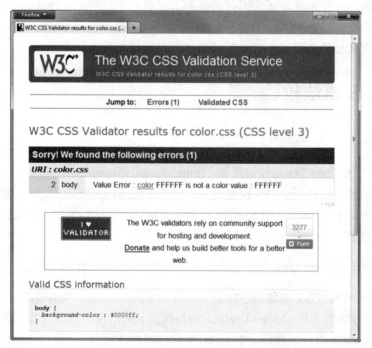

图 4.20　错误(和警告)下方列出了已通过校验的 CSS

错误消息提醒你 FFFFFF 不是一个颜色值，这提醒你在这个值之前添加#字符来构成一个有效的颜色值，即#FFFFFF。注意，错误消息下方显示了目前已通过校验的有效 CSS 规则。请纠正颜色值的错误，保存文件，并再次测试。

此时应显示如图 4.21 所示的结果。这一次没有任何错误了。Valid CSS Information 区域列出了 color.css 中的所有 CSS 样式规则。这意味着已通过了 CSS 校验。恭喜，你的 color.css

文件现在使用的是有效的 CSS 语法！对 CSS 样式规则进行校验是一个很好的习惯。CSS 校验器帮助你快速找出需要纠正的代码，并判断哪些样式规则会被浏览器认为有效。校验 CSS 是网页开发人员提高开发效率的众多技术之一。

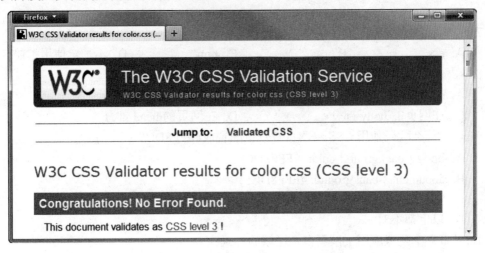

图 4.21　CSS 有效

复习和练习

复习题

1. 以下哪个可以成为 CSS 选择符？（　　）
   A. HTML 元素　　B. 类名　　C. id 名称　　D. 以上都对
2. 以下哪个 CSS 属性用于设置网页背景颜色？（　　）
   A. bgcolor　　　　　　　　B. background-color
   C. color　　　　　　　　　D. 以上都不对
3. 在网页主体中，什么类型的 CSS 是作为 HTML 标记的属性进行编码？（　　）
   A. 嵌入　　　　B. 内联　　C. 外部　　D. 导入
4. CSS 规则的两个组成部分是什么？（　　）
   A. 选择符和声明　　　　　B. 属性和声明
   C. 选择符和属性　　　　　D. 以上都不对
5. 以下什么代码将网页同外部样式表关联？（　　）
   A. <style rel="external" href="style.css">
   B. <style src="style.css">
   C. <link rel="stylesheet" href="style.css">
   D. <link rel="stylesheet" src="style.css">
6. 以下什么代码使用 CSS 配置一个名为 news 的类，将文本颜色设为红色(#FF0000)，背景颜色设为浅灰色(#EAEAEA)？（　　）

A. news { color: #FF0000; background-color: #EAEAEA; }

B. .news { color: #FF0000; background-color: #EAEAEA; }

C. .news { text: #FF0000; background-color: #EAEAEA; }

D. #news { color: #FF0000; background-color: #EAEAEA; }

7. 外部样式表使用的文件扩展名是什么？（   ）

    A. ess   B. css   C. htm   D. 不一定使用扩展名

8. 在什么地方添加代码将网页与外部样式表关联？（   ）

    A. 在外部样式表中   B. 在网页的 DOCTYPE 中

    C. 在网页的 body 部分   D. 在网页的 head 部分

9. 以下什么代码使用 CSS 将网页背景色配置成#FFF8DC？（   ）

    A. body { background-color: #FFF8DC; }

    B. document { background: #FFF8DC; }

    C. body {bgcolor: #FFF8DC; }

    D. 以上都不对

10. 以下哪个配置应用于网页多个区域的样式？（   ）

    A. id >   B. class   C. group   D. link

动手练习

练习使用外部样式表。这个练习将创建两个外部样式表文件和一个网页。练习将网页与外部样式表链接，并观察网页显示所发生的变化。

A. 创建外部样式表文件 format1.css，设置以下格式：文档背景颜色为白色；文本颜色为#000099。

B. 创建外部样式表文件 format2.css，设置以下格式：文档背景颜色为黄色；文本颜色为绿色。

C. 创建网页来介绍你喜爱的一部电影，用<h1>标记显示电影名称，用一个段落显示电影简介，用一个无序列表(项目列表)显示电影的主演。网页还要显示一个超链接，它指向和这部电影有关的网站。将你自己的电子邮件链接放在网页上。这个网页应该和 format1.css 文件关联。将网页另存为 moviecss1.html。在多种浏览器中测试。

D. 修改 moviecss1.html 网页，这一次和 format2.css 关联。另存为 moviecss2.html。在浏览器中测试。注意网页的显示会大变样！

聚焦 Web 设计

本章学习了如何使用 CSS 配置颜色。下面将设计一套颜色方案，写一个外部 CSS 文件来配置颜色方案，并编写一个示例网页来应用配置好的样式。参考以下网站以获得配色和网页设计的一些思路：

颜色心理学

- http://www.infoplease.com/spot/colors1.html
- http://www.sensationalcolor.com/meanings.html
- http://designfestival.com/the-psychology-of-color

- http://www.designzzz.com/infographic-psychology-color-web-designers

颜色理论

- http://www.colormatters.com/colortheory.html
- http://colortheory.liquisoft.com/
- http://www.digital-web.com/articles/color_theory_for_the_colorblind/

颜色方案生成器

- http://meyerweb.com/eric/tools/color-blend/
- http://colorschemer.com/schemes
- http://www.colr.org
- http://colorsontheweb.com/colorwizard.asp
- http://kuler.adobe.com/
- http://colorschemedesigner.com/

具体任务如下。

A. 设计一个颜色方案。列出在你的设计中，除了白色(#FFFFFF)或黑色(#000000)之外的其他 3 个十六进制颜色值。

B. 说明你选择颜色的过程。解释为什么选择这些颜色，它们适合什么类型的网站。列出你用过的任何资源的 URL。

C. 创建外部 CSS 文件 color1.css，使用你确定的颜色方案，为文档、h1 选择符、p 选择符和 footer 选择符配置文本颜色和背景颜色。

D. 创建一个名为 color1.html 的网页，演示 CSS 样式规则的实际应用。

案例学习：Pacific Trails Resort

这个案例分析以第 2 章创建的 Pacific Trails 网站为基础。将创建网站的一个新版本，使用外部样式表配置颜色，如图 4.22 所示。

图 4.22 新的 Pacific Trails Resort 主页(附色样)

本案例包括如下任务。
1. 新建文件夹来容纳 Pacific Trails 度假村网站。
2. 创建 pacific.css 外部样式表。
3. 更新主页 index.html。
4. 更新 Yurts 页 yurts.html。
5. 更新 pacific.css 样式表。

任务 1：创建名为 ch4pacific 的文件夹来包含你的 Pacific Trails Resort 网站文件。将第 2 章案例分析创建的 pacific 文件夹中的 index.html 和 yurts.html 文件复制到这里。

任务 2：外部样式表。启动文本编辑器创建名为 pacific.css 的外部样式表。图 4.23 展示了一个示例线框图。

图 4.23 Pacific Trails 度假村主页线框图

编码 CSS 来配置以下项目。
- 配置文档全局样式(使用 body 元素选择符)，将背景颜色设为白色(#FFFFFF)，文本颜色设为深灰色(#666666)。
- 配置 header 元素选择符的样式，将背景颜色设为#000033，文本颜色设为#FFFFFF。
- 配置 nav 元素选择符的样式，将背景颜色设为天蓝色(#90C7E3)。
- 配置 h2 元素选择符的样式，将文本颜色设为中蓝色(#3399CC)。
- 配置 dt 元素选择符的样式，将文本颜色设为深蓝色(#000033)。
- 配置 resort 类的样式，将文本颜色设为中深蓝色(#5C7FA3)。

将文件保存到 ch4pacific 文件夹，命名为 pacific.css。用 CSS 校验器(http://jigsaw.w3.org/css-validator)检查语法。如有必要，进行修正和重新测试。

任务 3：主页。启动文本编辑器打开主页文件 index.html。
A. 关联 pacific.css 外部样式表。在 head 区域添加<link>元素，将网页与外部样式表 pacific.css 关联。
B. 为包含主页内容的 div 分配 content id。将第一个<div>标记修改成<div id="content">即可。将在以后的案例分析中配置该 div。

C. 在 h2 元素下方第一段中找到公司名称("Pacific Trails Resort")。配置一个 span 来包含该文本。将这个 span 指定为 resort 类。

D. 找到街道地址上方的公司名("Pacific Trails Resort")。配置一个 span 来包含该文本。将这个 span 指定为 resort 类。

E. 配置包含地址和电话号码的 div，将 contact id 分配给它。将在以后的案例分析中配置它。

保存并测试 index.html，结果如图 4.24 所示。注意已经应用了外部 CSS 文件中配置的样式。

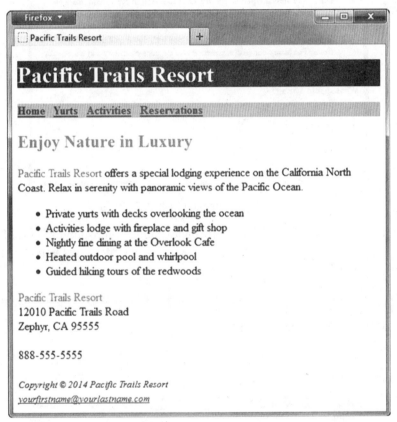

图 4.24　新的 index.html 的第一个版本

任务 4：Yurts 页。启动文本编辑器打开 yurts.html 文件。图 4.25 展示了新版本网页。

A. 在 head 区域添加<link>元素，将网页与 pacific.css 外部样式表文件关联。

B. 参考任务 3 配置 content div。

保存并测试新的 yurts.html 网页，如图 4.25 所示。

任务 5：更新 CSS。你也许已经注意到了标题区域和导航区域之间的空白。这是 h1 元素的默认底部边距。在动手实作 4.5(第二部分)说过，为了让浏览器收缩这个区域，一个办法是对边距进行配置。为了将 h1 元素的底部边距设为 0，请打开 pacific.css 文件，在 h1 元素选择符中添加以下样式：

```
margin-bottom: 0;
```

图 4.25 新的 yurts.html 网页的第一个版本

保存 pacific.css 文件。启动浏览器来测试 index.html 和 yurts.html 网页。h1 元素和导航区域之间的空白会消失。现在的主页应该如图 4.22 所示。点击导航链接来显示 yurts.html 网页，它现在会应用外部样式表 pacific.css 中的新样式。

本案例演示了 CSS 的强大功能。只需几行代码，即可使网页在浏览器中的显示大变样。

案例学习：JavaJam Coffee House

这个案例分析以第 2 章创建的 JavaJam 网站为基础。将创建网站的一个新版本，使用外部样式表配置颜色，如图 4.26 所示。

图 4.26 新的 JavaJam Coffee House 主页(附色样)

第 4 章 CSS 基础知识(一)

本案例包括以下几个任务。
1. 新建文件夹来容纳 JavaJam Coffee House 网站。
2. 创建外部样式表：javajam.css。
3. 更新主页：index.html。
4. 更新 Menu 页：menu.html。

任务 1：创建名为 ch4javajam 的文件夹来包含你的 JavaJam Coffee House 网站文件。将第 2 章案例分析创建的 javajam 文件夹中的 index.html 和 menu.html 文件复制到这里。

任务 2：外部样式表。启动文本编辑器创建名为 javajam.css 的外部样式表。图 4.27 展示了一个示例线框图。

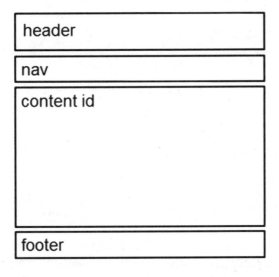

图 4.27　JavaJam Coffee House 主页的线框图

编码 CSS 来配置以下项目。
- 配置文档全局样式(使用 body 元素选择符)，将背景颜色设为米黄色(#F5F5DC)，文本颜色设为深棕色(#2E0000)。
- 配置 header 元素选择符的样式，将背景颜色设为某种褐色(#D2B48C)。
- 配置 footer 元素选择符的样式，背景颜色设为#D2B48C，文本颜色设为#000000。

将文件保存到 ch4pacific 文件夹中，命名为 javajam.css。用 CSS 校验器(http://jigsaw.w3.org/css-validator)检查语法。如有必要，进行修正和重新测试。

任务 3：主页。启动文本编辑器打开主页文件 index.html。
A. 关联 javajam.css 外部样式表。在 head 区域添加<link>元素，将网页与外部样式表 javajam.css 关联。
B. 为包含主页内容的 div 分配 content id。将第一个<div>标记修改成<div id="content">即可。将在以后的案例分析中配置该 div。

保存并测试 index.html，结果如图 4.28 所示。注意已经应用了外部 CSS 文件中配置的样式。

图 4.28 新的 index.html

任务 4：Menu 页。启动文本编辑器打开 menu.html 文件。图 4.29 展示了新版本网页。
A. 在 head 区域添加<link>元素，将网页与 javajam.css 外部样式表文件关联。
B. 参考任务 3 配置 content div。
保存并测试新的 yurts.html 网页，如图 4.29 所示。

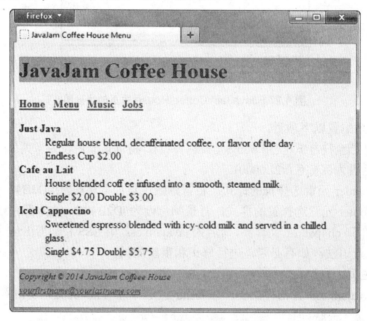

图 4.29 新的 menu.html 网页

本案例演示了 CSS 的强大功能。只需区区几行代码，就可以使网页在浏览器中的显示大变样。

第 5 章

图片样式基础

网站要有吸引力,关键一点是使用有趣和合适的图片。本章介绍如何在网页上使用视觉元素。

记住,网站使用的图片并非所有用户都能看见。有的用户可能有视觉障碍,需要利用屏幕朗读器等辅助技术。除此之外,搜索引擎会派出一些称为"蜘蛛"或"机器人"的程序访问网站,对网站进行分类和索引。它们大多不会处理图片。还有一些访问者使用移动设备,也可能不能很好地显示图片。可用图片为网页增光添色,但切忌完全依赖图片。

学习内容

- 了解 Web 使用的图片类型
- 用 img 元素在网页中添加图片
- 配置图片作为网页背景
- 配置图片作为超链接
- 配置图像映射
- 配置图片作为列表符号
- 用 CSS3 配置多个背景图片

5.1 图片

图片能使网页更吸引人。本节讨论 Web 上使用的图片文件类型及其特点：GIF、JPEG 和 PNG。表 5.1 总结了它们。

表 5.1 图片文件类型

图片类型	扩展名	压缩	透明	动画	颜色
GIF	.gif	无损	支持	支持	256
JPEG	.jpg 或 .jpeg	有损	不支持	不支持	1000 万以上
PNG	.png	无损	支持	不支持	1000 万以上

GIF 图

"可交换图形文件格式"(Graphic Interchange Format，GIF)最适合存储纯色和简单几何形状(比如美工图案)。GIF 文件最大颜色数为 256 色，采用 .gif 扩展名。图 5.1 是用 GIF 格式创建的一张 logo 图片。GIF 保存时采用**无损压缩**。也就是说，在浏览器中渲染时，图片将包含与原始图片一样多的像素，不会丢失任何细节。动画 GIF 包含多张图片(或者称为帧)，每张图片会有少许差别。这些帧在屏幕上按顺序显示的时候，图片中的内容就会动起来

图 5.1 GIF 格式的 logo 图

GIF 图使用的 GIF89A 格式支持透明功能。在图形处理软件(比如开源软件 GIMP)中，可以将图片的一种颜色设为"透明"。这样就能透过图片的"透明"区域看见底下的网页背景。图 5.2 显示了蓝色纹理背景上的两张 GIF 图，图 5.2(a)将 GIF 图的背景色设为"透明"，图 5.2(b)没有设置。

(a)　　　　　　　　　　　　(b)

图 5.2 比较透明 GIF 和不透明 GIF

为了避免网页下载速度过慢，图片文件应针对 Web 进行优化。图片优化是用最小的文件保证图片高质量显示的过程。也就是说，要在图片质量和文件大小之间做出平衡。一般使用 Adobe Photoshop 等图形处理软件减少图片中的颜色数量对 GIF 图进行优化。

JPEG 图片

"联合照片专家组"(Joint Photographic Experts Group，JPEG)格式最适合存储照片。和 GIF 图相反，JPEG 图片可以包含 1670 万种颜色。但是，JPEG 图片不能设置透明，而且不支持动画。JPEG 图片的文件扩展名通常是.jpg 或.jpeg。JPEG 图片以**有损压缩**方式保存。这意味着原图中的某些像素在压缩后会丢失或被删除。浏览器渲染压缩图片时，显示的是与原图相似而并非完全一致的图片，虽然这种差别通常很难发现。

图片质量和压缩率要进行平衡。压缩率小的图片质量更高，但会造成较大的文件尺寸；压缩率较大的图片质量较差，但文件尺寸较小。

用数码相机拍照时，生成的文件如果直接在网页上显示就太大了。图 5.3 显示了一张照片的优化版本，原始文件大小为 250 KB。用图片软件优化为 80%质量之后，文件大小减小为 55 KB，在网页上仍然能很好地显示。

图 5.3　以 80%质量保存的 JPEG(55 KB)，显示效果仍然不错

图 5.4 选择是 20%质量，文件大小变成 19 KB，但它的质量令人无法接受。图片质量随着文件大小的减小而下降，图 5.4 出现了一些小方块，这称为**像素化**(pixelation)，应避免出现这种情况。

常用 Adobe Photoshop 和 Adobe Fireworks 优化图片。GIMP(http://www.gimp.org)一款是流行的、支持多平台的开源图像编辑器。Pixlr 提供了一款免费的、易于使用的联机照片编辑器(http://pixlr.com/editor)。

另外一个优化 JPEG 图片的方法是使用图片的缩小版本，称为**缩略图**(thumbnail)。一般将缩略图配置成图片链接，点击它可显示更大尺寸的图片。图 5.5 展示了一张缩略图。

图 5.4　以 20%质量保存的 JPEG(19 KB)

图 5.5　小的缩略图只有 5 KB

PNG 图片

PNG(读作"ping")是指"可移植网络图形"(Portable Network Graphic，PNG)。它结合 GIF 和 JPEG 图片的优势，是 GIF 格式的很好替代品。PNG 图片支持数百万种颜色和多个透明级别，并使用无损压缩。

新的 WebP 图像格式

谷歌新的 WebP 图像格式提供了增强的压缩比和更小的文件尺寸，但目前还没有准备好在商业网站使用。WebP(读作"weppy")目前只有谷歌的 Chrome 浏览器支持。详情参见 http://developers.google.com/speed/webp。

5.2 img 元素

img(读作"image")元素用于在网页上配置图片。图片可以是照片、网站横幅、公司 logo、导航按钮以及你能想到的任何东西。img 元素是 void 元素，不成对使用(不需要一个起始标记和一个结束标记)。下例配置名为 logo.gif 的一张图片，它在和网页相同的目录中：

```
<img src="logo.gif" height="200" width="500" alt="My Company Name">
```

src 属性指定图片文件名。alt 属性为图片提供文字替代，通常是对图片的一段文字说明。如果指定了 height 和 width 属性，浏览器会提前保留指定大小的空间。表 5.2 列出了 img 元素的属性及其值。常用属性加粗显示。

表 5.2 img 元素的属性

属性名称	属性值
align	right、left(默认)、top、middle、bottom(已废弃)
alt	描述图片的文本
height	以像素为单位的图片高度
hspace	以像素为单位的图片左右两侧空白间距 (已废弃)
id	文本名称，由字母和数字构成，以字母开头，不能含有空格——这个值必须唯一，不能和同一个网页文档的其他 id 值重复
name	文本名称，由字母或数字构成，以字母开头，不能含有空格，该属性用于为图片命名，以便 JavaScript 等客户端脚本语言访问它(已废弃)
src	图片的 URL 或文件名
title	包含图片信息的文本，通常比 alt 文本更具描述性
vspace	以像素为单位的图片上下两边的空白间距(已废弃)
width	以像素为单位的图片宽度

表 5.2 列出了几个"已废弃"的属性。虽然它们在 HTML5 中已废弃不用，但在 XHTML 中仍可使用，以保持与现有网页的兼容。本书以后会解释如何用 CSS 实现这些废弃属性的功能。

 动手实作 5.1

这个动手实作要在网页上添加一张 logo 图片。请新建名为 trilliumch5 的文件夹。要用到的图片存储在学生文件的 chapter5/starters 文件夹中。将其中的 trilliumbanner.jpg 文件复制到 trilliumch5 文件夹。Trillium Media Design 主页的一个初始版本已经在学生文件中了。将 chapter5/starter.html 复制到你的 trilliumch5 文件夹。启动浏览器并显示 starter.html，注意已经用 CSS 配置了一个绿色单色方案。等这个"动手实作"结束时，网页的显示效果如图 5.6 所示，注意，顶部已添加一张 logo 图片。

启动文本编辑器，打开 starter.html 文件。注意，CSS 中的 h1 选择符已配置成 86px 高度，和 logo 图片的高度一样。

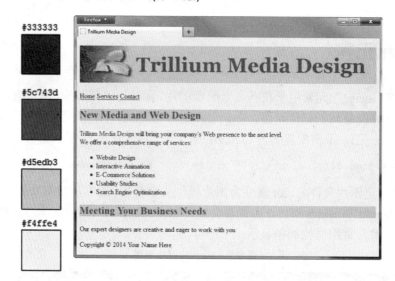

图 5.6 添加了 logo 图片的新 Trillium 主页，左边是色样

像下面这样配置图片：删除<h1>起始和结束标记之间的文本。编码一个<img>元素，在这个区域显示 trilliumbanner.jpg。记住包括 src，alt，height 和 width 属性。示例代码如下：

```
<img src="trilliumbanner.jpg" alt="Trillium Media Design" width="700" height="86">
```

将文件另存为 index.html，保存到 trilliumch5 文件夹。启动浏览器并测试网页。它现在看起来应该和图 5.6 相似。注意，如果网页上没有显示图片，请检查是否已将 trilliumbanner.jpg 文件存储到 trilliumch5 文件夹，而且<img>元素中的文件名是否拼写正确。学生文件在 chapter5trillium 文件夹中包含一个示例解决方案。区区一张图片就能够为网页增色不少，这是不是很有趣呢？

Focus on ACCESSIBILITY 用 alt 属性提供无障碍访问。第 1 章讲过，对《联邦康复法案》进行增补的 Section 508 条款规定：所有由美国联邦政府开发、取得、维持或使用的电子和信息技术(包括网站)都必须提供无障碍访问。alt 属性可以用于设置图片的描述文本，浏览器以两种方式使用 alt 文本。在图片下载和显示之前，浏览器会先将 alt 文本显示在图片区域。当访问者将鼠标移动到图片区域的时候，浏览器也会将 alt 文本以"工具提示"的形式显示出来。

标准浏览器(比如 Internet Explorer 和 Mozilla Firefox)并不只是唯一访问网站的工具或用户代理。大部分搜索引擎会运行一些被称为蜘蛛或机器人的程序，它们也会访问网站；这些程序能对网站进行分类和索引。它们无法处理图片，但有的能处理 img 元素的 alt 属性值。屏幕朗读器等应用程序会将 alt 属性中的文本读出。移动浏览器可能显示 alt 文本而不显示图片。

5.3 图片链接

使图片作为超链接的代码很简单。为了创建图片链接，只需要在<img>标记两边加上锚标记。例如，要将名为 home.gif 的图片做成超链接，只需使用以下代码：

```
<a href="index.html"><img src="home.gif" height="19" width="85" alt="Home"></a>
```

图片用作超链接时，默认会在图片周围显示一圈蓝色的轮廓(边框)。如果不希望显示这个边框，可以用 CSS 配置 img 元素选择符的边框值。下一个"动手实作"将演示如何为网页添加图片链接。

动手实作 5.2

这个动手实作将为 Trillium Media Design 主页添加图片链接。在 trilliumch5 文件夹中，应该已经包含了 index.html 和 trilliumbanner.jpg 文件。这个动手实作将要使用的图片存储在学生文件中的 chapter5/starters 文件夹中。将 home.gif，services.gif 和 contact.gif 文件复制到 trilliumch5 文件夹。这个动手实作结束之后，主页的效果应该和图 5.7 显示的一样。

现在让我们开始。启动文本编辑器并打开 index.html。注意，锚标记已经编码好了——现在只需将文本链接转换成图片链接！

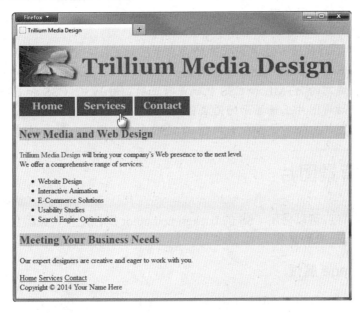

图 5.7 新的 Trillium 主页使用图片链接来导航

1. 如果主导航区包含多媒体内容，比如图片，那么一些人也许看不到它们(或者浏览器已经关闭了图片显示)。为了使所有人都能无障碍地访问导航区的内容，请在页脚区域配置一组纯文本导航链接。具体做法是将包含导航区的 `<nav>` 元素复制到网页靠近底部的地方，位于页脚之上。

2. 现在将重点放回顶部导航区。将每一对锚标记之间的文本替换成 img 元素。使 home.gif 链接到 index.html，services.gif 链接到 services.html，contact.gif 链接到 contact.html。例如：

```
<a href="index.html"><img src="home.gif" alt="Home" width="120" height="40"></a>
```

3. 将在第 6 章详细讲解边框，这里可以先预热一下。为了消除图片链接的边框，在嵌入 CSS 中创建一个新样式规则，将 img 元素选择符配置成无边框。代码如下所示：

```
img { border-style: none; }
```

4. 保存编辑过的 index.html。启动浏览器并测试。它现在的效果应该如图 5.7 所示。学生文件包含了示例解决方案，请访问 chapter5/trillium2 文件夹进行查看。

无障碍访问和图片链接

使用图片作为主导航链接时，有两个方法提供无障碍访问。
1. 在页脚区域添加一行纯文本导航链接。虽然大多数人都可能用不上，但使用屏幕朗读器的人可通过它访问你的网页。
2. 配置每张图片的 alt 属性，提供图片的描述文本。例如为 Home 按钮的 <img> 标记编码 alt="Home"。

图片不显示怎么办？
网页图片不显示有以下两个常见原因。
- 图片是否真的存在于网站文件夹中？可用 Windows 资源管理器或者 Mac Finder 仔细检查一下。
- 编写的 HTML 和 CSS 代码是否正确？用 W3C CSS 和 HTML 校验器查找妨碍图片正确显示的语法错误。
- 图片文件名是否和 HTML 或 CSS 代码指定的一致？注意细节和一致性。

5.4 配置背景图片

第 4 章曾经讲过，可以使用 CSS 的 background-color 属性配置背景颜色。除了背景颜色，还可选择图片作为元素的背景。

background-image 属性

使用 CSS 的 background-image 属性配置背景图片。例如，以下 CSS 代码为 HTML 的 body 选择符配置背景图片 texture1.png，该图片和网页文档在同一个文件夹中：

```
body { background-image: url(texture1.png); }
```

同时使用背景颜色和背景图片

可以同时配置背景颜色和背景图片。首先显示背景颜色(用 background-color 属性指定)，然后加载并显示背景图片。

同时指定背景颜色和背景图片，能为访问者提供更愉悦的视觉体验。即使由于某种原因背景图片无法载入，网页背景仍能提供与文本颜色的对比度。如果背景图片比浏览器窗口小，而且网页用 CSS 配置成不自动平铺(重复)，没有被背景图片覆盖到的地方将显示背景颜色。在网页中同时指定背景颜色和背景图片的 CSS 代码如下：

```
body { background-color: #99cccc;
       background-image: url(background.jpg); }
```

浏览器如何显示背景图片

你可能会想，作为网页背景创建的图片应该大致与浏览器窗口的尺寸相当。虽然可以这么做，但背景图片通常比常规浏览器窗口小得多。通常情况下，背景图片的形状要么是又细又长的矩形，要么是小的矩形块。除非在样式规则中专门指定，否则浏览器会重复(或者称为平铺)这些图片以覆盖整个网页背景，如图 5.8 和图 5.9 所示。图片文件应该比较小，以便快速下载。

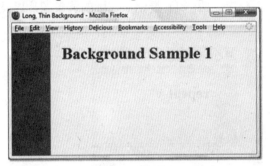

图 5.8　细长的背景图片在网页上平铺

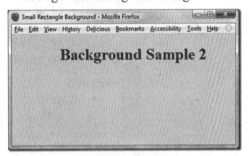

图 5.9　小的矩形图片重复填满整个网页背景

background-attachment 属性

使用 background-attachment 属性配置背景图片是在网页中滚动，还是将其固定。对应的值分别是 scroll(默认)和 fixed。

> **? FAQ　如果图片存储在它们自己的文件夹中怎么办？**
>
> 组织网站时，将所有图片保存在与网页文件不同的文件夹中是一种很好的做法。注意，图 5.10 显示的 CircleSoft 网站有一个名为 images 的文件夹，里面包括了一些 gif 文件。要在代码中引用这些文件，还应该引用 images 文件夹，例如：
>
> - 以下 CSS 代码将 images 文件夹中的 background.gif 文件设置为网页背景：
>
>   ```
>   body { background-image :
>       url(images/background.gif); }
>   ```
>
>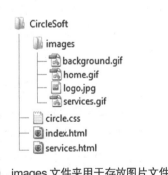
>
> 图 5.10　images 文件夹用于存放图片文件
>
> - 以下代码将 images 文件夹的 logo.jpg 文件插入网页：
>
>   ```
>   <img src="images/logo.jpg" alt="CircleSoft"
>     width="588" height="120"/>
>   ```

5.5 定位背景图片

▶ 视频讲解：Background Images

background-repeat 属性

浏览器的默认行为是重复(平铺)背景图片，使之充满容器元素的整个背景。图 5.8 和图 5.9 展示了针对整个网页的平铺行为。除了 body 元素，这种行为还适用于其他容器元素，比如标题、段落等。可以使用 CSS 的 background-repeat 属性来更改这种平铺行为。属性值包括 repeat(默认)、 repeat-y(垂直重复)、repeat-x(水平重复)和 no-repeat(不重复)。例如，background-repeat:no-repeat;配置背景图片只显示一次。图 5.11 展示了实际的背景图片以及各种 background-repeat 属性值的结果。

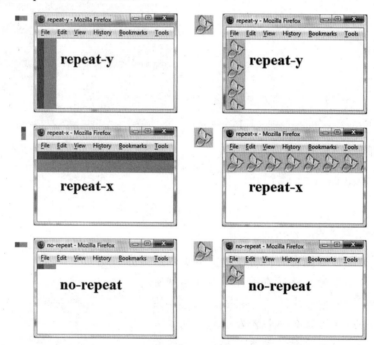

图 5.11　CSS background-repeat 属性的例子

CSS3 还支持下面的 background-repeat 属性值，但目前浏览器支持不好。
- background-repeat: space 在背景重复显示图片，通过调整图片四周空白防止裁掉部分图片。
- background-repeat: round 在背景重复显示图片，通过缩放图片以免裁掉部分图片。

定位背景图片

可以使用 background-position 属性指定背景图片的位置(默认左上角)。有效属性值包括百分比值；像素值；或者 left，top，center，bottom 和 right。第一个值指定水平位置，第二个值指定垂直位置。如果只提供一个值，第二个值默认为 center。如图 5.12 所示，可以使用以下样式规则将背景图片放到元素的右侧。

```
h2 { background-image: url(trilliumbg.gif);
     background-position: right;
     background-repeat: no-repeat; }
```

图 5.12　花的背景图片用 CSS 配置之后，将在右侧显示

 动手实作 5.3

现在练习使用一张背景图片。在这个动手实作中，将更新动手实作 5.2 的 index.html 文件(参考图 5.7)，为 h2 元素选择符配置一张不重复的背景图片。请将学生文件的 chapter5/starters 文件夹中的 trilliumbg.gif 复制到 trilliumch5 文件夹。图 5.13 展示了本"动手实作"完成之后主页的效果。启动文本编辑器并打开 index.html。

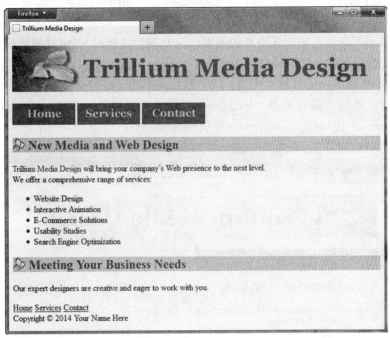

图 5.13　<h2>区域中的背景图片配置成 background-repeat: no-repeat

1. 修改 h2 元素选择符的样式规则，配置 background-image 属性和 background-repeat 属性。将背景图片设为 trilliumbg.gif。然后将背景设为不重复。完成后的 h2 样式规则如下：

```
h2 { background-color: #d5edb3;
     color: #5c743d;
     background-image: url(trilliumbg.gif);
     background-repeat: no-repeat;
}
```

2. 保存 index.html，启动浏览器来测试它。注意，h2 元素中的文本目前是叠加在背景图片上显示的。在这种情况下，如果 h2 文本开始之前有更多空白(或者填充)，网页将显得更美观。为此，一个笨办法是在每个起始<h2>标记之后编码 5 个左右的 不间断空格(参考第 2 章)。然而，更现代的技术是使用 CSS padding-left 属性(将在第 6 章讨论)在元素左侧添加空白(填充)。为 h2 元素选择符添加以下声明，在文本前面留出 30px 的空白：

   ```
   padding-left: 30px;
   ```

3. 再次保存并测试网页，结果如图 5.13 所示。示例解决方案请参考 chapter5/trillium3 文件夹。

5.6 用 CSS3 配置多张背景图片

你现在已经熟悉了背景图片，接着探索如何向网页应用多张背景图片。虽然 CSS3 Backgrounds 和 Borders 模块仍处于工作草案阶段，但主流浏览器的最新版本已支持使用多张背景图片。

图 5.14 展示了包含两张背景图片的网页，这些图片是针对 body 选择符配置的。其中，一张绿色渐变图片在整个浏览器窗口中重复，一张鲜花图片在右页脚区域显示一次。多张背景图片用 CSS3 background 属性配置。每个图片声明都以逗号分隔。可选择添加属性值来指定图片位置以及图片是否重复。background 属性采用的是一种速记表示法，只列出和 background-position 和 background-repeat 等属性对应的值。

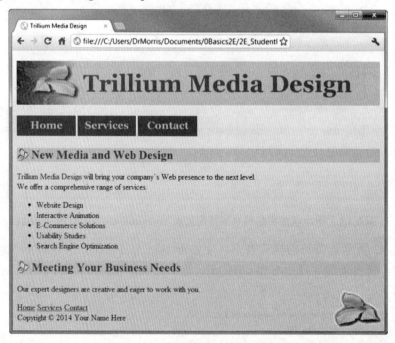

图 5.14 Google Chrome 浏览器显示多张背景图片

渐进式增强

新版本的 Firefox，Chrome，Safari 和 Opera 都支持显示多张背景图片。Internet Explorer 9 以及之后的版本也支持。这是一项需要"渐进式增强"(progressive enhancement)的技术。网页开发和 HTML5 大师克里斯蒂安·赫安曼(Christian Heilmann)对此的定义是："从基本功能开始，逐渐增强用户体验。"换言之，先确保大多数浏览器都能很好地显示，再添加多背景图片这样的新技术，使支持新技术的浏览器能增强访问者的体验。

为了使用多背景图片来进行渐进式增强，要先单独配置 background-image 属性来指定单一背景图片，使不支持新技术的浏览器能正常显示背景图片。再配置 background 属性来指定多张背景图片，使支持新技术的浏览器能显示多张背景图片(不支持的浏览器会自动忽略该属性)。图 5.15 展示了 Internet Explorer 8 显示的网页，注意，它只渲染了标准的 background-image 属性。

图 5.15 "渐进式增强"的具体表现。虽然只显示了一张背景图片，但网页保持了和图 5.14 相似的外观

 动手实作 5.4

下面练习配置多张背景图片。在这个动手实作中，将配置 body 元素选择符在网页上显示多张背景图片。将 chapter5/starters 文件夹中的 trilliumgradient.png 和 trilliumfoot.gif 复制到 trilliumch5 文件夹。将更新上个"动手实作"的 index.html 文件(图 5.13)。请启动文本编辑器并打开 index.html。

1. 修改 body 元素选择符的样式规则。配置 background-image 属性来显示 trilliumgradient.png。不支持多背景图片的浏览器会采用这个规则。再配置 background 属性来显示 trilliumgradient.png 和 trilliumfoot.gif 图片。trilliumfoot.gif 图片只显示一次，而且要显示在右下角。body 选择符的样式规则如下所示：

```
body { background-color: #f4ffe4; color: #333333;
       background-image: url(trilliumgradient.png);
       background: url(trilliumfoot.gif) no-repeat bottom right,
                   url(trilliumgradient.png);}
```

2. 保存 index.html。启动浏览器测试网页。不同浏览器可能有不同的显示,但大致应该类似于 5.14(支持多背景图片的浏览器)和图 5.15(不支持多背景图片的浏览器)。

3. 设计网页通常不止一种方式。思考一下页脚区域的鲜花图片。为什么不将渐变图片配置成 body 的背景,将鲜花图片配置成 footer 的背景呢?这样会在当前流行的所有浏览器上获得一致的显示,而不用考虑对 CSS3 的支持。编辑 index.html 文件。从 body 选择符删除 background 属性。下面展示了示例代码:

```
body { background-color: #f4ffe4; color: #333333;
       background-image: url(trilliumgradient.png);}
```

接着将 trilliumfoot.gif 图片配置成 footer 元素的背景。配置足以显示图片的高度值。代码如下所示:

```
#footer { background-image: url(trilliumfoot.gif);
          background-repeat: no-repeat;
          background-position: right top;
          height: 75px; }
```

4. 将网页另存为 index2.html。启动任意主流浏览器测试网页,结果应该都和图 5.14 一样。示例解决方案请参考 chapter5/trillium4 文件夹。

5.7 收藏图标

有没有想过地址栏或网页标签上的小图标是怎么来的?这个图标称为收藏图标(favorites icon,简称 favicon),它通常是和网页关联的一张小方形图片,大小为 16×16 像素或者 32×32 像素。如图 5.16 所示的收藏图标会在浏览器地址栏、标签或者书签/收藏列表中显示。

图 5.16 收藏图标在浏览器标签和地址栏上都会显示

配置收藏图标

虽然 Internet Explorer 较旧的版本(比如 IE5 或 IE6)要求必须将文件命名为 favicon.ico，而且必须存储在网站根目录，但一个更现代的办法是使用 link 元素将 favicon.ico 文件与网页关联。第 4 章曾在网页 head 部分使用<link>标记将网页和外部样式表关联。除此之外，该标记还能将网页和收藏图标关联。为此要使用三个属性：rel，href 和 type。rel 属性的值是 icon，href 属性的值是图标文件名，而 type 属性的值是文件的 MIME 类型。.ico 图标文件的 MIME 类型默认是 image/x-icon。以下是将收藏图标 favicon.ico 和网页关联的代码：

```
<link rel="icon" href="favicon.ico" type="image/x-icon">
```

注意，Internet Explorer 对收藏图标的支持似乎有点问题。可能需要将文件发布到 Web(参见第 12 章)，才能正常显示收藏图标(即使是最新版本的 Internet Explorer)。其他浏览器(比如 Firefox)在显示收藏图标时则比较可靠，而且支持 GIF 和 PNG 图像格式。

  动手实作 5.5

让我们练习使用收藏图标。找到 chapter5/starters 文件夹中的 favicon.ico 文件。这个练习要使用来自动手实作 5.4 的文件(参考 chapter5/trillium4 文件夹)。

1. 启动文本编辑器并打开 index.html。在网页 head 部分添加以下 link 标记：

   ```
   <link rel="icon" href="favicon.ico" type="image/x-icon">
   ```

2. 保存 index.html。启动 Firefox 浏览器并测试网页。注意，Firefox 浏览器的网页标签上显示了一个小的鲜花图标，如图 5.17 所示。示例解决方案请参考 chapter5/trillium5 文件夹。

图 5.17 Firefox 浏览器的地址栏和网页标签上都显示了收藏图标

 怎样创建自己的收藏图标？

使用图像处理软件(比如 Adobe Fireworks)或者以下某个联机工具：

- http://favicon.cc
- http://www.favicongenerator.com
- http://www.freefavicon.com
- http://www.xiconeditor.com

5.8 用 CSS 配置列表符号

无序列表默认在每个列表项前面显示一个圆点符号(称为 bullet)。有序列表默认在每个列表项前面显示阿拉伯数字。可以使用 list-style-type 属性配置这些列表所用的符号。表 5.3 总结了常用的属性值。

表 5.3 用 CSS 属性指定有序和无序列表符号

属性名称	说明	值	列表符号
list-style-type	配置列表符号样式	none disc circle square decimal upper-alpha lower-alpha lower-roman	不显示列表符号 圆点 圆环 方块 阿拉伯数字 大写字母 小写字母 小写罗马数字
list-style-image	指定用于替代列表符号的图片	url 关键字,并在一对圆括号中指定图片的文件名或路径	在每个列表项前显示指定图片
list-style-position	配置列表符号的位置	inside outside(默认)	符号缩进,文本对齐符号 符号按默认方式定位,文本不对齐符号

list-style-type: none 告诉浏览器不要显示列表符号(第 7 章配置导航链接时会用到这个技术)。在图 5.18 中,以下 CSS 将无序列表配置成使用方块符号:

```
ul { list-style-type: square; }
```

在图 5.24 中,以下 CSS 配置有序列表使用大写字母编号:

```
ol { list-style-type: upper-alpha; }
```

- 网站设计
- 交互动画设计
- 电子商务解决方案
- 易用性研究
- 搜索引擎优化

A. 网站设计
B. 交互动画设计
C. 电子商务解决方案
D. 易用性研究
E. 搜索引擎优化

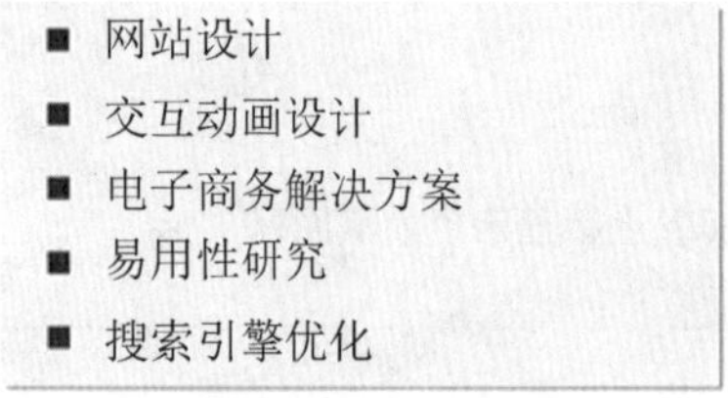

图 5.18 这个无序列表使用方块符号 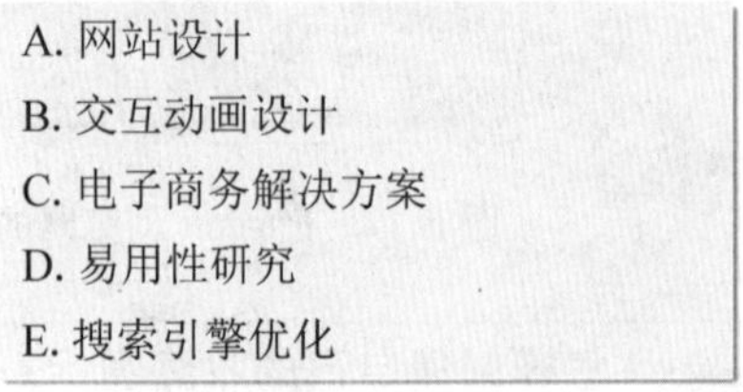　　图 5.19 这个有序列表使用大写字母编号

用图片代替列表符号

可以使用 list-style-image 属性将图片配置成有序或无序列表的列表符号。在图 5.20 中,以下 CSS 将图片 trillium.gif 配置成列表符号:

```
ul {list-style-image: url(trillium.gif); }
```

> 网站设计
> 交互动画设计
> 电子商务解决方案
> 使用性研究
> 搜索引擎优化

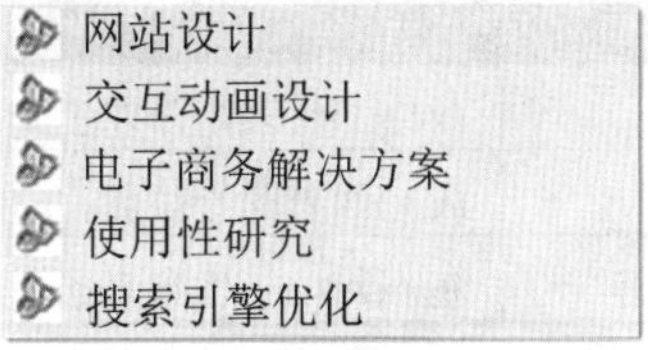

图 5.20 用图片代替列表符号

动手实作 5.6

这个动手实作将用一张图片代替 Trillium Media Design 主页中使用的列表符号。trillium.gif 文件存储在 chapter5/starters 文件夹中。将以动手实作 5.5 的文件为基础(参考 chapter5/trillium5 文件夹)。

1. 启动文本编辑器并打开 index.html。在网页的 head 部分添加嵌入 CSS 样式规则，为 ul 元素选择符配置 list-style-image 属性：

   ```
   ul { list-style-image: url(trillium.gif); }
   ```

2. 保存 index.html。启动浏览器并测试网页。如图 5.20 所示，每个列表项前面都应该显示一个小的鲜花图标。示例解决方案请参考 chapter5/trillium6 文件夹。

5.9 图像映射

图像映射(image map)是指为图片配置多个可点击或可选择区域，它们链接到其他网页或网站。这些可点击区域称为"热点"(hotspot)，支持三种形状：矩形、圆形和多边形。配置图像映射要用到 image、map 以及一个或多个 area 元素。

map 元素

map 元素是容器标记，指定图像映射的开始与结束。在<map>标记中，用 name 属性设置图片名称。id 属性的值必须和 name 属性相同。而用<img>标记配置图片时，要用 usemap 属性将图片和 map 元素关联。

area 元素

area 元素定义可点击区域的坐标或边界，这是一个 void 标记，可使用 href、alt、title、shape 和 coords 属性。其中，href 属性指定点击某个区域后显示的网页。alt 属性为屏幕朗读程序提供文本说明。title 属性指定鼠标停在区域上方时显示的提示信息。coords 属性指定可点击区域的坐标。表 5.4 总结了与各种 shape 属性值对应的坐标格式。

表 5.4　和各种 shape 值对应的坐标格式

形状	坐标	说明
rect	"x1,y1,x2,y2"	(x1,y1)代表矩形左上角位置，(x2,y2)代表矩形右下角位置
circle	"x,y,r"	(x,y)代表圆心位置，r 的值是以像素为单位的半径长度
polygon	"x1,y1,x2,y2,x3,y3" 等	每一对(x,y)代表多边形一个角顶点的坐标

探究矩形图像映射

下面以矩形图像映射为例。矩形图像映射要求将 shape 属性的值为"rect"，坐标值按以下顺序指定：左上角到图片左侧的距离、左上角到图片顶部的距离、右下角到图片左侧的距离、右下角到图片顶部的距离。

图 5.21 的图片包含一艘渔船(参考学生文件 chapter5/map.html)。渔船周围的虚线矩形就是热点区域。显示的坐标(24, 188)表示矩形左上角距离图片左侧 24 像素，距离顶部 188 个像素。右下角坐标(339, 283)表示它距离图片左侧 339 像素，距离顶部 283 像素。

图 5.21　示例图像映射

创建这一映射的 HTML 代码如下：

```
<map name="boat" id="boat">
<area href="http://www.fishingdoorcounty.com"
   shape="rect" coords="24,188,339,283"
   alt="Door County Fishing Charter"
   title="Door County Fishing Charter">
</map>
<img src="fishingboat.jpg" usemap="#boat"
   alt="Door County" width="416" height="350">
```

注意，area 元素配置了 alt 属性。为图像映射的每个 area 元素都配置描述性文字，这有利于无障碍访问。

大多数网页设计人员并不亲自编码图像映射。一般利用 Adobe Dreamweaver 等 Web 创作软件生成图像映射。还可利用一些免费的联机图像映射生成工具，例如：

- http://www.maschek.hu/imagemap/imgmap
- http://image-maps.com
- http://mobilefish.com/services/image_map/image_map.php

复习和练习

复习题

选择题

1. 用什么属性和值指定无序列表显示方块符号？（ ）
   A. list-bullet: none;   B. list-style-type: square;
   C. list-style-image: square;   D. list-marker: square;

2. 以下什么代码使用 home.gif 创建到 index.html 的图片链接？（ ）
   A. `<a href="index.html" src="home.gif" alt="Home"></a>`
   B. `<a href="index.html"><img src="home.gif" alt="Home"></a>`
   C. `<img src="home.gif" href="index.html" alt="Home">`
   D. `<a src="home.gif"><img src="home.gif" alt="Home"></a>`

3. 为什么应该在`<img>`标记中设置 height 和 width 属性？（ ）
   A. 它们都是必须的属性，必须包含。
   B. 它们帮助浏览器更快地渲染网页，事先为图片保留适当的空间。
   C. 帮助浏览器在单独的窗口中显示图片。
   D. 以上都不对。

4. 哪个属性指定文本，供不支持图片的浏览器或用户代理访问？（ ）
   A. alt   B. text   C. src   D. 以上都不对

5. 什么术语描述和网页关联的、在地址栏或网页标签上显示的小图标？（ ）
   A. 背景   B. 书签图标
   C. 收藏图标   D. 徽标

6. 以下图片格式中，最适合照片使用的是( )。
   A. GIF   B. photo   C. BMP   D. JPEG

7. 以下什么代码配置图片在网页上垂直重复？（ ）
   A. background-repeat: repeat-x;   B. background-repeat:repeat;
   C. valign="left"   D. background-repeat: repeat-y;

8. 哪个 CSS 属性配置元素的背景图片？（ ）
   A. background-color   B. bgcolor
   C. favicon   D. background-image

9. 用最小的文件保证图片高质量显示的过程称为什么？（ ）
   A. 渐进式增强   B. 优化

C. 可用性 D. 图片校验

10. 确保用新或高级技术编码的网页在不支持新技术的浏览器上仍能正常工作的过程称为什么？（ ）

   A. 校验 B. 渐进式增强
   C. 有效增强 D. 优化

动手练习

1. 编写代码在网页中加入名为 primelogo.gif 的图片。图片高 100 像素，宽 650 像素。
2. 编写代码创建图片链接。图片文件是 schaumburgthumb.jpg，高度为 100 像素，宽度为 150 像素，它链接到大图文件 schaumburg.jpg。不要显示图片边框。
3. 编写代码创建一个 <div> 来包含三张图片以提供导航链接。表 5.5 总结了图片及其链接。

表 5.5 图片及链接

图片名称	链接到的网页	图片高度	图片宽度
homebtn.gif	index.html	50	200
productsbtn.gif	products.html	50	200
orderbtn.gif	order.html	50	200

4. 练习使用背景图片。

   A. 找到 chapter5/starters 文件夹中的 twocolor.gif 文件。设计网页将文件作为背景图片使用，沿着浏览器窗口左侧向下重复这张图片。将文件另存为 bg1.html。

   B. 找到 chapter5/starters 文件夹中的 twocolor1.gif 文件。设计网页将文件作为背景图片使用，沿着浏览器窗口顶部重复这张图片。将文件另存为 bg2.html。

5. 为你最喜欢的电影创建新网页，命名为 movie5.html。设置网页背景色。再为网页至少两个区域设置背景图片或背景颜色。在网上搜索电影剧照或者男女演员的照片。在网页中加入以下信息：

   - 电影名称
   - 导演或制作人
   - 男主角
   - 女主角
   - 分级(R、PG-13、PG、G、NR)
   - 电影简介
   - 指向一则电影评论的绝对链接

注意，从其他网站窃取图片是不道德的。有的网站会有链接指向它们的版权策略。大部分网站允许在学校作业中使用它们的图片。如果没有提供版权策略，请给网站的联系人发送电子邮件，请求照片的使用许可。如果无法获得许可，使用免费网站提供的剪贴画或图片来代替。

聚焦 Web 设计

使所有人都能无障碍访问 Web 相当重要。访问 W3C 的"无障碍网络倡议"(Web Accessibility Initiative，WAI)网站，了解一下他们的 WCAG 2.0 Quick Reference，网址是 http://www.w3.org/WAI/WCAG20/quickref。根据需要查看 W3C 的其他网页。探索在网页中运用颜色及图片时的要点。创建一个网页来运用颜色和图片，在其中包含已经了解到的信息。

案例学习：Pacific Trails Resort

将继续开发第 4 章的 Pacific Trails 网站，在其中集成图片。本案例分析的任务包括：
1. 为 Pacific Trails Resort 网站创建新文件夹。
2. 更新 pacific.css 外部样式表文件。
3. 更新主页 index.html。
4. 更新 Yurts 页 yurts.html。
5. 创建新的 Activities 页 activities.html。

任务 1：创建名为 ch5pacific 的文件夹来包含 Pacific Trails Resort 网站文件。首先复制第 4 章案例分析创建的 ch4pacific 文件夹中的 index.html，yurts.html 和 pacific.css 文件。再复制 chapter5/casestudystarters/pacific 文件夹中的 coast.jpg，favicon.ico，marker.gif，sunset.jpg，trail.jpg 和 yurt.jpg。

任务 2：外部样式表。启动文本编辑器并打开外部样式表文件 pacific.css。
1. 配置 header 元素选择符来显示背景图片 sunset.jpg(显示于右侧，不重复)。
2. 添加样式规则，将 h3 元素选择符的文本颜色配置成#000033。
3. 配置 ul 元素选择符，将列表符号设为 marker.gif。

保存 pacific.css 文件。

在浏览器中测试 index.html 网页，注意 logo 标题区域显得有点儿拥挤。为了解决这个问题，用 CSS padding 属性(参见第 6 章)添加一些额外的空白。在 h1 元素选择符下方添加以下声明：

```
padding: 10px;
```

保存文件。用 CSS 校验器检查语法(http://jigsaw.w3.org/css-validator)。必要时纠正错误并重新校验。

任务 3：主页。启动文本编辑器并打开主页 index.html。在 h2 元素下方的新行中添加一个<img>标记。配置<img>标记来显示 coast.jpg 图片。配置图片的 alt, height 和 width 属性。在浏览器中保存并测试网页。结果如图 5.22 所示。

任务 4：**Yurts 页**。启动文本编辑器并打开 yurts.html 文件。修改这个文件，在 h2 元素下方显示 yurt.jpg 图片，并采用和主页的 coast.jpg 图片相似的方式配置它。保存并测试新的 yurts.html 网页。结果如图 5.23 所示。

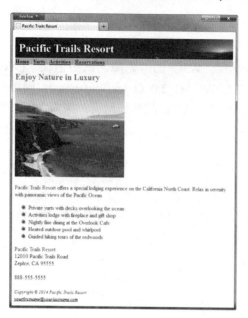 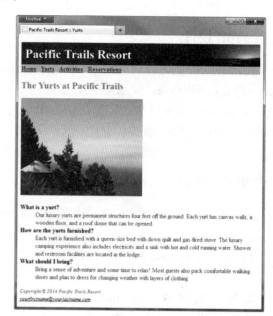

图 5.22 Pacific Trails Resort 的主页　　　　图 5.23 Pacific Trails Resort 网站的 yurts 页面

任务 5：Activities 页面。启动文本编辑器并打开 yurts.html，将其另存为 activities.html，将以它为基础来完善新的 Activities 页。修改网页 title。将 h2 文本更改为"Activities at Pacific Trails"。修改<img>标记来显示 trail.jpg 图片。从网页中删除描述列表。用 h3 标记配置标题，用段落标记配置段落：

Hiking

Pacific Trails Resort has 5 miles of hiking trails and is adjacent to a state park. Go it alone or join one of our guided hikes.

Kayaking

Ocean kayaks are available for guest use.

Bird Watching

While anytime is a good time for bird watching at Pacific Trails, we offer guided birdwatching trips at sunrise several times a week.

保存 activities.html 文件并在浏览器中测试，如图 5.24 所示。

> **FAQ　不知道图片的高度和宽度怎么办？**
>
> 　　大部分图形处理软件都可以显示图片的高度和宽度。如果使用 Adobe Photoshop 或 Adobe Fireworks 这样的软件，请运行它并打开图片。这些工具提供了显示图片属性(包括高度和宽度)的选项。
>
> 　　如果没有可用的图像处理工具，还可以通过浏览器判断图片尺寸。首先在网页中显示图片，右击图片以显示上下文菜单。不同浏览器显示的菜单不一样。如果是 Internet Explorer，选择"属性"就可以看到该图片的尺寸(高度和宽度)。(警告：如果在网页中指定了图片的高度和宽度，浏览器将按照这些值显示图片，即使图片的真实高度和宽度值有所不同。)

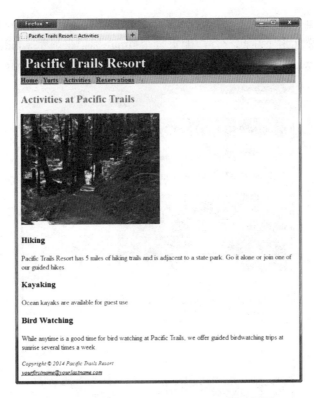

图 5.24 新的 Pacific Trails Resort 活动页面

案例学习：JavaJam Coffee House

将继续开发第 4 章的咖啡屋网站，在其中集成图片。本案例学习包含以下 5 个分析的任务。

1. 为 JavaJam Coffee House 网站创建新文件夹。
2. 更新 javajam.css 外部样式表文件。
3. 更新主页 index.html。
4. 更新 Menu 页 menu.html。
5. 创建新的 Music 页 music.html。

任务 1：创建名为 ch5javajam 的文件夹来包含 JavaJam Coffee House 网站文件。首先复制第 4 章案例分析创建的 ch4javajam 文件夹中的所有文件。再复制 chapter5/casestudystarters/javajam 文件夹中的 windingroad.jpg，marker.gif，favicon.ico，greg.jpg，gregthumb.jpg，melanie.jpg 和 melaniethumb.jpg。

任务 2：**外部样式表**。启动文本编辑器并打开外部样式表文件 javajam.css。

1. 配置 img 元素选择符，指定不显示边框(参考动手实作 5.2)
2. 配置 h3 元素选择符，将背景颜色设为某种浅棕色(#E6D6A9)
3. 配置 ul 元素选择符，将列表符号设为 marker.gif。

保存 javajam.css 文件。用 CSS 校验器检查语法(http://jigsaw.w3.org/css-validator)。如有必要，纠正错误并重新校验。

任务 3：**主页**。启动文本编辑器并打开主页 index.html。找到 id 为 content 的 div，在起始 div 标记下方新起一行，配置一个 h2 元素来显示以下文本："Follow the Winding Road to JavaJam"。再在 h2 元素下新起一行，配置一个<img>标记来显示 windingroad.jpg。配置图片的 alt，height 和 width 属性。保存并在浏览器中测试，如图 5.25 所示。

图 5.25　JavaJam 咖啡屋的主页

任务 4：Menu 页。启动文本编辑器并打开 menu.html 文件。修改这个文件，找到 id 为 content 的 div。在起始 div 标记下方另起一行，配置一个 h2 元素来显示文本"Coffee at JavaJam"。保存并测试网页。结果如图 5.26 所示。

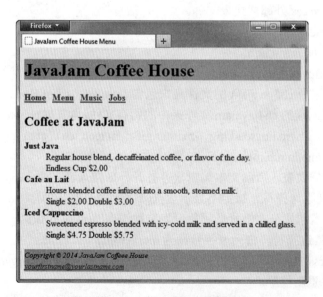

图 5.26　JavaJam 咖啡屋的菜单页

任务 5：Music 页面。在 Menu 页的基础上编辑 Music 页。在文本编辑器中打开 menu.html，另存为 music.html。修改网页内容，按照图 5.27 修改网页内容。将网页 title 更改为合适的内容。将 h2 元素包含的文本更改为"Music at JavaJam"。从网页中删除描述列表。在 h2 元素下方配置一个段落，显示以下文本：

The first Friday night each month at JavaJam is a special night. Join us from 8pm to
11pm for some music you won't want to miss!

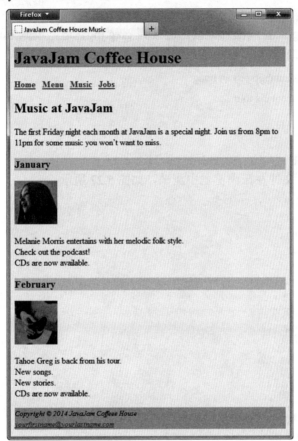

图 5.27　JavaJam Coffee House 音乐页

提示：使用特殊字符’显示撇号。

网页剩余的内容由两个公告构成：January 和 February。每个公告都用一个 div 来配置，包含一个 h3 元素，一个图片链接和一个段落。

January Music Performance

配置一个 h3 元素来显示以下文本：

January

将 melaniethumb.jpg 配置成图片链接，链接到 melanie.jpg。适当编码 img 标记的属性。在图片后的段落中编码以下文本。每句话后编码一个换行标记。

Melanie Morris entertains with her melodic folk style.

Check out the podcast!

CDs are now available.

February Music Performance:

配置一个 h3 元素来显示以下文本：

February

将 gregthumb.jpg 配置成图片链接，链接到 greg.jpg。适当编码 img 标记的属性。在图片后的段落中编码以下文本。每句话后编码一个换行标记。

l Configure the gregthumb.jpg as an image

Tahoe Greg is back from his tour.

New songs.

New stories.

CDs are now available.

保存 music.html 文件并在浏览器中测试，如图 5.27 所示。

第 6 章

CSS 基础知识(二)

本章将介绍更多 CSS 基础知识。除了用 CSS 配置文本，还要学习 CSS 框模型以及相关属性，包括边距、边框和填充。还要学习新的 CSS3 属性，包括圆角、阴影、调整背景图片显示以及配置颜色和透明。

学习内容

- 用 CSS 配置字体、字号、浓淡和样式
- 用 CSS 对齐和缩进文本
- 学习和运用 CSS 框模型
- 用 CSS 配置宽度和高度
- 用 CSS 配置边距、边框和填充
- 用 CSS 居中页面内容
- 用 CSS3 添加阴影
- 用 CSS3 配置圆角
- 用 CSS3 配置背景图片
- 用 CSS3 配置透明、RGBA 颜色和渐变

6.1 字体

font-family 属性配置的是字体家族或者说"字型"(font typeface)。Web 浏览器使用计算机上已安装的字体来显示文本。如果某种字体在访问者的电脑上没有安装,就用默认字体替换。Times New Roman 是大多数浏览器的默认字体。表 6.1 总结了字体家族以及其中的一些常用字体。

表 6.1 常用字体

font-family	说明	常用字体
serif(有衬线)	所有 serif 字体在笔画末端都有小的衬线,常用于显示标题	Times New Roman, Georgia, Palatino
sans-serif(无衬线)	sans 是"无"的意思,sans-serif 就是无衬线,常用于显示网页文本	Arial, Verdana, Geneva
monospace(等宽)	宽度固定的字体,常用于显示代码	Courier New, Lucida Console
cursive(草书)	使用需谨慎,可能造成在网页上难以阅读的情况	Comic Sans MS
fantasy(异体)	风格很夸张,有时用于显示标题。使用需谨慎,可能造成在网页上难以阅读的情况	Jokerman, Curlz MT

Verdana、Tahoma 和 Georgia 字体为计算机显示器进行了优化。惯例是标题使用某种 serif 字体(比如 Georgia 或 Times New Roman),正文使用某种 sans-serif 字体(比如 Verdana 或 Arial)。并不是每台计算机都安装了相同的字体,请访问 http://www.ampsoft.net/webdesign-l/WindowsMacFonts.html 查看可以在 Web 上安全使用的字体列表。可以在 font-family 属性值中列出多个字体和类别。浏览器会按顺序尝试使用字体。例如,以下 CSS 配置 p 元素用 Verdana 字体或 Arial 字体显示段落文本。如果两者都没有安装,就使用已安装的默认 sans-serif 字体:

```
p { font-family: Verdana, Arial, sans-serif; }
```

 动手实作 6.1

这个动手实作将配置 font-family 属性。创建名为 trilliumch6 的新文件夹。学生文件提供了 Trillium Media Design 主页的初始版本。请将 chapter6/starter.html 复制到你的 trilliumch6 文件夹。启动浏览器来显示 starter.html 网页。注意,使用的是默认浏览器字体(通常是 Times New Roman)。初始 Trillium 网页如图 6.1 所示。等这个动手实作结束时,网页的效果应该如图 6.2 所示。

第 6 章　CSS 基础知识(二)

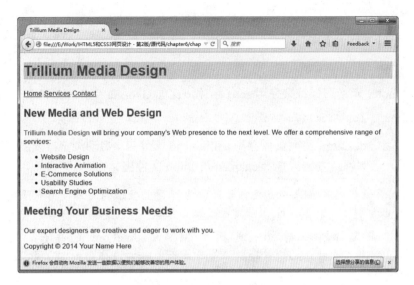

图 6.1　初始 Trillium 主页

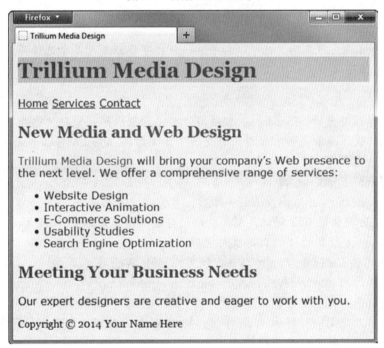

图 6.2　新的 Trillium 主页

启动文本编辑器并打开 starter.html 文件。像下面这样配置嵌入 CSS。

1. 配置 body 元素选择符，设置全局样式来使用 sans-serif 字体，比如 Verdana 或 Arial。下面是一个例子：

   ```
   body {   background-color:#f4ffe4;
            color:#333333;
            font-family: Verdana, Arial, sans-serif; }
   ```

2. 配置 h1 和 h2 元素来使用某种 serif 字体，比如 Georgia 或 Times New Roman。注意：

要用引号包含"Times New Roman",因为字体名称包含多个单词。为 h1 和 h2 元素添加以下样式声明:

```
font-family: Georgia, "Times New Roman", serif;
```

3. 配置 footer 元素选择符来使用 serif 字体,比如 Georgia 或 Times New Roman。

```
#footer { font-family: Georgia, "Times New Roman", serif; }
```

使用文件名 index.html 将网页保存到 trilliumch6 文件夹。启动浏览器来测试网页。结果如图 6.1 所示。示例解决方案请查看 chapter6/trillium 文件夹。

网页设计师多年来一直头疼于只能为网页上显示的文本使用有限的一套字体。CSS3 引入了 @font-face 在网页中嵌入字体,但要求你提供字体位置以便浏览器下载。例如,假定你有权自由分发名为 MyAwesomeFont 的字体,字体文件是 myawesomefont.woff,存储在和网页相同的文件夹中,就可以使用以下 CSS 在网页中嵌入该字体:

```
@font-face { font-family: MyAwesomeFont;
             src: url(myawesomefont.woff) format("woff"); }
```

编码好 @font-face 规则后,就可以和平常一样将字体应用于某个选择符。下例将字体应用于 h1 元素选择符:

```
h1 { font-family: MyAwesomeFont, Georgia, serif; }
```

最新的浏览器都支持 @font-face,但使用时要注意版权问题。即使你购买了一款字体,也要检查许可协议,看看是否有权自由分发该字体。访问 http://www.fontsquirrel.com 了解可供免费使用的商用字体。

Google Web Fonts 也提供了一套可供免费使用的字体。详细信息请访问 http://www.google.com/webfonts。选好字体后,只需要做下面两件事。

1. 将 Google 提供的 link 标记复制和粘贴到自己的网页文档中。(link 标记将你的网页和包含适当 @font-face 规则的一个 CSS 文件关联。)

2. 配置自己的 CSS font-family 属性,使用 Google Web 字体名称。

更多信息请访问 https://developers.google.com/webfonts/docs/getting_started 的入门指引。使用字体需要谨慎,为节省带宽,要避免一个网页使用多种 Web 字体。一个网页除了使用标准字体,通常只使用一种特殊 Web 字体。特殊 Web 字体可以在网页标题和/或导航区域使用,避免为这些区域创建专门的图片。

6.2 文本属性

CSS 为网页上的文本配置提供了大量选项。本节将探索 font-size, font-weight, font-style, text-transform 和 line-height 属性。

font-size 属性

font-size 属性用于设置字号。表 6.2 列出了该属性的多种设置,包括文本值和数值,你会发现它提供了大量选择。参考表 6.2 的"说明"了解推荐的用法。

表 6.2 配置字号

值的类别	值	说明
文本值	xx-small，x-small，small，medium(默认)，large，x-large，xx-large	在浏览器中改变文本大小时，能很好地缩放。字号选项有限
像素单位(Pixel Unit，px)	带单位的数值，比如 10 px	基于屏幕分辨率显示。在浏览器中改变文本大小时，也许不能很好地缩放
磅单位(Point Unit，pt)	带单位的数值，比如 10 pt	用于配置网页的印刷版本(参见第 8 章)。在浏览器中改变文本大小时，也许不能很好地缩放
Em 单位(em)	带单位的数值，比如.75 em	W3C 推荐。在浏览器中改变文本大小时，能很好地缩放。字号选项很多
百分比单位	百分比数值，比如 75%	W3C 推荐。在浏览器中改变文本大小时，能很好地缩放。字号选项很多

em 单位是一种相对字体单位，源于印刷工业。以前的印刷机常常用字符块来设置字体，一个 em 单位就是特定字体的一个印刷字体方块(通常是大写字母"M")的宽度。在网页中，em 相对于父元素(通常是网页的 body 元素)所用的字体和字号。也就是说，em 的大小相对于浏览器默认字体和字号。百分比值基于和 em 单位相同的原理。例如，font-size: 100%和 font-size: 1em 在浏览器中应该显示成一样大。要比较各种字号，请启动浏览器并打开学生文件 chapter6/fonts.html。

font-weight 属性

font-weight 属性配置文本的浓淡(粗细)。配置 CSS 规则 font-wight:bold 具有与 HTML 元素<strong>或<b>相似的效果。

font-style 属性

font-style 属性一般用于配置倾斜显示的文本。有效值包括 normal(默认)，italic 和 oblique。CSS 声明 font-style: italic;具有与 HTML 元素<i>或<em>相同的视觉效果。

text-transform 属性

text-transform 属性配置文本的大小写。有效值包括 none(默认)，capitalize(首字母大写)，uppercase(大写)和 lowercase(小写)。

line-height 属性

line-height 属性修改文本行的空白间距，通常配置成百分比值。例如，line-height: 200%;将文本配置成双倍行距。

 动手实作 6.2

下面尝试使用新的 CSS 属性。完成后的网页应该如图 6.3 所示。trilliumch6 文件夹现在应该包含 index.html 文件。从 chapter6/starters 文件夹复制 trilliumlogo.jpg 文件。将编码额外的 CSS 样式规则来配置网页上的文本和图片。

图 6.3 用 CSS 配置网页文本和图片

启动文本编辑器并打开 index.html，像下面这样配置嵌入 CSS。

1. 为 h1 元素选择符编码样式声明，在右侧显示 trilliumlogo.jpg 背景图片，不重复。

   ```
   background-image: url(trilliumlogo.jpg);
   background-position: right;
   background-repeat: no-repeat;
   ```

2. 为 h1 元素选择符添加样式声明，将 line-height 属性设为 200%：

   ```
   line-height: 200%;
   ```

3. 配置 nav 元素选择符，加粗显示文本：

   ```
   nav { font-weight bold; }
   ```

4. 为 companyname 类添加样式规则，加粗显示文本：

   ```
   .companyname { color: #5c743d; font-weight: bold; }
   ```

5. 为 footer 元素选择符添加样式规则，配置倾斜显示的小字体(.80em)。

   ```
   footer { font-family: Georgia, "Times New Roman", serif;
            font-size: .80em; font-style: italic; }
   ```

保存 index.html。启动浏览器并测试网页。示例解决方案参见 chapter6/trillium2 文件夹。

6.3 对齐和缩进

HTML 元素默认左对齐，即从左页边开始显示。本节用 CSS 属性对齐和缩进文本。

text-align 属性

CSS text-align 属性配置文本和内联元素在块元素(标题、段落和 div 等)中的对齐方式。属性的值包括 left(默认)、center、right 和 justify。

以下 CSS 代码配置 h1 元素文本居中显示：

```
h1 { text-align: center; }
```

虽然标题适合居中，但居中显示段落文本时要慎重。WebAIM 的研究表明，居中的文本比左对齐的文本更难阅读(http://www.webaim.org/techniques/textlayout)。

text-indent 属性

CSS text-indent 属性配置元素中第一行文本的缩进。值可以是数值(带有 px，pt 或 em 单位)，也可以是百分比。以下 CSS 代码配置所有段落的首行缩进 5 em：

```
p { text-indent: 5em; }
```

 动手实作 6.3

下面练习使用 text-align 和 text-indent 属性。trilliumch6 文件夹现已包含 index.html 文件。将 chapter6/starters 文件夹中的 trilliumlogo.gif 文件复制到 trilliumch6 文件夹。

启动文本编辑器并打开 index.html。将编码额外的 CSS 样式规则来配置网页文本和图片。结束后的网页如图 6.4 所示。

图 6.4 通过 CSS 缩进段落和使页脚居中

像下面这样配置嵌入 CSS。

1. 修改 h1 选择符的背景图片声明。不是配置在右侧显示 trilliumlogo.jpg，而是配置在左侧显示一次 trilliumlogo.gif。还要配置 h1 元素的 text-indent 属性，把它的值设为

140 像素：

```
text-indent: 140px;
```

2. 配置 p 元素选择符，使首行缩进 3em：

```
p { text-indent: 3em; }
```

3. 为 footer 元素选择符添加样式规则来配置居中对齐：

```
footer { font-family: Georgia, "Times New Roman", serif;
         font-size: .80em;
         font-style: italic;
         text-align: center; }
```

保存 index.html。启动浏览器进行测试，效果如图 6.4 所示。示例解决方案在 chapter6/trillium3 文件夹。

 可不可以在 CSS 中添加注释？

可以。注释会被浏览器忽略，但有利于注明代码的作用。为 CSS 添加注释的简单方法是在注释前输入 "/*"，在注释后输入 "*/"。例如：

```
/* Configure Footer */
footer { font-size: .80em; font-style: italic; text-align: center; }
```

6.4 CSS 的宽度和高度

width 属性

width 属性配置元素的内容在浏览器可视区域中的宽度，可指定带单位的数值(比如 700px 或 20em)或相对于父元素的百分比(比如 80%，如图 6.5 所示)。但这并不是元素的实际宽度。实际宽度由元素的内容、填充、边框和边距构成。width 属性的值只指定内容宽度。

图 6.5 网页设置成 80%宽度

min-width 属性

min-width 属性配置元素的内容在浏览器可视区域中的最小宽度，可以指定带单位的数值(比如 100px 或 20em)或相对于父元素的百分比(比如 75%)。设置最小宽度可防止内容在浏览器改变大小时跑来跑去。如果浏览器变得比最小宽度还要小，就显示滚动条，如图 6.6 和图 6.7 所示。

图 6.6　浏览器改变大小时文本自动换行　　　图 6.7　min-width 属性防止显示出现问题

max-width 属性

max-width 属性配置元素的内容在浏览器可视区域中的最大宽度，可以指定带单位的数值(比如 900px)或相对于父元素的百分比(比如 90%)。设置最大宽度可防止文本在高分辨率屏幕中显示很长的一行。

height 属性

height 属性配置元素的内容在浏览器可视区域中的高度，可以指定带单位的数值(比如 900px)或者相对于父元素的百分比(比如 60%)。图 6.8 的网页没有为 h1 配置 height 属性，造成背景图片的一部分被截掉。图 6.9 的 h1 配置了 height 属性，背景图片能完整显示。

图 6.8　背景图片显示不完整

图 6.9　height 属性值对应背景图片的高度

 动手实作 6.4

下面练习使用 height 和 width 属性。完成后的网页如图 6.5 所示。trilliumch6 文件夹现在应该包含 index.html 和 trilliumlogo.gif 文件。启动文本编辑器并打开 index.html 文件。

1. 编辑嵌入 CSS，配置文档最大占用浏览器窗口的 80%宽度，但最小宽度为 600px。为 body 元素选择符添加以下样式规则：

   ```
   width: 80%; min-width: 600px;
   ```

2. 为 h1 元素选择符添加样式声明，将高度设为 86px(背景图片的高度)，将 line-height 设为 250%。

   ```
   height: 86px; line-height: 250%;
   ```

保存文件。启动浏览器进行测试。示例解决方案在 chapter6/trillium4 文件夹。

6.5　CSS 的框模型

网页文档中的每个元素都被视为一个矩形框。如图 6.10 所示，该矩形框由环绕着内容区的填充、边框和边距构成。这称为**框模型**(box model)。

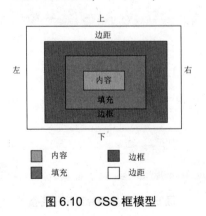

图 6.10　CSS 框模型

内容

内容区域可以包括文本和其他网页元素，比如图片、段落、标题、列表等。一个网页元素的可见宽度是指内容、填充以及边框宽度之和。

填充

填充是内容和边框之间的那部分区域。默认填充值为 0。配置元素背景时，背景会同时应用于填充和内容区域。

边框

边框是填充和边距之间的区域。默认边框值为 0，即不显示边框。

边距

边距决定了一个元素和任何相邻元素之间的空白间距。边距总是透明的。这个区域显示网页或容器元素(比如 div)的背景色。在图 6.10 中，展示边距区域的实线在网页上是不显示的。浏览器通常会为网页文档和某些元素(比如段落、标题、表单等)设定默认边距值。使用 margin 属性可覆盖浏览器的默认值。

框模型实例

图 6.11 的网页(学生文件 chapter6/box.html)通过 h1 和 div 元素展示了框模型的实例。

- h1 元素配置了浅蓝色背景、20 像素的填充(内容和边框之间的区域)以及 1 像素的黑色边框。
- 能看见白色网页背景的空白区域就是边距。两个垂直边距相遇时(比如在 h1 和 div 之间)，浏览器不是同时应用两个边距，而是选择两者中较大的。
- div 元素配置了中蓝色背景，使用浏览器的默认填充(也就是无填充)，以及 5 像素的黑色边框。

本章还将进一步练习框模型。现在利用 chapter6/box.html 多试验一下。

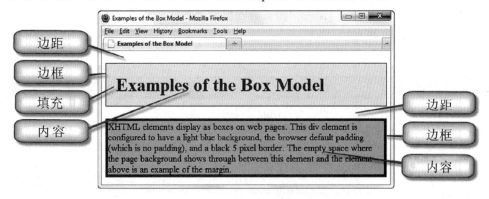

图 6.11 框模型的例子

6.6 CSS 的边距和填充

margin 属性

margin 属性用于配置元素各边的边距，即元素和相邻元素之间的空白。边距总是透明的。也就是说，在该区域看到的是网页或父元素的背景色。

使用带单位的数值(px 或 em)配置边距大小。设为 0(不写单位)将消除边距。值"auto"告诉浏览器自动计算边距(本章稍后会更多地讲到这个设置)。还可单独配置 margin-top，margin-right，margin-bottom 和 margin-left 的值。表 6.3 列出了用于配置边距的 CSS 属性。

表 6.3 CSS 的 margin 属性

属性名称	说明和常用值
margin	配置围绕元素的边距： • 一个数值(px 或 em)或百分比。例如：margin: 10px;。设为 0 时不要写单位。值"auto"告诉浏览器自动计算元素的边距 • 两个数值(px 或 em)或百分比。第一个配置顶部和底部边距，第二个配置左右边距。例如 margin: 20px 10px; • 三个数值(px 或 em)或百分比。第一个配置顶部边距，第二个配置左右边距，第三个配置底部边距 • 四个数值(px 或 em)或百分比。按以下顺序配置边距：margin-top，margin-right，margin-bottom，margin-left
margin-bottom	底部边距。数值(px 或 em)，百分比，或 auto
margin-left	左侧边距。数值(px 或 em)，百分比，或 auto
margin-right	右仙边距。数值(px 或 em)，百分比，或 auto
margin-top	顶部边距。数值(px 或 em)，百分比，或 auto

padding 属性

padding 属性配置 HTMl 元素内容(比如文本)与边框之间的空白。padding 默认为 0。如果为元素配置了背景颜色或背景图片，该背景会同时应用于填充区域和内容区域。表 6.4 列出用于配置填充的 CSS 属性。

表 6.4 CSS 的 padding 属性

属性名称	说明和常用值
padding	配置元素内容和边框之间的空白： • 一个数值(px 或 em)或百分比。例如：padding: 10px;。设为 0 时不要写单位 • 两个数值(px 或 em)或百分比。第一个配置顶部和底部填充，第二个配置左右填充。例如 padding: 20px 10px; • 三个数值(px 或 em)或百分比。第一个配置顶部填充，第二个配置左右边充，第三个配置底部填充 • 四个数值(px 或 em)或百分比。按以下顺序配置边距：padding-top，padding-right，padding-bottom，padding-left

续表

属性名称	说明和常用值
padding-bottom	内容和底部边框之间的空白。数值(px 或 em)或百分比
padding-left	内容和左侧边框之间的空白。数值(px 或 em)或百分比
padding-right	内容和右侧边框之间的空白。数值(px 或 em)或百分比
padding-top	内容和顶部边框之间的空白。数值(px 或 em)或百分比

图 6.12 的网页演示了 margin 和 padding 属性，对应于学生文件 chapter6/box2.html。所用的 CSS 如下：

```
body {   background-color: #FFFFFF; }
h1   {   background-color: #D1ECFF;
         padding-left: 60px; }
#box {   background-color: #74C0FF;
         margin-left: 60px;
         padding: 5px 10px; }
```

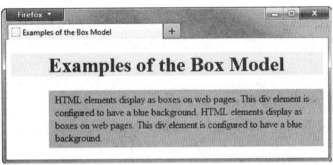

图 6.12 边距和填充

6.7 CSS 的边框

border 属性配置围绕元素的边框。边框宽度默认设为 0，即不显示。表 6.5 列出了用于配置边框的常用 CSS 属性。

表 6.5 CSS 的 border 属性

属性名称	说明和常用值
border	这种简写方式可同时配置元素的 border-width、border-style 和 border-color；不同属性的值以空格分隔，例如 border: 1px solid #000000;
border-bottom	底部边框；border-width、border-style 和 border-color 的值以空格分隔
border-left	左侧边框；border-width、border-style 和 border-color 的值以空格分隔
border-right	右侧边框；border-width、border-style 和 border-color 的值以空格分隔
border-top	顶部边框；border-width、border-style 和 border-color 的值以空格分隔
border-width	边框宽度(粗细)；像素值(比如 1px)或者表达粗细的英文名称(thin、medium、thick)
border-style	边框样式；包括 none、inset、outset、double、groove、ridge、solid、dashed、dotted
border-color	边框颜色；一个有效的颜色值

border-style 属性提供了大量格式化选项。注意并非所有浏览器都以一致的方式应用这些属性值。图 6.13 展示了 Firefox 和 Internet 的最新版本如何渲染各种 border-style 值。

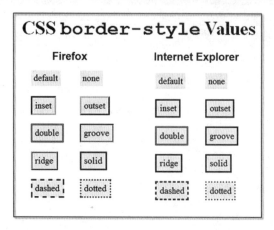

图 6.13　不同浏览器对相同 border-style 值的渲染方式可能不同

对图 6.13 的边框进行配置的 CSS 将 border-width 设为 3 像素，border-color 设为 #000033，border-style 则设为列出的样式值。例如，配置虚线边框的样式规则是：

```
.dashedborder {  border-width: 3px;
                 border-style: dashed;
                 border-color: #000033; }
```

一种简化的写法允许在一个样式规则中配置所有边框属性，你需要依次列出 border-width，border-style 和 border-color 的值。下面是一个例子：

```
.dashedborder { border: 3px dashed #000033 }
```

 动手实作 6.5

这个动手实作将练习使用 height 和 width 属性。完成后的网页如图 6.14 所示。将以 chapter6/box2.html 文件为基础。启动文本编辑器并打开 box2.html 文件。像下面这样配置嵌入 CSS。

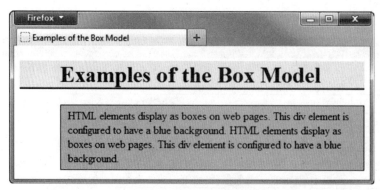

图 6.14　配置边框属性

1. 配置 h1 显示 3 像素的底部边框,样式为 ridge,颜色为深灰色。为 h1 元素选择符添加以下样式规则:

   ```
   border-bottom: 3px ridge #330000;
   ```

2. 配置 box id 显示 1 像素的 solid 黑色边框。为#box 选择符添加以下样式规则:

   ```
   border: 1px solid #000000;
   ```

3. 将网页另存为 boxborder.html。启动浏览器并测试网页。示例解决方案参见 chapter6/box3.html。

6.8 CSS3 的圆角

▶ 视频讲解:CSS Rounded Corners

熟悉了边框和框模型之后,你可能已意识到自己的网页存在众多矩形!CSS3 引入了 border-radius 属性。可用它创建圆角,使矩形变得更"圆滑"。大多数主流浏览器都已支持该属性,其中包括 Internet Explorer 9 或更高版本。

border-radius 属性指定的是圆角半径,可以是 1 到 4 个数值(像素或 em 单位)或百分比。如果只提供一个值,该值将应用于全部 4 个角。如果提供了 4 个值,就按左上、右上、右下和左下的顺序配置。另外,还可使用 border-bottom-left-radius、border-bottom-right-radius、border-top-left-radius 和 border-top-right-radius 属性单独配置每个角。

下面使用 CSS 配置边框的圆角。为了获得可见的边框,需要配置 border 属性,再将 border-radius 属性设为 20px 以下的值来获得最佳效果。

```
border: 1px solid #000000;
border-radius: 15px;
```

图 6.15(chapter6/box4.html)展示了上述代码的实际效果。

图 6.16(chapter6/box5.html)展示了只配置左上和左下圆角的一个 div 元素。这需要单独配置 border-top-left-radius 和 border-bottom-left-radius 属性。具体代码如下:

```
#box {    background-color: #74C0FF;
          margin-left: 60px;
          padding: 5px 20px;
          border-top-left-radius: 90px;
          border-bottom-left-radius: 90px; }
```

请发挥想象力,为元素配置一个、两个、三个或者四个圆角。由于进行的是"渐进式增强",所以使用较旧 Internet Explorer 浏览器(版本 8 或更低)的用户看到的是直角而不是圆角。然而,网页的功能和可用性是不受影响的。注意,获得圆角外观的另一个办法是用图形软件创建圆角矩形背景图片。

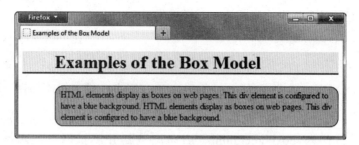

图 6.15　用 CSS 配置圆角

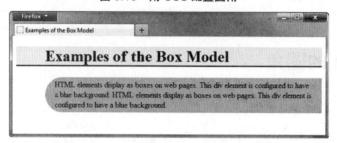

图 6.16　只有左上角和左下角是圆角

动手实作 6.6

下面为 logo 区域配置背景图片和圆角。

1. 新建文件夹 borderch6。将 chapter6/starters 文件夹中的 lighthouselogo.jpg 和 background.jpg 文件复制到这里。再复制 chapter6/starter1.html 文件。启动浏览器显示 starter1.html 网页，如图 6.17 所示。

图 6.17　starter1.html 文件

2. 在文本编辑器中打开 starter1.html 文件。将其另存为 index.html。编辑嵌入 CSS，为 h1 选择符添加以下样式声明，将 lighthouselogo.jpg 配置成背景图片(不重复)，height 设为 100px，width 设为 700px，字号设为 3em，左填充设为 150px，顶部填充设为

30px，再配置一个 border-radius 为 15px 的边框。

```
h1 {  background-image: url(lighthouselogo.jpg);
      background-repeat: no-repeat;
      height: 100px; width: 700px; font-size: 3em;
      padding-left: 150px; padding-top: 30px;
      border-radius: 15px; }
```

3. 保存文件。在支持圆角的浏览器中测试 index.html 文件，会看到如图 6.18 所示的结果。否则会显示直角 logo 区域，但网页仍然可用。示例解决方案请参考 chapter6/lighthouse/index.html。

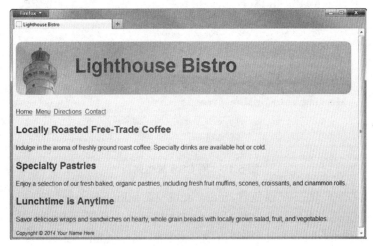

图 6.18　为 logo 区域配置圆角

6.9　CSS 的页面内空居中设置居中页面内容

本章之前学习了如何居中网页上的文本，但如何居中网页自身呢？一种流行的网页布局设计是通过几行 CSS 代码居中整个网页内容。其中的关键在于配置一个 div 元素来包含整个网页内容。HTML 代码如下：

```
<body>
<div id="wrapper">
. . . 网页内容放在这里 . . .
</div>
</body>
```

然后配置这个容器的 CSS 样式规则。将 width 属性设为一个合适的值。将 margin-left 和 margin-right 属性设为 auto。这样就告诉浏览器自动分配左右边距。CSS 代码如下：

```
#wrapper {  width: 700px;
            margin-left: auto;
            margin-right: auto; }
```

在下一个动手实作中练习这个技术。

动手实作 6.7

下面练习使整个网页居中。完成之后的网页如图 6.19 所示。

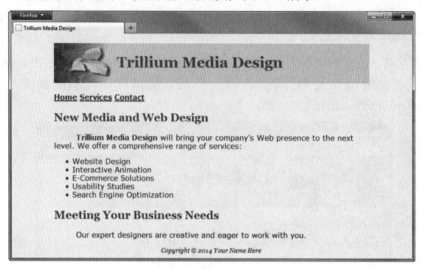

图 6.19 用 CSS 居中网页

trilliumch6 文件夹现在应该包含 index.html 和 trilliumlogo.gif 文件。如果没有，从 chapter6/trillium4 文件夹复制这些文件。启动文本编辑器并打开 index.html 文件。

1. 编辑嵌入 CSS，删除 body 选择符的 width 和 min-width 样式声明。
2. 编辑嵌入 CSS，配置一个新 id，命名为 container。为其添加 width，min-width，margin-left 和 margin-right 样式声明，如下所示：

   ```
   #container {  margin-left: auto;
                 margin-right: auto;
                 width: 80%;
                 min-width: 700px; }
   ```

3. 编辑 HTML，配置一个 div 元素并分配 container id。该 div 将用于"包含"网页的 body 部分。在起始 body 标记后编码起始 div 标记。在结束 body 前编码结束 div 标记。保存文件。在浏览器中测试 index.html 文件，应看到如图 6.19 所示的结果。示例解决方案请参考 chapter6/trillium5 文件夹。

一个常见的设计实践是将容器的背景颜色配置成浅的、中性的颜色，提供和文本的良好对比度。在图 6.20(chapter6/lighthouse/lcenter.html)的网页中，配置了背景图片和居中的网页内容(包含在 id 为 container 的 div 中)。div 使用了一个中性背景色。这个例子使用简化写法将#container 的所有边距设为 auto。CSS 代码如下所示：

```
#container {  margin: auto;
              background-color: #ffffff;
              width: 850px;
              padding: 0 20px 10px; }
```

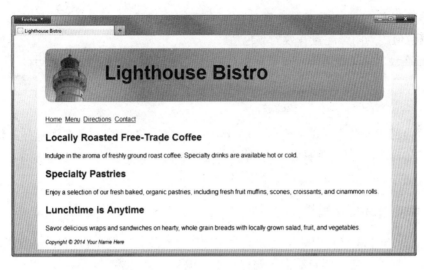

图 6.20　容器#container 使用中性背景

6.10　CSS3 的边框阴影和文本阴影

CSS3 的阴影属性 box-shadow 和 text-shadow 使网页显示具有立体感，如图 6.21 所示。

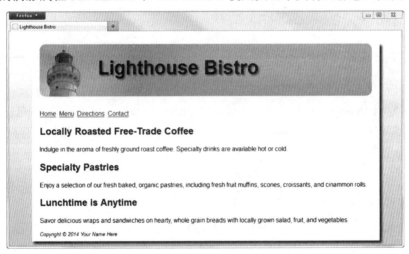

图 6.21　阴影属性增加了立体感

CSS3 的 box-shadow 属性

CSS3 引入了 box-shadow 属性为框模型创建阴影效果。主流浏览器目前都支持该属性，其中包括 Internet Explorer 9 和更高版本。属性值包括阴影的水平偏移、垂直偏移、模糊半径(可选)、伸展距离(可选)和颜色。

- **水平偏移**。像素值。正值在右侧显示阴影，负值在左侧显示。
- **垂直偏移**。像素值。正值在下方显示阴影，负值在上方显示。
- **模糊半径(可选)**。像素值。不能为负值。值越大越模糊。默认值 0 配置锐利的阴影。

- **伸展距离(可选)**。像素值。默认值 0。正值使阴影扩大，负值使阴影收缩。
- **颜色值**。为阴影配置有效的颜色值。

下例配置一个深灰色阴影，水平和垂直偏移都是 5px，模糊半径也是 5px，使用默认伸展距离。

```
box-shadow: 5px 5px 5px #828282;
```

要配置内部阴影效果，请包含可选的 inset 关键字。默认阴影是在边框外。使用 inset 后，阴影在边框内(即使是透明边框)，背景之上内容之下，例如：

```
box-shadow: inset 5px 5px 5px #828282;
```

CSS3 的 text-shadow 属性

CSS3 text-shadow 属性已获得大多数主流浏览器的支持，其中包括 Internet Explorer 10 和更高版本。属性值包括阴影的水平偏移、垂直偏移、模糊半径(可选)和颜色。

- **水平偏移**。像素值。正值在右侧显示阴影，负值在左侧显示。
- **垂直偏移**。像素值。正值在下方显示阴影，负值在上方显示。
- **模糊半径(可选)**。像素值。不能为负值。值越大越模糊。默认值 0 配置锐利的阴影。
- **颜色值**。为阴影配置有效的颜色值。

下例配置一个深灰色阴影，水平和垂直偏移都是 3px，模糊半径 5px。

```
text-shadow: 3px 3px 5px #666;
```

动手实作 6.8

下面练习配置 text-shadow 和 box-shadow。完成后的网页如图 6.21 所示。新建文件夹 shadowch6，复制 chapter6/starters 文件夹中的 lighthouselogo.jpg 和 background.jpg 文件。启动文本编辑器并打开 chapter6/lighthouse/lcenter.html 文件(图 6.20)，将其保存到 shadowch6 文件夹，并命名为 index.html。

1. 编辑嵌入 CSS，为#container 选择符添加以下样式声明来配置框阴影：

    ```
    box-shadow: 5px 5px 5px #1e1e1e;
    ```

2. 为 h1 元素选择符添加以下样式声明来配置深灰色文本阴影：

    ```
    text-shadow: 3px 3px 3px #666;
    ```

3. 为 h2 元素选择符添加以下样式声明来配置浅灰色文本阴影(无模糊)：

    ```
    text-shadow: 1px 1px 0 #ccc;
    ```

4. 保存文件。在支持 box-shadow 和 text-shadow 属性的浏览器中测试 index.html 文件，应看到前面图 6.21 所示的结果。否则虽然不显示阴影，但也不会影响网页的使用。示例解决方案请参考 chapter6/lighthouse/shadow.html。

浏览器不同版本的支持都可能不一样。只有全面测试网页才能真正确认。不过，有几个网站提供了支持列表供参考：
- http://www.findmebyip.com/litmus
- http://www.quirksmode.org/css/contents.html
- http://www.browsersupport.net/CSS

6.11 CSS3 的 background-clip 和 background-origin 属性

之前已学习了如何配置网页背景图片。本节介绍和背景图片相关的两个 CSS3 属性，分别是 background-clip 和 background-origin，用于背景图片的剪裁和大小控制。使用这些属性时要注意，块显示元素(比如 div、header 和段落)是使用框模型来渲染的(参见图 6.10)，内容被填充、边框和边距所环绕。

CSS3 的 background-clip 属性

CSS3 background-clip 属性配置背景图片的显示方式，它的值如下所示：
- content-box ——剪裁图片使之适应内容下方的区域
- padding-box ——剪裁图片使之适应内容和填充下方的区域
- border-box(默认) ——剪裁图片使之适应内容、填充和边框下方的区域

目前大多数主流浏览器都支持 background-clip 属性，其中包括 Internet Explorer 9。图 6.22 展示了 为 background-clip 属性配置不同值的 div 元素。注意这里故意使用了大的虚线边框。示例网页在 chapter6/clip 文件夹中。第一个 div 的 CSS 如下所示：

```
.test {  background-image: url(myislandback.jpg);
         background-clip: content-box;
         width: 400px; padding: 20px; margin-bottom: 10px;
         border: 10px dashed #000; }
```

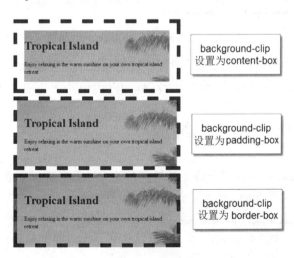

图 6.22　CSS3 background-clip 属性

CSS3 background-origin 属性

CSS3 background-origin 属性配置背景图片的位置，它的值如下所示：
- content-box——相对内容区域定位
- padding-box(默认)——相对填充区域定位
- border-box——相对边框区域定位

目前大多数主流浏览器都支持 background-origin 属性，其中包括 Internet Explorer 9。图 6.23 展示了 为 background-origin 属性配置不同值的 div 元素。示例网页在 chapter6/origin 文件夹中。第一个 div 的 CSS 如下所示：

```
.test { background-image: url(trilliumsolo.jpg);
        background-origin: content-box;
        background-repeat: no-repeat; background-position: right top;
        width: 200px; padding: 20px; margin-bottom: 10px;
        border: 1px solid #000; }
```

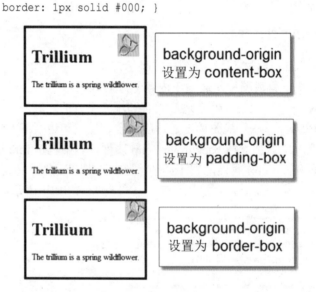

图 6.23 CSS3 background-origin 属性

经常用多个 CSS 的属性配置背景图片。这些属性一般都能配合使用。但要注意如果 background-attachment 设为 fixed，那么 background-origin 不起作用。

6.12 CSS3 背景大小和缩放

CSS3 background-size 属性用于改变背景图片的大小或者进行缩放。大多数主流浏览器都支持该属性，其中包括 Internet Explorer 9。属性值如下所示。
- 一对百分比值(宽度，高度)
  如果只提供一个百分比值，第二个值默认为 auto，由浏览器自行判断。
- 一对像素值(宽度，高度)
  如果只提供一个百分比值，第二个值默认为 auto，由浏览器自行判断。

- cover

  cover 值缩放背景图片并保持图片比例不变,使图片高度和宽度完全覆盖区域。
- contain

  contain 值缩放背景图片并保持图片比例不变,使图片高度和宽度适应区域。

图 6.24 展示了使用相同背景图片(不重复)的两个 div 元素。

图 6.24　CSS3 background-size 属性设为 100% 100%.

第一个 div 元素的背景图片没有配置 background-size 属性,图片只是部分填充空间。第二个 div 的 CSS 将 background-size 配置成 100% 100%,使浏览器缩放背景图片以填充空间。示例网页是 chapter6/size/sedona.html。第二个 div 的 CSS 如下所示:

```
#test1 { background-image: url(sedonabackground.jpg);
        background-repeat: no-repeat;
        background-size: 100% 100%; }
```

图 6.25 演示了如何用 cover 和 contain 值在 200 像素宽的区域中显示 500×500 的背景图片。左侧的网页使用 background-size: cover;缩放图片来完全填充区域,同时保持比例不变。右侧的网页使用 background-size: contain;缩放图片使图片适应区域。示例网页分别是 chapter6/size/cover.html 和 chapter6/size/contain.html。

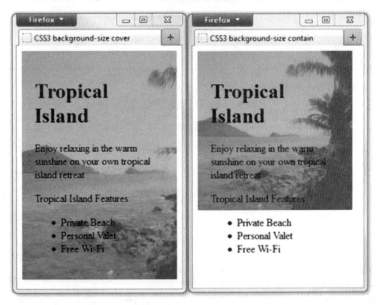

图 6.25　background-size: cover;和 background-size: contain 示例

6.13 CSS3 的 opacity 属性

CSS3 opacity 属性配置元素的不透明度。大多数主流浏览器都支持该属性，其中包括 Internet Explorer 9 和更高版本。opacity 的值从 0(完全透明)到 1(完全不透明)。使用需注意，该属性同时应用于文格和背景。如果为元素配置了半透明的 opacity 值，那么无论背景还是文本都会半透明显示。图 6.26 展示了利用 opacity 属性配置 h1 元素 60%不透明。

仔细观察图 6.26(网页文件是 chapter6/opacity/index.html)，会发现无论背景还是 h1 元素的黑色文本都变得半透明了。opacity 属性同时应用于背景颜色和文本颜色。

图 6.26　h1 区域的背景变得透明了

 动手实作 6.9

在这个动手实作中，将使用 opacity 属性来配置如图 6.26 所示的网页。

1. 新建文件夹 opacitych6，复制 chapter6/starters 文件夹中的 fall.jpg 文件。启动文本编辑器并打开 chapter1/template.html 文件。把它保存到 opacitych6 文件夹，命名为 index.html。将网页 title 更改为 "Fall Nature Hikes"。

2. 创建一个 div 来包含 h1 元素。在 body 部分添加以下代码：

    ```
    <div id="content">
    <h1>Fall Nature Hikes</h1>
    </div>
    ```

3. 在 head 部分添加样式标记来配置嵌入 CSS。将创建名为 content 的 id 来显示背景图片 fall.jpg(不重复)。content id 的宽度设为 640 像素，高度设为 480 像素，边距设为 auto(目的是使其在浏览器窗口中居中)，顶部填充设为 20 像素。代码如下所示：

```
#content { background-image: url(fall.jpg);
          background-repeat: no-repeat;
          margin: auto;
          width:640px;
          height: 480px;
          padding-top: 20px;}
```

4. 现在配置 h1 选择符，将 opacity 设为..6，字号设为 4em，填充设为 10 像素，左边距设为 40 像素。代码如下所示：

```
h1 { background-color: #FFFFFF;
     opacity: 0.6;
     font-size: 4em;
     padding: 10px;
     margin-left: 40px; }
```

5. 保存文件。在支持 opacity 属性的浏览器(比如 Chrome，Firefox，Safari 或 Internet Explorer 9)中测试 index.html 文件，会得到如图 6.26 所示的结果。示例解决方案请参考 chapter6/opacity/index.html。

6. 图 6.27 展示了网页在 Internet Explorer 8 中显示的结果，该浏览器不支持 opacity 属性。注意，虽然视觉效果不尽相同，但网页仍是可用的。Internet Explorer 9 之前的 IE 版本支持特有的 filter 属性，可配置 1(透明)到 100(完全不透明)之间的 opacity 级别。学生文件 chapter6/opacity/opacityie.html 展示了一个例子。filter 属性的 CSS 代码如下所示：

```
filter: alpha(opacity=60);
```

图 6.27　Internet Explorer 8 不支持 opacity 属性，显示不透明的背景颜色

6.14 CSS3 RGBA 颜色

CSS3 允许通过 color 属性配置透明颜色，称为 RGBA 颜色。大多数主流浏览器都支持该属性，其中包括 Internet Explorer 9 和更高版本。需要 4 个值：红、绿、蓝和 alpha 值(指定透明度)。RGBA 颜色不是使用十六进制，而是使用十进制颜色值。具体参考图 6.28 的颜色表(只列出部分颜色)以及本书末尾的 Web 安全颜色。

红、绿和蓝必须是 0 到 255 的十进制值。alpha 值必须是 0(透明)到 1(不透明)之间的数字。图 6.29 的网页将文本配置成稍微透明。

#FFFFFF rgb(255, 255, 255)	#FFFFCC rgb(255, 255, 204)	#FFFF99 rgb(255,255,153)	#FFFF66 rgb(255,255,102)
#FFFF33 rgb(255,255,51)	#FFFF00 rgb(255,255,0)	#FFCCFF rgb(255, 204, 255)	#FFCCCC rgb(255,204,204)
#FFCC99 rgb(255,204,153)	#FFCC66 rgb(255,204,102)	#FFCC33 rgb(255,204,51)	#FFCC00 rgb(255,204,0)
#FF99FF rgb(255,153,255)	#FF99CC rgb(255,153,204)	#FF9999 rgb(255,153,153)	#FF9966 rgb(255,153,102)

图 6.28　十六进制和 RGB 十进制颜色值

图 6.29　用 CSS3 RGBA 颜色配置透明文本

RGBA 颜色和 opacity 属性有什么区别？

opacity 属性同时应用于一个元素中的背景和文本。如果只想配置透明背景，请为 background-color 属性编码 RGBA 颜色或 HSLA 颜色(参见下一节)。如果只想配置透明文本，请为 color 属性编码 RGBA 颜色或 HSLA 颜色。

动手实作 6.10

这个动手实作将配置如图 6.29 所示的透明文本。

1. 启动文本编辑器并打开上一个动手实作创建的文件(也可直接使用学生文件 chapter6/opacity/index.html)。将文件另存为 rgba.html。
2. 删除 h1 选择符当前的样式声明。将为 h1 选择符创建新样式规则来配置 10 像素的右侧填充，以及右对齐的 sans-serif 白色文本，字号 5em，80%不透明。由于不是所有浏览器都支持 RGBA 颜色，所以要配置 color 属性两次。第一次配置当前所有浏览器都支持的标准颜色值，第二次配置 RGBA 颜色。较旧的浏览器不理解 RGBA 颜色，会自动忽略它。较新的浏览器则会"看见"两个颜色声明，会按照编码顺序应用，所以结果是透明颜色。h1 选择符的 CSS 代码如下所示：

```
h1 { color: #ffffff;
     color: rgba(255, 255, 255, 0.8);
     font-family: Verdana, Helvetica, sans-serif;
     font-size: 5em;
     padding-right: 10px;
     text-align: right; }
```

3. 保存文件。在支持 RGBA 的浏览器(比如 Chrome、Firefox、Safari 或者 Internet Explorer 9)中测试 rgba.html 文件，会看到如图 6.29 所示的结果。示例解决方案请参考 chapter6/opacity/rgba.html。如果使用不支持 RGBA 的浏览器，比如 Internet Explorer 8(或更老的版本)，会看到白色文本而不是透明文本。从 Internet Explorer 9 开始支持 RGBA 颜色，早期版本支持特有的 filter 属性，学生文件提供了一个例子(chapter6/opacity/rbgaie.html)。

6.15 CSS3 HSLA 颜色

网页开发人员多年来一直在用十六进制或十进制值配置 RGB 颜色。RGB 颜色依赖于硬件，即电脑显示屏发出的红光、绿光和蓝光。CSS3 引入了称为 HSLA 的一种新的颜色表示系统，它基于一个色轮模型。HSLA 是 Hue(色调)、Saturation(饱和度)、Hightness(亮度)和 Alpha 的首字母缩写。大多数主流浏览器都支持 HSLA 颜色，包括 Internet Explorer 9。

色调、饱和度、亮度和 alpha

使用 HSLA 颜色要理解色轮的概念。色轮是一个彩色的圆。如图 6.30 所示，红色在色轮最顶部。色调(hue)定义实际颜色，是 0 到 360 的一个数值(正好构成 360 度圆)。例如，红色是值 0 或 360，绿色是 120，而蓝色是 240。配置黑色、灰色和白色时，将 hue 设为 0。饱和度(saturation)配置颜色的强度，用百分比值表示。完全饱和是 100%，全灰是 0%。亮度决定颜色明暗，用百分比值表示。正常颜色是 50%，白色 100%，黑色 0%。alpha 表示颜色透明度，取值范围是 0(透明)到 1(不透明)。要省略 alpha 值，就用 hsl 关键字取代 hsla 关键字。

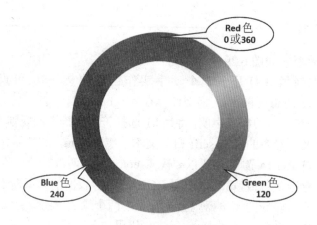

图 6.30　色轮示意图

HSLA 颜色示例

使用以下语法配置如图 6.31 所示的 HSLA 颜色。

hsla(hue value, saturation value, lightness value, alpha value);

- Red：hsla(360, 100%, 50%, 1.0);
- Green：hsla(120, 100%, 50%, 1.0);
- Blue：hsla(240, 100%, 50%, 1.0);
- Black：hsla(0, 0%, 0%, 1.0);
- Gray：hsla(0, 0%, 50%, 1.0);
- White：hsla(0, 0%, 100%, 1.0);

根据 W3C 的说法，和基于硬件的 RGB 颜色相比，HSLA 颜色显得更直观。是用你在小学就掌握的色轮模型来挑选颜色，依据在轮子中的位置生成色调值(H)。想增减颜色的强度，修改饱和度(S)就可以了。想改变明暗，修改亮度(L)即可。图 6.32 展示了一种青蓝色的三种亮度：25%(深青蓝)，50%(青蓝)，75%(浅青蓝)。

- 深青蓝　hsla(210, 100%, 25%, 1.0);
- 青蓝　hsla(210, 100%, 50%, 1.0);
- 浅青蓝　hsla(210, 100%, 75%, 1.0);

图 6.31　HSLA 颜色示例

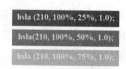

图 6.32　青蓝色的不同亮度

动手实作 6.11

这个动手实作将配置图 6.33 所示的浅黄色透明文本。

图 6.33 HSLA 颜色

1. 启动文本编辑器并打开上一个动手实作创建的文件(也可直接使用学生文件 chapter6/opacity/rgba.html)。将文件另存为 hsla.html。
2. 删除 h1 选择符当前的样式声明。将为 h1 选择符创建新样式规则来配置 20 像素的填充，alpha 值为 0.8 的 serif 浅黄色文本，字号 6em。由于不是所有浏览器都支持 HSLA 颜色，所以要配置 color 属性两次。第一次配置当前所有浏览器都支持的标准颜色值，第二次配置 HSLA 颜色。较旧的浏览器不理解 HSLA 颜色，会自动忽略它。较新的浏览器则会"看见"两个颜色声明，会按照编码顺序应用，所以结果是透明颜色。h1 选择符的 CSS 代码如下所示：

```
h1 { color: #ffcccc;
     color: hsla(60, 100%, 90%, 0.8);
     font-family: Georgia, "Times New Roman", serif;
     font-size: 6em;
     padding: 20px; }
```

3. 保存文件。在支持 HSLA 的浏览器(比如 Chrome，Firefox，Safari 或者 Internet Explorer 9)中测试 hsla.html 文件，会看到如图 6.33 所示的结果。示例解决方案请参考 chapter6/opacity/hsla.html。如果使用不支持 RGBA 的浏览器，比如 Internet Explorer 8(或更老的版本)，会看到白色文本而不是透明文本。

6.16 CSS3 的渐变

CSS3 提供了配置渐变颜色的方法，也就是从一种颜色平滑过渡成另一种。CSS3 渐变背景颜色纯粹由 CSS 定义，不需要提供任何图片文件！这样可以在需要提供渐变背景的时候节省带宽。

W3C 已在 CSS Image Value and Replaced Content Module 中确定了渐变语法，但到写作本书时为止，该语法尚未被全部浏览器采纳。本节将提供 CSS3 线性渐变的一个例子，并提供一些资源链接供深入探索。

图 6.21 的网页使用了一张由图形处理软件生成的 JPG 渐变背景图片。图 6.34 的网页 (chapter6/lighthouse/gradient.html)没有使用图片，而是使用 CSS3 渐变属性来获得一样的效果。

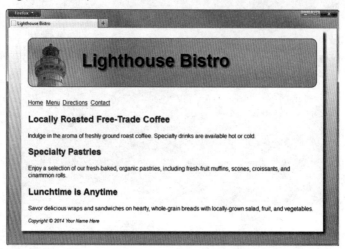

图 6.34　渐变背景用 CSS3 配置，而不是使用图片文件

CSS3 线性渐变语法

为了配置基本的线性渐变，请将 linear-gradient 函数设为 background-image 属性的值。使用关键字"to bottom"、"to top"、"to left"或者"to right"来指定渐变方向。接着，列出起始和结束颜色。以下代码创建一个简单的双色线性渐变，从白色变化至绿色：

```
background-image: linear-gradient(to bottom, #FFFFFF, #00FF00);
```

CSS3 渐变和渐进式增强

使用 CSS3 渐变时务必注意"渐进式增强"。要配置一个"后备"的 background-color 属性或 background-image 属性，供不支持 CSS3 渐变的浏览器使用。在图 6.34 中，背景颜色配置成和渐变结束颜色相同的值。

配置 CSS3 渐变

当 W3C 提议新的 CSS 编码技术时，浏览器厂商通常为属性或函数名附加试验性的、浏览器特有的前缀(比如–webkit)，并在以后添加对正式的 W3C 属性的支持。CSS3 渐变的正式语法已经和草案阶段不同。截止本书写作时为止，只有 Firefox 支持正式的 W3C 语法。其他浏览器只支持早期的语法。所以，在浏览器做出改进之前，应该为 background-image 属性配置多个样式声明。

- -webkit-gradient(用于 Webkit 浏览器)
- -ms-linear-gradient(用于 Internet Explorer 10)
- -o-linear-gradient(用于 Presto 浏览器)
- filter(用于 Internet Explorer 9 或更低版本,它们使用特有的 filter 属性而不是 linear-gradient 函数)
- linear-gradient(W3C 正式语法)

要将 background-image 属性的值设为 linear-gradient 函数。以下 CSS 代码首先配置一个背景颜色(用于不支持渐变的浏览器),再配置一个线性渐变,从白色(#FFFFFF)渐变为中蓝色(#8FA5CE):

```
body { background-color: #8FA5CE;
       background-image: -webkit-linear-gradient(#FFFFFF, #8FA5CE);
       background-image: -ms-linear-gradient(#FFFFFF, #8FA5CE);
       background-image: -o-linear-gradient(#FFFFFF, #8FA5CE);
       filter: progid:DXImageTransform.Microsoft.gradient
       (startColorstr=#FFFFFFFF, endColorstr=#FF8FA5CE);
       background-image: linear-gradient(to bottom, #FFFFFF, #8FA5CE); }
```

由于最终所有浏览器都会支持 W3C 语法,所以在列表最后使用这种语法。由于浏览器特有的 CSS 语法是非标准的,所以 CSS 代码将通不过 W3C 校验。要想进一步了解这些语法,请参考以下网站:

- **Webkit** (Chrome 和 Safari): http://webkit.org/blog/175/introducing-css-gradients
- **Gecko** (Mozilla): http://developer.mozilla.org/en/CSS/-moz-linear-gradient
- **Internet Explorer**: http://msdn.microsoft.com/en-us/library/ms532997
- **W3C**: http://dev.w3.org/csswg/css3-images/#gradients

访问以下资源深入了解 CSS3 渐变:
- http://css-tricks.com/css3-gradients
- https://developer.mozilla.org/en/Using_gradients
- http://net.tutsplus.com/tutorials/html-css-techniques/quick-tip-understanding-css3-gradients

可以通过以下网站试验生成 CSS3 渐变代码:
- http://www.colorzilla.com/gradient-editor,
- http://gradients.glrzad.com
- http://www.westciv.com/tools/gradients

复习和练习

复习题

选择题

1. 哪个 CSS 属性用于配置字体?(　　)
   A. font-face　　　　B. face　　　　C. font-family　　　　D. size

2. 哪个 CSS 属性用于配置加粗文本？（　　）
   A. font-face　　　　　B. font-style　　　　C. font-weight　　　　D. font-size
3. 哪个 CSS 属性用于配置倾斜文本？（　　）
   A. font-face　　　　　B. font-style　　　　C. font-weight　　　　D. font-size
4. 哪个配置名为 news 的类，使用红色文本、大字体和 Arial(或默认 sans-serif 字体)？（　　）
   A. news { color: red; font-size: large; font-family: Arial, sans-serif;}
   B. .news { color: red; font-size: large; font-family: Arial, sans-serif;}
   C. .news { text: red; font-size: large; font-family: Arial, sans-serif;}
   D. #news { text: red; font-size: large; font-family: Arial, sans-serif;}
5. 按照从最外层到最内层的顺序，框模型的组件包括哪些？（　　）
   A. 边距，边框，填充，内容　　　　B. 内容，填充，边框，边距
   C. 内容，边距，填充，边框　　　　D. 边距，边框，内容
6. 以下哪个 CSS 属性为文本配置阴影效果。（　　）
   A. box-shadow　　　B. text-shadow　　　C. drop-shadow　　　D. shadow
7. 以下哪个配置顶部 15 像素，左右 0 像素，以及底部 5 像素的填充？（　　）
   A. padding: 0px 5px 0px 15px;
   B. padding: top-15, left-0, right-0, bottom-5;
   C. padding: 15px 0 5px 0;
   D. padding: 0 0 15px 5px;
8. 以下哪个和 width 属性一起使用来配置居中的网页内容？（　　）
   A. margin-left: auto; margin-right: auto
   B. margin: top-15, left-0, right-0, bottom-5;
   C. margin: 15px 0 5px 0;
   D. margin: 20px;
9. 以下哪个 CSS 属性使文本在元素中居中？（　　）
   A. center　　　　　B. text-align　　　　C. align　　　　D. text-center
10. 以下哪个配置 5 个像素、颜色为#330000 的实线边框？（　　）
    A. border: 5px solid #330000;　　　　　B. border-style: solid 5px;
    C. border: 5px, solid, #330000;　　　　D. border: 5px line #330000;

动手练习

1. 为外部样式表 mystyle.css 写 CSS 代码将文本配置成棕色(brown)，字号为 1.2em，字体为 Arial，Verdana 或默认 sans-serif 字体。
2. 为嵌入样式表写 HTML 和 CSS 代码，配置名为 new 的类，使用加粗和倾斜的文本。
3. 为名为 footer 的类写 CSS 代码，它具有以下特点：浅蓝色背景，Arial 或 sans-serif 字体，深蓝色文本，10 像素填充，以及深蓝色的细虚线边框。
4. 为名为 notice 的 id 写 CSS 代码，宽度设为 80%并居中。
5. 写 CSS 代码配置一个类来显示标题，要求在底部添加虚线。为文本和虚线挑选自己

喜欢的颜色。
6. 写 CSS 代码来配置 h1 选择符，文本具有阴影，50%透明背景色，以及 4em 的 sans-serif 字体。
7. 写 CSS 代码配置名为 section 的 id，使用小的红色 Arial 字体，白色背景，宽度为 80%，并具有阴影。

聚焦 Web 设计

本章拓展了你使用 CSS 配置网页的技能。请用搜索引擎查找 CSS 资源。以下资源是很好的起点：

- http://www.w3.org/Style/CSS
- http://www.noupe.com/design/40-css-reference-websites-and-resources.html
- http://www.css3.info

创建一个网页，提供网上的至少 5 个 CSS 资源。每个 CSS 资源都要提供 URL、网站名称和简要描述。网页内容占据 80%浏览器窗口宽度并居中。利用本章介绍的至少 5 个 CSS 属性来配置颜色和文本。在网页底部的电子邮件地址中显示你的姓名。

案例学习：Pacific Trails Resort

本案例以现有的 Pacific Trails 网站(第 5 章)为基础创建网站的新版本。新的设计要求居中网页，占据 80%的浏览器窗口宽度。将使用 CSS 配置新的网页布局、背景图片和其他样式，包括字体和填充。图 6.35 显示了 wrapper div 的线框图，其他网页元素包含在这个 div 中。

本案例包括以下任务。

1. 为 Pacific Trails Resort 网站创建新文件夹。
2. 编辑 pacific.css 外部样式表文件。
3. 更新主页 index.html。
4. 更新活动页 activities.html。
5. 更新 Yurts 页 yurts.html。
6. 用 CSS3 配置阴影。

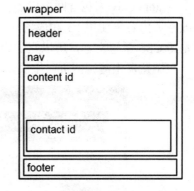

图 6.35 wrapper div 包含其他网页元素

任务 1：创建文件夹 ch6pacific 来包含 Pacific Trails Resort 网站文件。复制第 5 章案例分析的 ch5pacific 文件夹中的文件。再从 chapter6/starters 文件夹复制 ptrbackground.jpg 文件。

任务 2：配置 CSS。启动文本编辑器打开 pacific.css 外部样式表文件。

- body 元素选择符。添加一个声明来显示背景图片 ptrbackground.jpg。添加样式规则来使用 Arial，Helvetica 或者默认 sans-serif 字体。
- wrapper id 选择符。为名为 wrapper 的 id 添加新的选择符。配置 wrapper id 居中(参见动手实作 6.7)，宽度 80%，白色背景(#FFFFFF)，最小宽度 960 像素。
- nav 元素选择符。添加声明在左侧显示 20 像素的填充，在顶部、底部和右侧显示 5 像素的填充。添加一个声明来显示加粗文本。

- content id 选择符。为名为 content 的 id 添加新的选择符,配置顶部 0 像素填充,右侧、底部和左侧 20 像素填充。
- h1,h2 和 h3 元素选择符。为每个选择符添加声明来显示 Georgia,Times New Roman 或者 serif 字体。
- resort 类选择符。添加声明来显示加粗文本。
- 配置 content id 中的无序列表。将 ul 元素选择符替换成一个上下文选择符,从而只针对 content id 中的 ul 元素进行设定:#content ul。

然后添加以下样式规则,指定在元素内部显示列表符号:

```
list-style-position: inside;
```

保存 pacific.css。使用 CSS 校验器(http://jigsaw.w3.org/css-validator)检查语法并纠错。

任务 3:编辑主页。启动文本编辑器并打开 index.html 文件。编码 div 标记,添加一个 wrapper div 来包含网页内容。动手实作 6.7 可作为参考。删除 b,i 和 small 元素。现在是用 CSS 配置文本,所以它们用不着了。保存文件。

任务 4:编辑 Activities 页。启动文本编辑器并要开 activities.html 文件。编码 div 标记,添加一个 wrapper div 来包含网页内容。动手实作 6.7 可作为参考。删除 b,i 和 small 元素。现在是用 CSS 配置文本,所以它们用不着了。保存文件。

任务 5:编辑 Yurts 页。启动文本编辑器并要开 yurts.html 文件。编码 div 标记,添加一个 wrapper div 来包含网页内容。动手实作 6.7 可作为参考。Yurts 页目前使用定义列表,修改网页内容来使用 h3 和段落元素而不是定义列表。删除 strong,b,i 和 small 元素。现在是用 CSS 配置文本,所以它们用不着了。保存文件。

在浏览器中测试网页。主页现在的样子如图 6.36 所示。

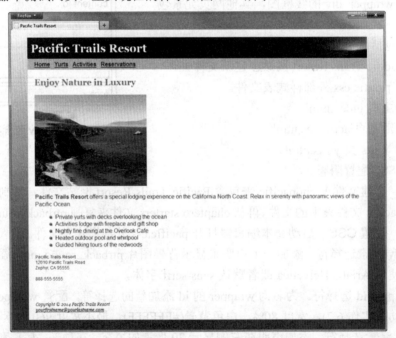

图 6.36　使用居中布局的新 Pacific Trails 主页

任务 6：使用 CSS3 配置阴影。 启动文本编辑器并打开 pacific.css 文件。为 wrapper id 应用阴影效果。为 wrapper 选择符添加以下样式声明：

```
box-shadow: 5px 5px 5px #000033;
```

为 h2 标题应用文本阴影。为 h2 选择符添加以下样式声明：

```
text-shadow: 1px 1px 1px #ccc;
```

保存文件。启动最新版的 Safari，Google Chrome 或 Firefox 浏览器来测试主页 (index.html)。效果如图 6.37 所示。

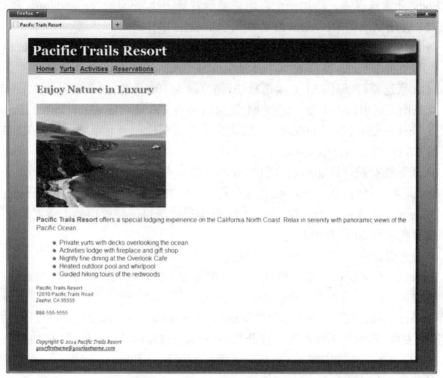

图 6.37 有阴影效果的 Pacific Trails 主页

案例学习：JavaJam Coffee House

本案例分析以现有的 JavaJam 网站(第 5 章)为基础创建网站的新版本。新的设计要求居中网页，占据 80%的浏览器窗口宽度。将使用 CSS 配置新的网页布局、背景图片和其他样式，包括字体和填充。图 6.38 显示了 wrapper div 的线框图，其他网页元素包含在这个 div 中。

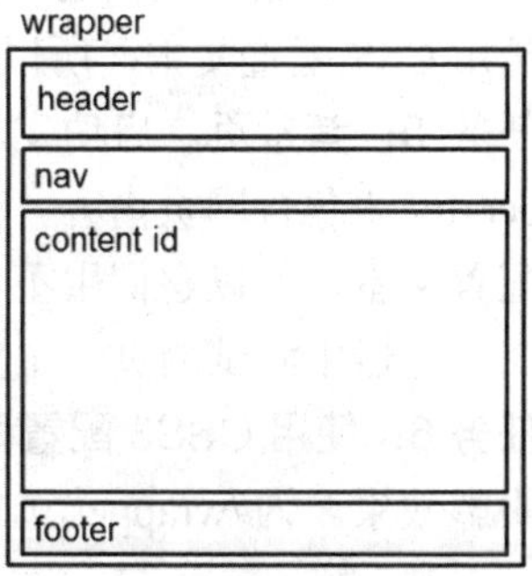

本案例包括以下任务。

1. 为 JavaJam Coffee House 网站创建新文件夹。
2. 更新 javajam.css 外部样式表文件。

图 6.38 wrapper div 包含其他网页元素

3. 更新主页 index.html。
4. 更新菜单页 menu.html。
5. 更新 Music 页 music.html。
6. 用 CSS3 配置阴影。

任务 1：创建文件夹 ch6javajam 来包含 JavaJam Coffee House 网站文件。复制第 5 章案例分析的 ch5javajam 文件夹中的文件。再从 chapter6/starters 文件夹复制 javabackground.gif 和 javalogo.gif 文件。

任务 2：外部样式表。启动文本编辑器打开 javajam.css 外部样式表文件。

- body 元素选择符。添加一个声明来显示背景图片 javabackground.jpg。添加样式规则来使用 Arial，Helvetica 或者默认 sans-serif 字体。
- wrapper id 选择符。为名为 wrapper 的 id 添加新的选择符。配置 wrapper id 居中(参见动手实作 6.7)，宽度 80%，背景色#F5F5DC，最小宽度 960 像素。
- h1 元素选择符。编码 h1 元素选择符,高度设为 100 像素,显示背景图片 javalogo.gif。背景图片居中，不重复。记住 h1 元素包含的文本是"JavaJam Coffee House"。配置 text-indent 属性为-9999px，防止文本覆盖图片，而且除非图片被关闭或者不支持 CSS，否则不显示文本。
- h3 元素选择符。添加样式声明显示大写文本(使用 text-transform 属性)。
- nav 元素选择符。编码 nav 元素选择符，配置加粗文本并居中(使用 text-align 属性)。
- content id 选择符。为名为 content 的 id 编码选择符，配置顶部 1 像素填充，右侧、底部和左侧 20 像素填充。
- dt 元素选择符。编码 dt 元素选择符，加粗显示文本。
- footer 元素选择符。添加样式声明，配置 20 像素填充，小字号(.60em)、倾斜和居中。

保存 javajam.css。使用 CSS 校验器(http://jigsaw.w3.org/css-validator)检查语法并纠错。

任务 3：主页。启动文本编辑器并打开 index.html 文件。编码 div 标记，添加一个 wrapper div 来包含网页内容。动手实作 6.7 可作为参考。删除 b，i 和 small 元素。现在是用 CSS 配置文本，所以它们用不着了。保存文件。

任务 4：菜单页。启动文本编辑器并要开 music.html 文件。编码 div 标记，添加一个 wrapper div 来包含网页内容。动手实作 6.7 可作为参考。删除 strong，b，i 和 small 元素。现在是用 CSS 配置文本，所以它们用不着了。保存文件。

任务 5：音乐页。启动文本编辑器并要开 music.html 文件。编码 div 标记，添加一个 wrapper div 来包含网页内容。动手实作 6.7 可作为参考。删除 b，i 和 small 元素。现在是用 CSS 配置文本，所以它们用不着了。保存文件。

在浏览器中测试网页。主页现在的样子如图 6.39 所示。

任务 6：使用 CSS3 配置阴影。启动文本编辑器并打开 javajam.css 文件。为 wrapper id 应用阴影效果。为#wrapper 选择符添加以下样式声明：

```
box-shadow: 5px 5px 5px #2E0000;
```

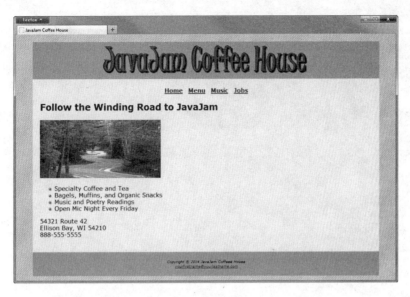

图 6.39 使用居中布局的新 JavaJam 主页

保存文件。启动最新版的 Safari，Google Chrome 或 Firefox 浏览器来测试主页 (index.html)。效果如图 6.40 所示。

图 6.40 有阴影效果的 JavaJam 主页

第 7 章

页面布局基础

之前已经用 CSS 配置了居中网页布局，本章要学习更多的 CSS 网页布局技术。将探讨如何用 CSS 实现元素的浮动和定位。将使用 CSS 精灵配置图片，还将使用 CSS 伪类添加和超链接的互动。

学习内容

- 用 CSS 配置浮动
- 用 CSS 配置固定定位
- 用 CSS 配置相对定位
- 用 CSS 配置绝对定位
- 用 CSS 创建双栏页面布局
- CSS 无序列表导航
- 用 CSS 伪类配置与超链接的交互
- 配置 CSS 精灵

7.1 正常流动

浏览器逐行渲染 HTML 文档中的代码。这种处理方式称为"正常流动"(normal flow),也就是元素按照在网页源代码中出现的顺序显示。

图 7.1 和图 7.2 分别显示了包含文本内容的两个 div 元素。我们来仔细研究一下它们。在图 7.1 中,两个 div 元素在网页上一个接一个排列。在图 7.2 中,一个嵌套在另一个中。在两种情况下,浏览器使用的都是正常流动(默认),按照在源代码中出现的顺序显示元素。之前的动手实作创建的网页都是使用正常流动来渲染的。

下个动手实作会进一步练习这种正常流动渲染方法。然后会练习使用 CSS 定位和浮动来配置元素在网页上的"流动"或者说"定位"。

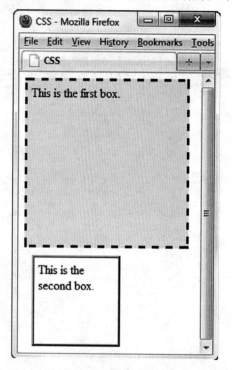
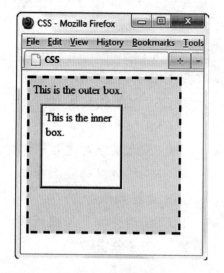

图 7.1　两个 div 元素一个接一个显示　　　　图 7.2　一个 div 元素嵌套在另一个中

 动手实作 7.1

在这个动手实作中,将创建图 7.1 和图 7.2 的网页来探索 CSS 框模型和正常流动。

练习正常流动

启动文本编辑器,打开学生文件 Chapter7/starter1.html。将文件另存为 box1.html。编辑网页主体,添加以下代码来配置两个 div 元素。

```
<div class="div1">
This is the first box.
```

```
</div>
<div class="div2">
This is the second box.
</div>
```

现在在 head 部分添加嵌入 CSS 代码来配置"框"。为名为 div1 的类添加新的样式规则，配置浅蓝色背景、虚线边框、宽度 200、高度 200 和 5 像素的填充。代码如下：

```
.div1 { width: 200px;
        height: 200px;
        background-color: #D1ECFF;
        border: 3px dashed #000000;
        padding: 5px; }
```

再为名为 div2 的类添加新的样式规则，配置高和宽都是 100 像素、ridged 样式的边框、10 像素的边距以及 5 像素的填充。代码如下：

```
.div2 { width: 100px;
        height: 100px;
        background-color: #ffffff;
        border: 3px ridge #000000;
        padding: 5px;
        margin: 10px; }
```

保存文件。启动浏览器并测试网页，效果如图 7.1 所示。学生文件 chapter7/box1.html 是一个已经完成的示例解决方案。

练习正常流动和嵌套元素

启动文本编辑器，打开学生文件 chapter7/box1.html。将文件另存为 box2.html。编辑代码，删除 body 部分的内容。添加以下代码来配置两个 div 元素——一个嵌套在另一个中：

```
<div class="div1">
This is the outer box.
  <div class="div2">
  This is the inner box.
  </div>
</div>
```

保存文件。启动浏览器并测试网页，效果如图 7.2 所示。注意浏览器如何渲染嵌套的 div 元素，第二个框嵌套在第一个框中，因为它在网页源代码中就是在第一个 div 元素中编码的。这是"正常流动"的例子。学生文件 chapter7/box2.html 是已完成的示例解决方案。

前瞻——CSS 布局属性

前面展示了"正常流动"将导致浏览器按照元素在 HTML 代码中出现的顺序进行渲染。使用 CSS 进行页面布局时，可以灵活地指定元素在页面中的位置——可以是绝对像素位置、相对位置，或者在网页上浮动。下面讨论能完成这些任务的 CSS 属性。

7.2 浮动

float 属性

元素在浏览器窗口或另一个元素左右两侧浮动通常用 float 属性来设置。浏览器先以"正常流动"方式渲染这些元素,再将它们移动到所在容器(通常是浏览器窗口或某个 div)的最左侧或最右侧。

- 使用 float: right;使元素在容器右侧浮动。
- 使用 float: left;使元素在容器左侧浮动。
- 除非元素已经有一个隐含的宽度(比如 img 元素),否则为浮动元素指定宽度
- 其他元素和网页内容围绕浮动元素进行"流动"。

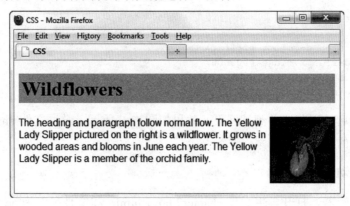

图 7.3 配置成浮动的图片

图 7.3 的网页(学生文件 Chapter7/float.html)中有一张图片,它就是用 float:right 配置的。配置浮动图片时,考虑用 margin 属性配置图片和文本之间的空白间距。

观察图 7.3,注意图片是如何停留在浏览器窗口右侧的。创建了名为 yls 的 id,它应用了 float, margin 和 border 属性。img 标记设置了 id="yls"属性。CSS 代码如下所示:

```
h1 {background-color: #A8C682;
    padding: 5px;
    color: #000000; }
p { font-family: Arial, sans-serif; }
#yls { float: right;
       margin: 0 0 5px 5px;
       border: 1px solid #000000; }
```

HTML 源代码如下所示:

```
<h1>Wildflowers</h1>
<img id="yls" src="yls.jpg" alt="Yellow Lady Slipper" height="100" width="100">
<p>The heading and paragraph follow normal flow. The Yellow Lady Slipper pictured
on the right is a wildflower. It grows in wooded areas and blooms in June each
year. The Yellow Lady Slipper is a member of the orchid family.</p>
```

动手实作 7.2

在这个动手实作中，将练习使用 CSS float 属性配置如图 7.4 所示的网页。

图 7.4　用 CSS float 属性使图片左对齐

创建名为 ch7float 的文件夹。将 starter2.html 和 yls.jpg 这两个文件从学生文件的 Chapter7 文件夹复制到 ch7float 文件夹。启动文本编辑器并打开 starter2.html 文件。注意图片和段落的顺序。目前没有用 CSS 配置浮动图片。用浏览器打开 starter2.html。浏览器会采用"正常流动"渲染网页，也就是按元素的编码顺序显示。

现在添加 CSS 代码使图片浮动。将文件另存为 floatyls.html，像下面这样修改代码。

1. 为一个名为 float 的类添加样式规则，配置 float，margin 和 border 属性。

   ```
   .float {  float: left;
             margin-right: 10px;
             border: 3px ridge #000000; }
   ```

2. 为 img 元素分配 float 类(class="float")。

保存文件。在浏览器中测试网页。它现在应该和图 7.4 一样。学生文件包含了一示例解决方案参见 chapter7/floatyls.html。

浮动元素和正常流动

花一些时间在浏览器中体验图 7.4 的这个网页，思考浏览器如何渲染网页。div 元素配置了一个浅色背景，目的是演示浮动元素独立于"正常流动"进行渲染。浮动图片和第一个段落包含在 div 元素中。h2 紧接在 div 之后。如果所有元素都按照"正常流动"显示，浅色背景的区域将包含 div 的两个子元素：图片和第一个段落。另外，h2 也应该在 div 下单独占一行。

然而，由于图片配置成浮动，被排除在"正常流动"之外，所以浅色背景只有第一个段落才有，同时 h2 紧接在第一个段落之后显示，位于浮动图片的旁边。

7.3 清除浮动

clear 属性

clear 属性经常用于终止或者说"清除"浮动。可将 clear 属性的值设为 left、right 或 both，具体取决于需要清除的浮动类型。

参考图 7.5 和学生文件 Chapter7/floatyls.html 的代码。注意，虽然 div 同时包含图片和第一个段落，但 div 的浅色背景只应用于第一个段落，没有应用于图片，感觉这个背景结束得太早了。我们的目标是使图片和段落都在相同的背景上。清除浮动可以解决问题。

图 7.5　需要清除浮动来改进显示

用换行清除浮动

为了在容器元素中清除浮动，一个常用的技术是添加配置了 clear 属性的换行元素。学生文件 chapter7/floatylsclear1.html 是一个例子。

先用一个 CSS 类清除左浮动。

```
.clearleft { clear: left; }
```

然后在结束</div>标记前，为一个换行标记分配 clearleft 类。完整的 div 如下：

```
<div>
<img class="float" src="yls.jpg" alt="Yellow Lady Slipper"
height="100" width="100">
<p>The Yellow Lady Slipper grows in wooded areas and blooms in June
each year. The flower is a member of the orchid family.</p>
<br class="clearleft">
</div>
```

图 7.6 显示了网页当前的样子。注意，div 的浅色背景扩展到整个 div 的覆盖范围。另外，h2 文本的位置变得正确了，在图片下方单起一行。

图 7.6 将 clear 属性应用于换行标记

如果不关心浅色背景的范围，另一个解决方案是拿掉换行标记，改为向 h2 元素应用 clearleft 类。这样便不会改变浅色背景的显示范围，只会强迫 h2 在图片下方另起一行，如图 7.7 所示(对应的学生文件是 chapter7/floatylsclear2.html)。

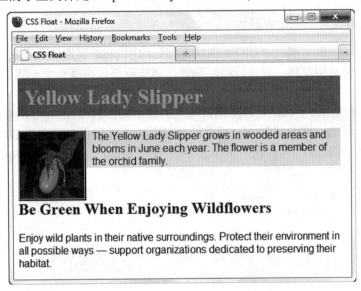

图 7.7 将 clear 属性应用于 h2 元素

7.4 溢出

overflow 属性

也可用 overflow 属性清除浮动，虽然它本来的目的是配置内容在分配区域容不下时的显示方式。表 7.1 列出了 overflow 属性的常用值。

表 7.1 overflow 属性

属性值	用途
visible	默认值；显示内容，如果过大，内容会"溢出"分配给它的区域
hidden	内容被剪裁，以适应在浏览器窗口中分配给元素的空间
auto	内容充满分配给它的区域。如有必要，显示滚动条以便访问其余内容
scroll	内容在分配给它的区域进行渲染，并显示滚动条

用 overflow 属性清除浮动

参考图 7.8 和学生文件 chapter7/floatyls.html。注意 div 元素虽然同时包含浮动图片和第一个段落，但 div 的浅色背景并没有像期望的那样延展。只有第一个段落所在的区域才有背景。可以为容器元素配置 overflow 属性来解决这个问题并清除浮动。下面要将 overflow 和 width 属性应用于 div 元素选择符。用于配置 div 的 CSS 代码如下所示：

```
div { background-color: #F3F1BF;
      overflow: auto;
      width: 100%; }
```

只需添加这些 CSS 代码，即可清除浮动，获得如图 7.9 所示的效果(学生文件 chapter7/floatylsoverflow.html)。

对比 clear 属性与 overflow 属性

图 7.9 使用 overflow 属性，图 7.6 向换行标记应用 clear 属性，两者获得相似的网页显示。你现在可能会觉得疑惑，需要清除浮动时，到底应该使用哪一个 CSS 属性，clear 还是 overflow？

虽然 clear 属性用得更广泛，但本例最有效的做法是向容器元素(比如 div)应用 overflow 属性。这会清除浮动，避免添加一个额外的换行元素，并确保容器元素延伸以包含整个浮动元素。随着本书的深入，会有更多的机会练习使用 float、clear 和 overflow 属性。用 CSS 设计多栏页面布局时，浮动元素是一项关键技术。

图 7.8 可通过 overflow 来清除浮动以改善显示

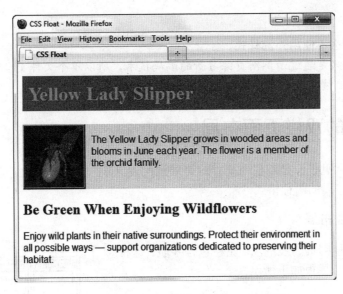

图 7.9　向 div 元素选择符应用 overflow 属性

用 overflow 属性配置滚动条

图 7.10 的网页演示了在内容超出分配给它的空间时，如何使用 overflow: auto;自动显示滚动条。在本例中，包含段落和浮动图片的 div 配置成 300px 宽度和 100px 高度。参考学生文件 chapter7/floatylsscroll.html。div 的 CSS 如下所示：

```
div { background-color: #F3F1BF;
      overflow: scroll;
      width: 300px;
      height: 100px;
}
```

图 7.10　浏览器显示滚动条

为什么不使用外部样式？

由于只是通过示例网页练习新的编码技术，所以单个文件更合适。不过在实际的网站中，还是应该使用外部样式表来提高生产力和效率。

7.5 CSS 的双栏页面布局

网页的一个常见设计是双栏布局。这是通过配置其中一栏在网页上浮动来实现的。本节介绍双栏页面布局的两种格式。

左侧导航的双栏布局

图 7.11 是双栏网页的线框图。左栏包含导航。这种页面布局的 HTML 模板如下所示：

```
<div id="wrapper">
  <div id="leftcolumn">
    <nav>
    </nav>
  </div>
  <div id="rightcolumn">
    <header>
    </header>
    <div id="content">
    </div>
    <footer>
    </footer>
  </div>
</div>
```

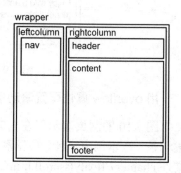

图 7.11　左侧导航的双栏布局线框图

图 7.12 的网页采用左侧导航的双栏布局。学生文件 chapter7/twocolumn1.html 提供了一个例子。这种布局的关键在于编码左边一栏，用 float 属性使其在左侧浮动。浏览器使用正常流动方式渲染网页上的其他内容。

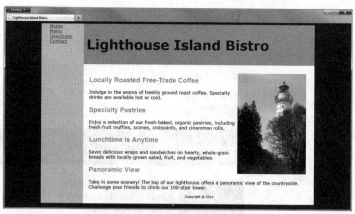

图 7.12　左侧导航的双栏布局

- wrapper 居中，占据网页宽度的 80%。wrapper 最小宽度 850px。该区域配置了中蓝色背景，在左栏背后显示。

  ```
  #wrapper { width: 80%;
             margin-left: auto;
             min-width: 850px;
             background-color: #b3c7e6; }
  ```

- 左栏配置固定宽度，并在左侧浮动。由于没有配置背景色，所以显示容器(wrapper div)

的背景色。

```
#leftcolumn { float: left;
              width: 150px; }
```

- 右栏指定等于或大于左栏宽度的一个左边距，从而营造出双栏外观。右栏配置了白色背景，以覆盖 wrapper 的背景色。

```
#rightcolumn { margin-left: 155px;
               background-color: #ffffff; }
```

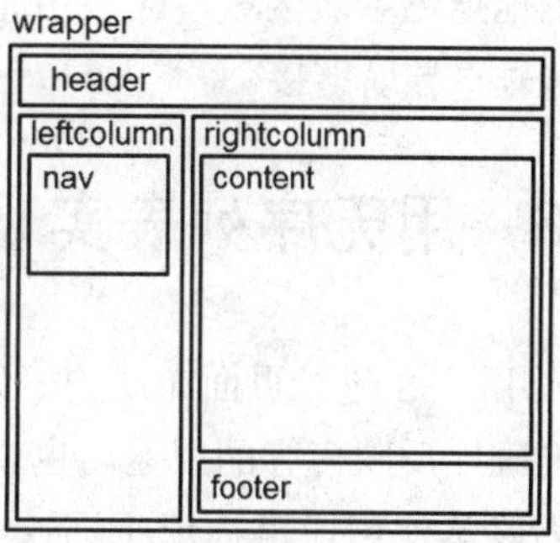

顶部 logo 左侧导航的双栏布局

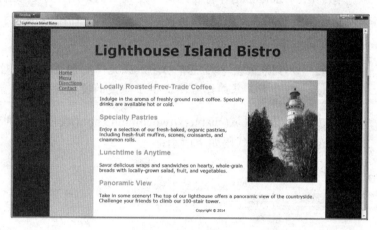

图 7.13　包含顶部 logo 区域的双栏布局

图 7.13 的线框图包含一个顶部 logo header，它跨越双栏(左栏为导航区域)。这种页面布局的 HTML 模板如下所示：

```
<div id="wrapper">
  <header>
  </header>
  <div id="leftcolumn">
    <nav>
    </nav>
  </div>
  <div id="rightcolumn">
    <div id="content">
    </div>
    <footer>
    </footer>
  </div>
</div>
```

图 7.14　顶部 logo 左侧导航的双栏布局

图 7.14 的网页实现了这种顶部 logo 的双栏布局。学生文件 chapter7/twocolumn2.html 提供了一个例子。配置 wrapper，leftcolumn 和 rightcolumn 的 CSS 代码和图 7.12 的网页一样。但 header 的位置不同，它现在是 wrapper 中的第一个 div，先于左栏和右栏显示。

> **FAQ　一定要使用 wrapper 吗？**
>
> 不一定要为网页布局使用 wrapper(容器元素)。但是，为了获得双栏外观，使用它显得更方便，因为任何没有单独配置背景颜色的子元素，都会默认显示 wrapper div 的背景颜色。

还不算完美

双栏布局有一个问题尚待解决。现在的导航区域是一个超链接列表。为了从语义上更准确地描述导航区域,应该用无序列表配置超链接。下一节将学习如何用无序列表配置水平和垂直导航链接。

7.6 用无序列表实现垂直导航

用 CSS 进行页面布局的好处之一是能使用语义正确的代码。这意味着所用的标记要能最准确地反映内容的用途。也就是说,应该为标题和副标题使用各种级别的标题标记,并且为段落使用段落标记(而不是使用换行标记)。这种形式的编码旨在支持"语义 Web"(Semantic Web)。埃里克·梅耶(Eric Meyer)、马克·纽豪斯(Mark Newhouse)和杰弗里·泽尔德曼(Jeffrey Zeldman)等著名网页开发人员倡议用无序列表配置导航菜单。毕竟,导航菜单就是一个链接列表。第 5 章讲过,可以配置无序列表不显示列表符号,甚至用图片替代标准列表符号。

 用列表配置导航还有助于加强无障碍网页设计。对于列表信息,比如列表项的数量,屏幕朗读程序提供了简便的键盘访问和声音提示手段。

图 7.15 的导航区域(chapter7/twocolumn3.html)使用无序列表组织导航链接。HTML 代码如下所示:

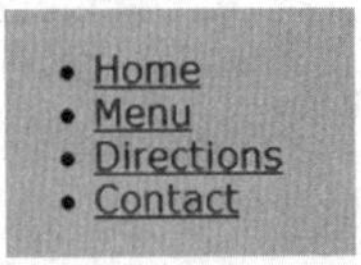

```
<ul>
    <li><a href="index.html">Home</a></li>
    <li><a href="menu.html">Menu</a></li>
    <li><a href="directions.html">Directions</a></li>
    <li><a href="contact.html">Contact</a></li>
</ul>
```

图 7.15 无序列表导航

用 CSS 配置无序列表

好了,现在有了正确的语义,接着如何增强视觉效果?首先使用 CSS 消除列表符号(参考第 5 章)。还需要保证特殊样式只应用于导航区域(nav 元素)的无序列表,所以应该使用上下文选择符。配置如图 7.16 所示的列表的 CSS 代码如下:

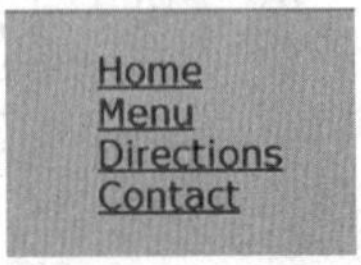

```
nav ul { list-style-type: none; }
```

图 7.16 用 CSS 消除列表符号

用 CSS text-decoration 属性消除下划线

text-decoration 属性修改文本在浏览器中的显示。经常利用它消除导航链接的下划线。如图 7.17 所示,以下代码配置无下划线的导航超链接。

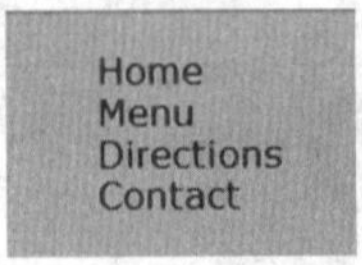

```
text-decoration: none;
```

图 7.17 应用 CSS text-decoration 属性

动手实作 7.3

这个动手实作将使用无序列表配置垂直导航。新建文件夹 ch7vert。复制 chapter7 文件夹中的 lighthouseisland.jpg，lighthouselogo.jpg 和 starter3.html 文件。在浏览器中显示网页，效果如图 7.18 所示。注意，导航区域需要修饰一下。

图 7.18　导航区域需要修饰

在文本编辑器中打开 starter3.html，另存为 index.html。

1. 检查网页代码，它采用了双栏布局。检查 leftcolumn div 中的 nav 元素，修改环绕超链接的代码，用无序列表配置导航。

   ```
   <nav>
     <ul>
       <li><a href="index.html">Home</a></li>
       <li><a href="menu.html">Menu</a></li>
       <li><a href="directions.html">Directions</a></li>
       <li><a href="contact.html">Contact</a></li>
     </ul>
   </nav>
   ```

2. 添加嵌入 CSS 样式，只配置 nav 元素中的无序列表元素，消除列表符号，并将填充设为 10 像素。

   ```
   nav ul {  list-style-type: none;
             padding: 10px; }
   ```

3. 接着配置 nav 元素中的 a 标记，设置 10 像素填充，加粗字体，而且无下划线。

   ```
   nav a {   text-decoration: none;
             padding: 10px;
             font-weight: bold; }
   ```

保存网页并在浏览器中测试，如图 7.19 所示。示例学生文件是 chapter7/vert/index.html。

图 7.19　垂直导航双栏布局

7.7　用无序列表实现垂直导航

如何用无序列表实现水平导航菜单呢？答案是 CSS！列表项元素是块区域。需要配置成内联(inline)元素以便在单行中显示。为此需要使用 CSS display 属性。

CSS display 属性

CSS display 属性配置浏览器渲染元素的方式。表 7.2 列出了属性的常用值。

表 7.2　display 属性

值	用途
none	元素不显示
inline	元素显示成内联元素，前后无空白
inline-block	元素显示成和其他内联元素相邻的内联元素，但可以用块显示元素的属性进行配置，包括宽度和高度
block	元素显示成块元素，前后有空白

图 7.20 显示了一个网页(chapter7/navigation.html)的导航区域，它用无序列表来组织。HTML 代码如下所示：

```
<nav>
  <ul>
    <li><a href="index.html">Home</a></li>
    <li><a href="menu.html">Menu</a></li>
    <li><a href="directions.html">Directions</a></li>
    <li><a href="contact.html">Contact</a></li>
  </ul>
</nav>
```

图 7.20　无序列表导航

用 CSS 配置

这个例子使用了以下 CSS 代码。

- 为了在 nav 元素中消除无序列表的列表符号，向 ul 元素选择符应用 list-style-type: none;：

  `nav ul { list-style-type: none; }`

- 为了水平而不是垂直渲染列表项，向 nav li 选择符应用 display: inline;：

  `nav li { display: inline; }`

- 为了在 nav 元素中消除超链接的下划线，向 nav a 选择符应用 text-decoration: none;。另外，为了在链接之间添加适当空白，向 a 元素应用 padding-right：

  `#nav a { text-decoration: none; padding-right: 10px; }`

 动手实作 7.4

这个动手实作使用无序列表配置水平导航。新建文件夹 ch7hort。复制 chapter7 文件夹中的 lighthouseisland.jpg，lighthouselogo.jpg 和 starter4.html 文件。在浏览器中显示网页，效果如图 7.21 所示。注意，导航区域需要修改，让导航链接在一行中显示。

图 7.21 导航区域需要修改

在文本编辑器中打开 starter4.html，另存为 index.html。

1. 检查 nav 元素，注意其中包含一个导航链接无序列表。下面添加嵌入 CSS 样式来配置 nav 元素中的无序列表元素，消除列表符号，居中文本，字号设为 1.5em，并将边距设为 5 像素。

```
nav ul { list-style-type: none;
         text-align: center;
         font-size: 1.5em;
         margin: 5px; }
```

2. 配置 nav 元素中的列表项元素，作为内联元素显示。

```
nav li { display: inline; }
```

3. 配置 nav 元素中的 a 元素，不显示下划线。再将左右填充设为 10 像素。

```
nav a {  text-decoration: none;
         padding-left: 10px;
         padding-right: 10px; }
```

保存网页并在浏览器中测试，如图 7.22 所示。示例学生文件是 chapter7/hort/index.html。

图 7.22　用无序列表配置水平导航

7.8　用伪类实现 CSS 交互性

▶ 视频讲解：Interactivity with CSS Pseudo-Classes

有的网站当链接在鼠标移过时会改变颜色。这通常是用 CSS 伪类(pseudo-class)实现的，它能向选择符应用特效。表 7.3 列举了 5 种可以用于锚(a)元素的伪类。

表 7.3　常用 CSS 伪类

伪类	应用后的效果
:link	没被访问(点击)过的链接的默认状态
:visited	已访问链接的的默认状态
:focus	链接获得焦点时触发(例如，按 Tab 键切换到该链接)
:hover	鼠标移到链接上方时触发
:active	实际点击链接的时候触发

注意这些伪类在表 7.3 中的列举顺序，锚元素伪类必须按这种顺序进行编码(虽然可以省略一个或多个伪类)。如果按其他顺序编写伪类代码，这些样式将不能被可靠地应用。一般为:focus 和:active 伪类配置相同的样式。

为了应用伪类，要在选择符后面写出伪类名称。以下代码设置文本链接的初始颜色为红色。还使用了:hover 伪类指定当用户将鼠标指针移动到链接上时改变链接的外观，具体是使下划线消失并改变链接颜色。

```
a:link { color: #ff0000; }
a:hover { text-decoration: none;
        color: #000066; }
```

图 7.23 的网页使用了这个技术。注意鼠标指针放在链接"Print this Page"上发生的事情，链接颜色变了，也没了下划线。大多数现代浏览器都支持 CSS 伪类。

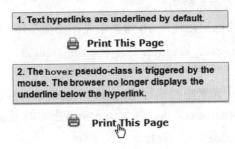

图 7.23　使用 hover 伪类

 动手实作 7.5

这个动手实作利用伪类创建具有交互能力的超链接。创建文件夹 ch7hover。将 chapter7 文件夹中的 lighthouseisland.jpg、lighthouselogo.jpg 和 starter3.html 复制到这里。在浏览器中显示网页，如图 7.24 所示。注意，导航区域需要配置。启动文本编辑器并打开 starter3.html 文件。将文件另存为 index.html。

图 7.24　这个双栏布局的导航区域需要修改样式

1. 查看这个网页的代码，它采用的是双栏布局。找到 leftcolumn id，修改代码用无序列表配置导航。

```
<nav>
  <ul>
    <li><a href="index.html">Home</a></li>
    <li><a href="menu.html">Menu</a></li>
    <li><a href="directions.html">Directions</a></li>
    <li><a href="contact.html">Contact</a></li>
```

```
    </ul>
  </nav>
```

2. 添加嵌入 CSS 样式配置 leftcolumn id 中的无序列表，删除列表符号，并设置 10 像素的填充：

```
nav ul { list-style-type: none; padding: 10px; }
```

3. 然后用伪类配置基本交互能力。

   - 配置 nav 中的锚标记，使用 10 像素填充，加粗字体，而且无下划线：

```
nav a {   text-decoration: none; padding: 10px;
          font-weight: bold; }
```

   - 用伪类配置 nav 元素中的锚标记，未访问的链接为白色(#ffffff)文本，已访问的链接为浅灰色(#eaeaea)文本，鼠标位于链接上方时显示深蓝色(#000066)文本。

```
nav a:link { color: #ffffff; }
nav a:visited { color: #eaeaea; }
nav a:hover { color: #0000066; }
```

保存网页并在浏览器中测试。将鼠标移到导航区域，观察文本颜色的变化。网页的显示应该如图 7.25 所示。示例学生文件是 chapter7/hover/index.html。

图 7.25　用 CSS 伪类为链接添加交互能力

7.9　CSS 双栏布局练习

 动手实作 7.6

这个动手实作将创建 Lighthouse Island Bistro 主页的新版本。顶部有一个 logo 区域同时跨越了两栏。左栏内容，右栏导航。两栏下方还有一个 footer 区域。线框图如图 7.26 所示。将用外部样式表配置 CSS。创建文件夹 ch7practice。将 chapter7 文件夹中的 starter5.html、lighthouseisland.jpg 和 lighthouselogo.jpg 文件复制到这里。

1. 启动文本编辑器并打开 starter5.html 文件。将文件另存为 index.html。在网页的 head 部分添加 link 元素，将该网页与外部样式表 lighthouse.css 关联。代码如下：

   ```
   <link href="lighthouse.css"
   rel="stylesheet">
   ```

2. 保存 index.html 文件。在文本编辑器中创建新文件 lighthouse.css，保存到 ch7practice 文件夹。像下面这样为线框图的各个部分配置 CSS 代码。

   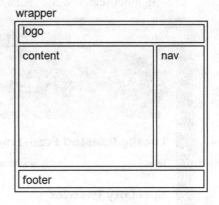

   图 7.26 有顶部 logo 区域的双栏布局线框图

   - body 元素选择符：深蓝色背景(#00005D)，Verdana，Arial 或默认 sans-serif 字体。

   ```
   body { background-color: #00005D;
          font-family: Verdana, Arial, sans-serif; }
   ```

   - wrapper id：居中，80%浏览器视口宽度，最小宽度 940px，深蓝色文本(#000066)，中蓝色背景(#B3C7E6)，这个背景色在 nav 区域底下显示。

   ```
   #wrapper { margin: 0 auto; width: 80%; min-width: 940px;
              background-color: #B3C7E6; color: #000066; }
   ```

   - header 元素选择符：蓝色背景(#869DC7)，深蓝色文本(#00005D)，150%字号，10 像素顶部、右侧和底部填充，155 像素左侧填充，设度 130 像素，使用背景图片 lighthouselogo.jpg。

   ```
   header { background-color: #869DC7; color: #00005D;
            font-size: 150%; padding: 10px 10px 10px 155px;
            height: 130px;
            background-repeat: no-repeat;
            background-image: url(lighthouselogo.jpg); }
   ```

   - nav 元素选择符：在右侧浮动，宽度 150px，加粗文本，字母间距 0.1 em。

   ```
   nav { float: right; width: 150px; font-weight: bold; letter-spacing: 0.1em; }
   ```

   - content id：白色背景(#FFFFFF)，黑色文本(#000000)，10 像素顶部和底部填充，20 像素左侧和右侧填充，overflow 设为 auto。

   ```
   #content { background-color: #ffffff; color: #000000;
              padding: 10px 20px; overflow: auto; }
   ```

   - footer 元素选择符：70%字号，居中文本，10 像素填充，蓝色背景(#869DC7)，clear 设为 both。

   ```
   footer { font-size: 70%; text-align: center; padding: 10px;
            background-color: #869DC7; clear: both;}
   ```

保存 lighthouse.css 文件。在浏览器中显示 index.html，结果如图 7.27 所示。

图 7.27　主页的各个区域用 CSS 进行配置

3. 继续编辑 lighthouse.css 文件，配置 h2 元素选择符和浮动图片的样式。h2 元素选择符使用蓝色文本(#869DC7)，字体为 Arial 或默认 sans-serif 字体。配置 floatright id 在右侧浮动，边距 10 像素。

```
h2 { color: #869DC7; font-family: Arial, sans-serif; }
#floatright { float: right; margin: 10px; }
```

4. 继续编辑 lighthouse.css 文件，配置垂直导航条。
   - ul 选择符：删除列表符号，设置零边距和零填充。

     ```
     nav ul { list-style-type: none; margin: 0; padding: 0; }
     ```

   - a 元素选择符：无下划线，20 像素填充，中蓝色背景(#B3C7E6)，1 像素白色实线底部边框。用 display: block;允许访问者点击锚"按钮"任何地方来激活超链接。

     ```
     nav a { text-decoration: none; padding: 20px; display: block;
             background-color: #B3C7E6; border-bottom: 1px solid #FFFFFF;}
     ```

   - 配置:link，:visited 和:hover 伪类：

     ```
     nav a:link { color: #FFFFFF; }
     nav a:visited { color: #EAEAEA; }
     nav a:hover { color: #EAEAEA;
                   background-color: #869DC7; }
     ```

保存 CSS 文件。在浏览器中显示 index.html 网页。将鼠标移到导航区域并体验交互性，如图 7.28 所示。示例解决方案是 chapter7/practice/index.html。

图 7.28　CSS 伪类为网页增添了交互性

7.10　用 CSS 进行定位

前面提到"正常流动"导致浏览器按照元素在 HTML 源代码中出现的顺序渲染它们。使用 CSS 进行网页布局时，可以对元素的位置进行更多的控制，这是用 position 属性实现的。表 7.4 总结了属性值及其用途。

表 7.4　position 属性

值	用途
static	默认值；元素按照正常流动方式渲染
fixed	元素位置固定，网页滚动时位置不变
relative	元素位置相对于正常流动时的位置
absolute	元素脱离正常流动，准确配置元素的位置

static 定位

static(静态)定位是默认定位方式，即浏览器按照"正常流动"方式渲染元素。本书之前的"动手实作"都是以这种方式渲染网页。

fixed 定位

fixeed(固定)定位造成元素脱离正常流动，在网页发生滚动时保持固定。在图 7.29 的网页(chapter7/fixed.html)中，导航区域的位置被固定。即使向下滚动网页，导航区域也是固定不动的。其 CSS 代码如下所示：

```
nav { position: fixed; }
```

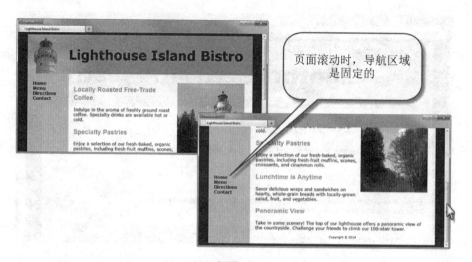

图 7.29　固定的导航区域

相对定位

　　相对定位用于小幅修改某个元素的位置。换言之，相对于"正常流动"应该出现的位置稍微移动一下位置。但是，"正常流动"的区域仍会为元素保留，其他元素围绕这个保留区域流动。使用 position:relative;属性，再连同 left, right, top 和 bottom 等偏移属性，即可实现相对定位功能。表 7.5 总结了各种偏移属性。

表 7.5　偏移属性

属性名称	属性值	用途
left	数值或百分比	元素相对容器元素左侧的距离
right	数值或百分比	元素相对容器元素右侧的距离
top	数值或百分比	元素相对容器元素顶部的距离
bottom	数值或百分比	元素相对容器元素底部的距离

　　图 7.30 的网页(学生文件 Chapter7/relative.html)使用相对定位和 left 属性改变一个元素相对于正常流动时的位置。在本例中，容器元素就是网页主体。

　　结果，元素的内容向右偏移了 30 像素。如采用正常流动，它原本会对齐浏览器左侧。注意使用了 padding 和 background-color 属性配置标题元素。相应的 CSS 代码如下所示：

```
p { position: relative;
    left: 30px;
    font-family: Arial, sans-serif; }
h1 { background-color: #cccccc;
    padding: 5px;
    color: #000000; }
```

HTML 源代码如下所示：

```
<h1>Relative Positioning</h1>
<p>This paragraph uses CSS relative positioning to be placed 30 pixels in from the left side.</p>
```

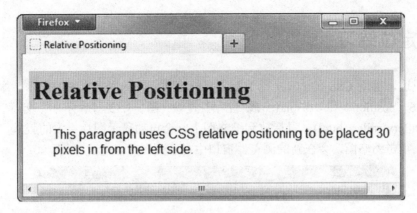

图 7.30 段落使用相对定位来配置

绝对定位

使用**绝对定位**指定元素相对于其容器元素(要求是非静态元素)的位置。此时元素将脱离正常流动。如果没有非静态父元素，则相对于网页主体指定绝对位置。指定绝对位置需要使用 position:absolute;属性，加上表 7.5 总结的一个或多个偏移属性：left，right，top 和 bottom。

图 7.31 的网页(chapter7/absolute.html)使用绝对定位配置段落元素，指定内容距离容器元素(文档主体)左侧 200 像素，距离顶部 100 像素。

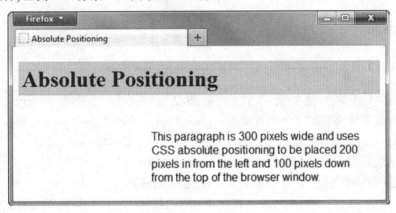

图 7.31 使用绝对定位配置段落

CSS 代码如下所示：

```
p { position: absolute;
    left: 200px;
    top: 100px;
    font-family: Arial, sans-serif;
    width: 300px; }
```

HTML 源代码如下所示：

```
<h1>Absolute Positioning</h1>
<p> This paragraph is 300 pixels wide and uses CSS absolute positioning to be
placed 200 pixels in from the left and 100 pixels down from the top of the browser
window.</p>
```

7.11 定位练习

前面说过，可用 CSS 的:hover 伪类配置鼠标停在一个元素上方时的显示。本节将利用它和 CSS position 和 display 属性配置如图 7.32 所示的交互图片库(chapter7/gallery/gallery.html)。鼠标放到缩略图上，会自动显示图片更大的版本，还会显示一个图题。点击缩略图，会在新的浏览器窗口中显示大图片。

图 7.32 用 CSS 配置交互图片库

 动手实作 7.7

这个动手实作将创建如图 7.32 所示的交互图片库。创建 gallery 文件夹，从 chapter7/starters 文件夹复制以下图片文件：photo1.jpg，photo2.jpg，photo3.jpg，photo4.jpg，photo1thumb.jpg，photo2thumb.jpg，photo3thumb.jpg 和 photo4thumb.jpg。

启动文本编辑器来修改 chapter1/template.html 文件。

1. 在 title 和一个 h1 元素中配置文本"Image Gallery"。
2. 编码 id 为 gallery 的一个 div。将在该 div 中包含用无序列表配置的缩略图。
3. 配置 div 中的无序列表。编码 4 个 li，每个缩略图一个。缩略图要作为图片链接使用，要用:hover 伪类造成鼠标悬停时显示大图。为此，要在锚元素中同时包含缩略图和一个 span 元素，后者由大图和说明文字(图题)构成。例如，第一个 li 元素的代码如下所示：

```
<li><a href="photo1.jpg"><img src="photo1thumb.jpg" width="100"
    height="75" alt="Golden Gate Bridge">
    <span><img src="photo1.jpg" width="250" height="150"
    alt="Golden Gate Bridge"><br>Golden Gate Bridge</span></a>
</li>
```

4. 4 个 li 都用相似的方式配置。改一下 href 和 src 的值即可。自己写每张图片的说明文字。第二张图使用 photo2.jpg 和 photo2thumb.jpg。第三张使用 photo3.jpg 和 photo3thumb.jpg。第四张使用 photo4.jpg 和 photo4thumb.jpg。

文件另存为 index.html，保存到 gallery 文件夹。在浏览器中显示，效果如图 7.33 所示。注意会在一个无序列表中同时显示缩略图、大图和说明文字。

图 7.33　用 CSS 调整之前的网页

5. 现在添加嵌入 CSS。在文本编辑器中打开 index.html，在 head 部分编码一个 style 元素。gallery id 将使用相对定位而不是默认的静态定位。这不会改变图片库位置，但这使 span 元素可以相对于其容器(#gallery)进行绝对定位，而不是相对于整个网页文档。对于这个简单的例子，相对于谁定位其实差别不大，但在复杂的网页中，相对于一个特定的容器元素定位显得更稳妥。像下面这样配置嵌入 CSS 代码：

   a. 设置 gallery id 使用相对定位：

   ```
   #gallery { position: relative; }
   ```

   b. 用于容纳图片库的无序列表设置宽度 250 像素，而且不显示列表符号：

   ```
   #gallery ul { width: 250px; list-style-type: none; }
   ```

   c. li 元素采用内联显示，左侧浮动，10 像素填充：

   ```
   #gallery li { display: inline; float: left; padding: 10px; }
   ```

   d. 图片不显示边框：

   ```
   #gallery img { border-style: none; }
   ```

   e. 配置锚元素，无下划线，#333 文本颜色，倾斜文本：

   ```
   #gallery a { text-decoration: none; color: #333; font-style: italic; }
   ```

   f. 配置 span 元素最初不显示：

```
#gallery span { display: none; }
```

g. 配置鼠标悬停在上方时 span 元素才显示。配置 span 进行绝对定位，具体是距离顶部 10 像素，距离左侧 300 像素。span 中的文本居中。

```
#gallery a:hover span { display: block; position: absolute;
        top: 10px; left: 300px; text-align: center; }
```

保存网页并在浏览器中显示。将结果和图 7.32 进行比较。示例学生文件是 (chapter7/gallery/gallery.html。.

7.12 CSS 精灵

浏览器显示网页时必须为网页用到的每个文件单独发出 HTTP 请求，包括.css 文件以及.gif，.jpg，.png 等图文件。每个请求都要花费时间和资源。"精灵"(sprite)是指由多个小图整合而成的图片文件。由于只有一个图片文件，所以只需一个 HTTP 请求，这加快了图片的准备速度。我们利用 CSS 将各个网页元素的背景图片整合到一个所谓的"CSS 精灵"中。这个技术是由 David Shea 提出的 (http://www.alistapart.com/articles/sprites)、

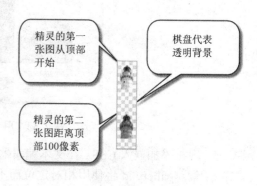

图 7.34 两张图构成的精灵

CSS 精灵要求使用 CSS background-image，background-repeat 和 background-position 属性来控制背景图片的位置。图 7.34 展示了由透明背景上的两张灯塔图片构成的精灵。然后，用 CSS 将这个精灵配置成导航链接的背景图，如图 7.35 所示。下个动手实作将进行练习。

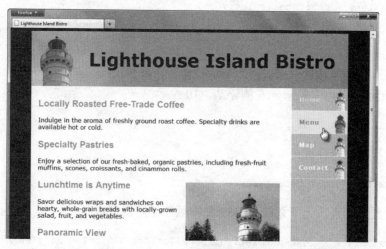

图 7.35 使用精灵

动手实作 7.8

这个动手实作将 CSS 运用精灵创建如图 7.35 所示的网页。新建文件夹 sprites。从 chapte7 文件夹复制以下文件：starter6.html，lighthouseisland.jpg，lighthouselogo.jpg 和 sprites.gif。如图 7.34 所示，sprites.gif 含有两张灯塔图片。第一张从顶部开始，第二张距离顶部 100 像素。配置第二张图片的显示时，要利用这个信息指定其位置。启动文本编辑器并打开 starter6.html 并另存为 index.html。下面编辑嵌入样式来配置导航链接的背景图。

1. 配置导航链接的背景图。为 nav a 选择符配置以下样式。背景图片设为 sprites.gif，不重复。background-position 属性的 right 值使灯塔图片在导航元素右侧显示，0 值指定和顶部的距离是 0 像素，从而显示第一张灯塔图片。

    ```
    nav a {  text-decoration: none;
             display: block;
             padding: 20px;
             background-color: #B3C7E6;
             border-bottom: 1px solid #FFFFFF;
             background-image: url(sprites.gif);
             background-repeat: no-repeat;
             background-position: right 0; }
    ```

2. 配置鼠标指向链接时显示第二张灯塔图片。为 nav a:hover 选择符配置以下样式来显示第二张灯塔图片。background-position 属性的值 right 使灯塔图片在导航元素右侧显示，值 -100 指定和顶部的距离是 100 像素，从而显示第二张灯塔图片。

    ```
    nav a:hover {    background-color: #EAEAEA;
                     color: #869DC7;
                     background-position: right -100px; }
    ```

保存文件并在浏览器中测试，结果如图 7.35 所示。鼠标指针移到导航链接上方，背景图片将自动更改。示例学生文件是 chapter7/sprites/index.html。

> **FAQ 怎样创建精灵图片文件？**
>
> 大多数网页开发人员都利用图形处理软件(比如 Adobe Photoshop，Adobe Fireworks 或 GIMP 编辑图片并把它们保存到单个图片文件中以生成精灵。另外，也可使用某个联机精灵生成器，例如：
>
> - CSS Sprites Generator: http://csssprites.com
> - CSS Sprite Generator: http://spritegen.website-performance.org
> - SpritePad: http://wearekiss.com/spritepad
>
> 有了精灵图片文件后，可利用专门的联机工具(例如 Sprite Cow，网址是 http://www.spritecow.com)自动生成精灵的 background-position 属性值。

复习和练习

复习题

选择题

1. 以下哪个属性会造成元素不显示？（ ）
   A. display:block   B. display: 0px;
   C. display: none   D. display: inline;

2. 以下哪个词用于形容包含多个小图的单一图片文件？（ ）
   A. 缩略图   B. 截图   C. 精灵   D. 浮动图

3. 以下哪个属性用于清除浮动？（ ）
   A. float 或 clear   B. clear 或 overflow
   C. position 或 clear   D. overflow 或 float

4. 以下哪个配置元素在显示时前后无空白？（ ）
   A. display: static;   B. display: none;
   C. display: block;   D. display: inline;

5. 以下哪个伪类定义了已经点击的超链接的默认状态？（ ）
   A. :hover   B. :link   C. :onclick   D. :visited

6. 相对于元素正常情况下在页面上的位置，稍微改变一下位置，应该使用以下哪一种技术？（ ）
   A. 相对定位   B. 静态定位
   C. 绝对定位   D. 固定定位

7. 以下哪个设置一个名为 notes 的类浮动于左侧？（ ）
   A. .notes { left: float; }   B. .notes { float: left; }
   C. .notes { float-left: 200px; }   D. .notes { position: float; }

8. 以下哪个是浏览器默认使用的渲染流？（ ）
   A. HTML 流   B. 正常显示
   C. 浏览器流   D. 正常流动

9. 以下哪个使用上下文选择符对 .nav 元素中的锚标记进行配置？（ ）
   A. nav. a   B. a nav
   C. nav a   D. #nav a

10. 以下哪一个与 left、right 和/或 top 属性共同使用，从而脱离"正常流动"，精确地配置元素的位置？（ ）
    A. position: relative   B. position: absolute
    C. position: float   D. absolute: position;

动手练习

1. 为具有以下属性的 id 编写 CSS 代码：固定位置，浅灰色背景，加粗字体和 10 像素填充。
2. 为具有以下属性的 id 编写 CSS 代码：在网页左侧浮动，浅黄色背景，Verdana 或者 sans-serif 大字体，20 像素填充。
3. 为具有以下属性的 id 编写 CSS 代码：在网页上绝对定位，距离顶部 20 像素，距离右侧 40 像素。该区域具有浅灰色背景和实线边框。
4. 为相对定位的一个类编写 CSS 代码。该类距离左侧 15 像素，具有浅绿色背景。
5. 创建网页描述你的爱好、喜欢的电影或演唱组合。用 CSS 配置文本，颜色和双栏布局。

聚焦网页设计

关于 CSS 还有许多要学的东西。最理想的学习场所就是网络本身。用搜索引擎查找一些 CSS 页面布局教程。选择一个容易理解的教程，选择一项本章没有讨论的 CSS 技术，使用新技术创建网页。思考推荐的页面布局如何遵循(或者没有遵循)重复、对比、近似和对齐等设计原则(参见第 3 章)。在网页列出所选教程的 URL、网站的名称和此项新技术的简短介绍，并讨论技术是否以及如何遵循前面描述的设计原则。

案例学习：Pacific Trails Resort

本案例将以第 6 章创建的 Pacific Trails 网站为基础。在网站的新版本中，将使用双栏页面布局。图 7.36 展示了新布局的线框图。

本案例包括以下任务。

1. 为 Pacific Trails Resort 网站创建新文件夹。
2. 编辑 pacific.css 外部样式表文件。
3. 编辑主页(index.html)、Yurts 页(yurts.html) 和 Activities 页(activities.html)，配置无序列表中的超链接。

任务 1：创建文件夹 ch7pacific 来包含 Pacific Trails Resort 网站文件。将第 6 章创建的 ch6pacific 文件夹中的内容复制到这里。

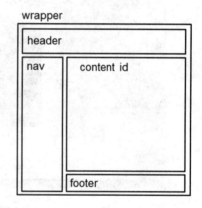

图 7.36　Pacific Trails 双栏布局

任务 2：配置 CSS。启动文本编辑器，打开 pacific.css 外部样式表文件。

- wrapper id 选择符。将背景色从白色(#FFFFFF)更改为蓝色(#90C7E3)。
- nav 元素选择符。这是网页上的浮动区域。删除 background-color 属性。nav 区域将继承 wrapper id 的背景色。将顶部填充更改为 20 像素。配置左侧浮动，宽度 160 像素。
- content id 选择符。修改样式声明，配置白色(#FFFFFF)背景，190 像素的左边距，将左侧填充更改为 30 像素。
- 配置内容。新建一个样式规则，使 content id 中的图片(#content img)左侧浮动，再配置 20 像素的右侧填充。

- footer 元素选择符。修改样式配置 190 像素左侧边距和白色背景(#FFFFFF)。
- 配置导航区域。用上下文选择符配置 nav 元素中的无序列表和锚元素。
  无序列表。配置 ul 元素选择符：无列表符号，零边距，零左填充，1.2em 字号。
  删除导航区域中的超链接的下划线。配置 a 元素选择符，显示文本时无下划线。
  配置导航区域中未访问的超链接的样式。配置:link 伪类，显示海蓝色(#000033)文本。
  配置导航区域中已访问的超链接的样式。配置:visited 伪类，显示深蓝色(#344873)文本。
  配置鼠标停放在超链接上的样式。配置:hover 伪类，显示白色(#FFFFFF)文本。

保存 pacific.css 文件。用 CSS 校验器(http://jigsaw.w3.org/css-validator)检查语法并纠错。

任务 3：编辑网页。启动文本编辑器并打开 index.html 文件。使用无序列表配置导航链接。删除特殊字符 。保存文件。以类似方式修改 yurts.html 和 activities.html。在浏览器中测试网页。双栏布局的主页现在应该如图 7.37 所示。

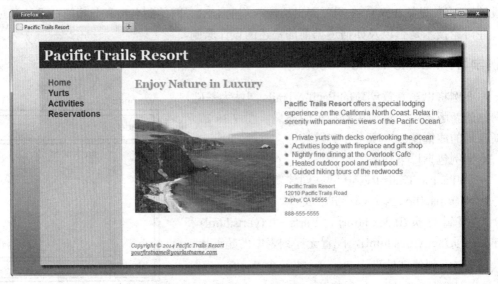

图 7.37　双栏布局的新 Pacific Trails 主页

案例学习：JavaJam Coffee House

本案例分析将以第 6 章创建的 JavaJam 网站为基础。在网站的新版本中，将使用双栏页面布局。图 7.38 展示了新布局的线框图。

本案例分析包括以下任务：

1. 为 JavaJam Coffee House 网站创建新文件夹。
2. 编辑 javajam.css 外部样式表文件。
3. 编辑主页(index.html)、Menu 页(menu.html)和 Music 页(music.html)，配置无序列表中的超链接。

任务 1：创建文件夹 ch7javajam 来包含 JavaJam Coffee

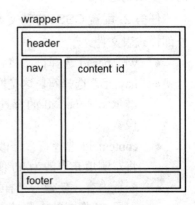

图 7.38　JavaJam 双栏布局

House 网站文件。将第 6 章创建的 ch6javajam 文件夹中的内容复制到这里。

任务 2：配置 CSS。启动文本编辑器，打开 javajam.css 外部样式表文件。

- wrapper id 选择符。将背景色从米白(#F5F5DC)更改为浅棕(#E2D2B0)。
- h1 元素选择符。添加新样式声明，将底部边距设为 0。
- h3 元素选择符。添加新样式声明，将背景颜色设为浅棕色(#E2D2B0)。
- nav 元素选择符。这是网页上的浮动区域。配置左侧浮动，宽度 160 像素。
- content id 选择符。添加新样式声明，配置米白色(#F5F5DC)背景，175 像素的左边距。
- 配置内容区域。
  - 内容图片。使用上下文选择符新建一个样式规则，使 content id 中的图片(#content img)左侧浮动、40 像素右侧填充以及 40 像素左侧填充。
  - 内容 ul 元素。由于只应在 content id 区域使用 marker.gif 图片，所以将 ul 元素选择符替换为上下文选择符，只配置 content 中的 ul，即#content ul。为这个选择符配置 list-style-position:样式声明。
  - 内容 div 元素。使用上下文选择符#content div 创建新的样式声明来配置 content id 中的 div 元素(比如音乐页中的公告)，将 overflow 设为 auto，40 像素左侧填充，以及 40 像素右侧填充。
- 配置导航区域。用上下文选择符配置 nav 元素中的无序列表和锚元素。
  - 无序列表。配置 ul 元素选择符：无列表符号，零边距，零左填充，1.2em 字号。
  - 删除导航区域中的超链接的下划线。配置 a 元素选择符，显示文本时无下划线。
  - 配置导航区域中未访问的超链接的样式。配置:link 伪类，显示中棕色 (#795240)文本。
  - 配置导航区域中已访问的超链接的样式。配置:visited 伪类，显示棕色(#A58366)文本。
  - 配置鼠标停放在超链接上的样式。配置:hover 伪类，显示米白色(#F5F5DC)文本：
- 配置页脚区域。用上下文选择符配置 footer 元素中的锚标记，未访问的链接使用深棕色文本(#2E0000)，已访问的链接使用黑色文本(#000000)，鼠标悬停时的链接使用米白色文本(#F5F5DC)。

保存 javajam.css 文件。用 CSS 校验器(http://jigsaw.w3.org/css-validator)检查语法并纠错。

任务 3：编辑网页。启动文本编辑器并打开 index.html。使用无序列表配置导航链接。删除特殊字符 。保存文件并在浏览器中测试。双栏布局的主页现在如图 7.39 所示。以类似方式修改 music.html 和 menu.html。在浏览器中测试。图 7.40 是 Music 页的样子。

图 7.39 双栏布局的新 JavaJam 主页

图 7.40 双栏布局的新 JavaJam Music 页

第 8 章

链接、布局和移动开发进阶

有了一定的 HTML 和 CSS 经验后,本章将探索一些更高级的主题,包括相对链接和命名区段链接、图题、更多新的 HTML5 结构性元素、与旧浏览器的兼容性、打印样式、移动浏览器样式以及通过 CSS3 媒体查询来确保灵活响应的网页设计技术。

学习内容

- 编码相对链接来指向网站其他文件夹中的网页
- 配置超链接来指向网页内部的命名区段
- 使用 HTML5 figure 和 figcaption 元素配置图题
- 配置一组图片在网页上浮动
- 使用新的 HTML5 section,hgroup,article 和 time 元素配置网页
- 确保与旧浏览器的向后兼容
- 用 CSS 配置网页打印
- 移动网页设计最佳实践
- 使用 viewport meta 标记配置网页在移动设备上的显示
- 通过 CSS3 媒体查询和灵活图像实现灵活响应的网页设计

8.1 深入了解相对链接

如第 2 章所述，可用相对链接创建指向网站内部其他网页的链接。但当时是链接到同一个文件夹中的网页。许多时候需要链接到其他文件夹中的网页。以提供房间、早餐和活动的一个网站。图 8.1 展示了文件夹和文件列表。网站主文件夹是 casita，网站开发人员在它下面创建了 images，rooms 和 events 子文件夹来组织网站。

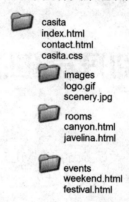

图 8.1 用文件夹组织网站

相对链接的例子

要写指向同一个文件夹中的某个文件的链接，将文件名作为 href 属性的值就可以了。例如，为了从主页(index.html)链接到 contact.html，像下面这样编码锚标记：

```
<a href="contact.html">Contact</a>
```

要链接到当前目录的某个子目录中的文件，则要在相对链接中添加子目录名称。例如，以下代码从主页(indext.html)链接到 rooms 文件夹中的 canyon.html：

```
<a href="rooms/canyon.html">Canyon</a>
```

如图 8.1 所示，canyon.html 在 casita 目录的 rooms 子目录中。相反，为了链接到当前目录的上一级目录中的文件，则要使用 "../" 表示法。例如，以下代码从 canyon.html 链接到主页：

```
<a href="../index.html">Home</a>
```

最后，为了链接到和当前目录同级的某个目录中的文件，则要先用 "../" 回上一级目录，再添加目标目录名。例如，以下代码从 rooms 文件夹的 canyon.html 链接到同级的 events 目录中的 weekend.html：

```
<a href="../events/weekend.html">Weekend Events</a>
```

不熟悉 "../" 也没有关系。本书大多数练习要么使用指向其他网站的绝对链接，要么使用指向同一个文件夹的其他文件的相对链接。可以参考学生文件 chapter8/CasitaExample 坦步地熟悉如何编码指向不同文件夹的链接。

动手实作 8.1

下面练习编码指向不同文件夹的链接。只练习配置网页的导航和布局，不添加实际的内容。重点是导航区域。图 8.2 展示了 Casita 网站主页的一部分，左侧有一个导航区域。图 8.3 展示了 rooms 文件夹中的新文件 juniper.html。要新建 Juniper Room 网页 juniper.html 并把它保存到 rooms 文件夹。然后，要更新所有现有网页的导航区域，添加指向新的 Juniper Room 页的链接。

1. 从学生文件复制 CasitaExample 文件夹(chapter8/CasitaExample)，重命名为 casita。
2. 在浏览器中显示 index.html，试验一下导航链接。查看网页源代码，注意锚标记的 href 值如何配置成指向不同文件夹中的文件。
3. 在文件编辑器中打开 canyon.html 文件。将以它为基础创建新的 Juniper Room 页。将文件另存为 juniper.html，保存到 rooms 文件夹。
   a. 编辑网页 title 和 h2 文本，将 "Canyon" 改成 "Juniper"。
   b. 在导航区域添加一个新的 li 元素，在其中包含指向 juniper.html 文件的超链接。

```
<li><a href="juniper.html">Juniper Room</a></li>
```

将这个链接放到 Javelina Room 和 Weekend Events 链接之间，如图 8.4 所示。保存文件。

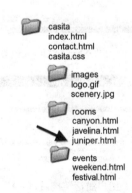

图 8.2 导航区域　　图 8.3 rooms 文件夹添加新的 juniper.html 文件　　图 8.4 新的导航区域

4. 在以下网页的导航区域以类似的方式添加 Juniper Room 链接：

   index.html
   contact.html
   rooms/canyon.html
   rooms/javalina.html
   events/weekend.html
   events/festival.html

保存所有.html 文件并在浏览器中测试。从其他所有网页都应该能正确链接到新的 Juniper Room 页。而在新的 Juniper Room 页中，也应该能正确链接到其他网页。示例解决方案请参考学生文件(chapter8/CasitaSolution 文件夹)。

8.2 区段标识符

▶ 视频讲解：Linking to a Named Fragment

浏览器显示网页默认是从顶部开始。但是，有时希望在点击一个链接后跳转到同一个网页的特定部分。这就需要编码指向一个区段标识符(也称为命名区段或区段 id)的超链接。所谓区段标识符，其实就是一个设置了 id 属性的 HTML 元素。

使用区段标识符需要编码两个东西。

1. 代表命名区段的一个标记。必须为它分配一个 id。例如：

   <div id="content">

2. 指向命名区段的锚标记。

"常见问题"(FAQ)列表经常使用区段标识符跳转到网页的特定部分并显示某个问题的答案。长网页也经常使用这个技术。例如，可以使用"返回顶部"链接回到网页顶部。区段标识符还常用于提供无障碍访问。例如，可以在实际的网页内容开始处安排一个区段标识符。一旦访问者点击"跳转到内容"链接，就可以直接显示网页的内容区域。如图 8.5 所示，屏幕朗读程序可利用这种"跳转到内容"或者"跳过导航"链接跳过重复性的导航链接。

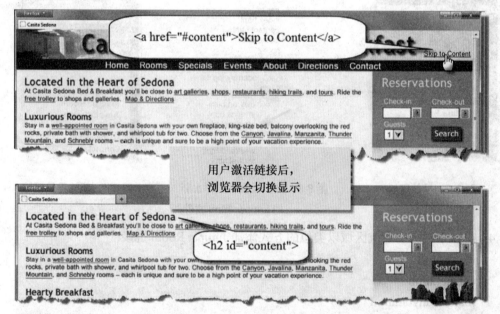

图 8.5 "跳转到内容"链接

第8章 链接、布局和移动开发进阶   221

以下是实际的编码步骤：

1. 建立目标。创建区段标识符，即区段起始元素的 id。例如：

   `<h2 id="content">`.

2. 要通过链接跳转到目标时，就编码一个锚元素，其 href 属性的值是#符号加区段标识符。例如，以下锚元素跳转到命名区段"content"：

   `<a href="#content">Skip to Content</a>`.

#表明浏览器应该在同一个页面里搜索 id。如果忘了输入#，浏览器不会在同一个页面中进行查找；它会试图查找一个外部文件。

旧网页可能使用 name 属性，或者所谓的"命名锚点"，而不是使用命名区段标识符。这种编码方式已过时，在 HTML5 中无效。命名锚点使用 name 属性标识或命名一个区段。例如：

`<a name="content" id="content"></a>`.

动手实作 8.2

本动手实作将练习使用区段标识符。用文本编辑器打开 Chapter8/starter1.html 文件并另存为 favorites.html。图 8.6 是该文件在浏览器中的效果。检查源代码，注意网页顶部包含一个无序列表，罗列了要展开描述的一些"喜爱网站"类别，包括 Hobbies，HTML5 和 CSS。后续每个 h2 元素下方都显示了一个描述列表，罗列了属于该类别的网站名称和链接。我们希望点击每个类别名称都跳转到对应的区域。这是使用区段标识符的一个理想的例子。

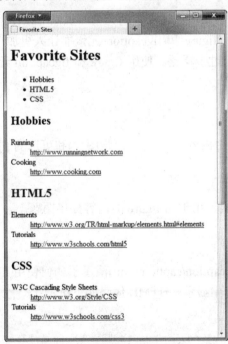

图 8.6   需要添加跳转到区段标识符的超链接

像下面这样修改网页：

1. 为每个 h2 元素都编码一个命名区段。例如：

   `<h2 id="hobbies">Hobbies</h2>`

2. 在顶部的无序列表中，将每一项都变成链接，跳转到对应的 h2 元素。
3. 在接近网页顶部的地方添加一个命名区段。
4. 在 favorites.html 网页接近底部的地方添加一个链接以便跳回网页顶部。

保存文件并测试。将你的作品与学生文件 Chapter8/favorites.html 比较。

有时需要链接到其他网页的命名区段。为此，请在文件名后添加#和 id。例如，以下代码链接到 favorites.html 网页中 id 为 hobbies 的区段：

`<a href="favorites.html#hobbies">Hobbies</a>`

为什么有时无法链接到命名区段？
如果网页内容没有超过浏览器窗口的高度，便无法产生"跳转"到网页中间的一个地方显示的效果。如果命名区段下方的内容不够多，该命名区段便无法显示在页面顶部。为了解决这个问题，可尝试在网页底部添加一些空行(使用
标记)，然后保存文件并重新测试。

8.3 figure 元素和 figcaption 元素

HTML5 引入了许多从语义上描述内容的元素。虽然可以使用常规 div 元素配置一个区域来包含图和图题，但使用 figure 和 figcaption 元素能让人更加一目了然。div 元素虽然能获得同样的效果，但本质上过于泛泛。使用 figure 和 figcaption 元素，内容结构可以得到良好的定义。

figure 元素

figure 是块显示元素，由内容单元(比如一张图片)和可选的 figcaption 元素构成。

figcaption 元素

figcaption 是块显示元素，用于为 figure 的内容提供图题。

添加图题

图 8.7 的网页(chapter8/caption/caption.html)演示了如何使用 figure 和 figcaption 元素。图题文本配置成在图片下方居中显示。HTML 代码如下所示：

```
<figure>
  <img src="lighthouseisland.jpg" width="250" height="355" alt="Lighthouse Island">
  <figcaption>
```

```
    Island Lighthouse, Built in 1870
  </figcaption>
</figure>
```

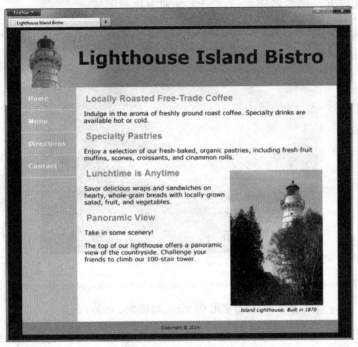

图 8.7 使用了 figure 和 figcaption 元素的网页

要用 CSS 配置显示。figure 元素选择符的配置是右侧浮动，宽度 260 像素，10 像素边距。figcaption 元素选择符的配置是 small 字体、倾斜和居中。CSS 代码如下所示：

```
figure { float: right;
         width: 260px;
         margin: 10px; }

figcaption { text-align: center;
             font-size: .8em;
             font-style: italic; }
```

 动手实作 8.3

这个动手实作将练习使用 figure 和 figcaption 元素创建一个网页来显示如图 8.8 所示的图片和图题。新建文件夹 mycaption，从 chapter8/starters 文件夹复制 myisland.jpg 文件。

1. 启动文本编辑器并打开模板文件 chapter1/template.html。修改 title 元素。文件另存为 index.html，保存到 mycaption 文件夹。
2. 编码 figure 和 figcaption 元素来显示图和图题。

```
<figure>
  <img src="myisland.jpg" width="480" height="320" alt="Tropical Island">
  <figcaption>
    Tropical Island Getaway
```

```
        </figcaption>
    </figure>
```

保存文件并在浏览器中测试,应该看到图片和图题。

图 8.8 练习使用 figure 元素和 figcaption 元素

3. 接着编码嵌入 CSS 来修改样式。在 head 部分添加 CSS,配置 figure 元素的宽度为 480 像素、有边框以及 5px 的填充。配置 figcaption 元素的文本居中、使用 Papyrus 字体(或者默认 Fantasy 字体)。CSS 代码如下所示:

```
<style>
  figure { width: 480px;
           border: 1px solid #000000;
           padding: 5px; }
  figcaption { text-align: center;
               font-family: Papyrus, fantasy; }
</style>
```

保存文件并测试,效果如图 8.8 所示。示例解决方案在 chapter8/caption2 文件夹。

8.4 图片浮动练习

动手实作 8.4

这个动手实作要创建如图 8.9 所示的网页,其中显示了一组具有图题的图片。将配置图片及其图题在网页上浮动以填充浏览器窗口的可用空间。随着窗口大小的变化,图片的显示也会变化。

图 8.9 图片在网页上浮动

图 8.10 展示了当浏览器窗口变小时同一个网页的显示。

图 8.10 浮动图片在浏览器窗口大小改变时自动移动

新建文件夹 float8，从 chapter8/starters 文件夹复制以下图片文件：photo1.jpg，photo2.jpg，photo3.jpg，photo4.jpg，photo5.jpg 和 photo6.jpg。

在文本编辑器中打开 chapter1/template.html，另存为 float8 文件夹中的 index.html。对文件进行以下修改。

1. 配置文本。在 title 和一个 h1 元素中将文本修改成"Floating Images"。
2. 编码 6 个 figure 元素，每张图片一个。每个 figure 元素中都配置一个 image 和 figcaption 元素，添加图片的说明文本。例如，第一个 figure 元素的配置如下所示：

```
<figure>
  <img src="photo1.jpg" alt="Golden Gate Bridge"
       width="225" height="168">
  <figcaption>Golden Gate Bridge</figcaption>
</figure>
```

3. 以相似的方式配置全部 6 个 figure 元素。src 值替换成实际的图片文件名。每张图都添加自己的说明文本。保存文件并在浏览器中测试。图 8.11 是部分屏幕截图。

图 8.11　配置 CSS 前的网页

4. 现在添加嵌入 CSS。在文本编辑器中打开文件，在 head 部分添加 style 元素。配置 figure 元素左侧浮动，225 像素宽度，10 像素底部填充，背景颜色设为浅灰色 (#EAEAEA)。配置 figcaption 元素居中显示，文本倾斜，字体为 Georgia(或其他 serif 字体)。CSS 代码如下所示：

```
figure {  float: left;
     width: 225px;
     padding-bottom: 10px;
     background-color: #EAEAEA; }
figcaption {  text-align: center;
       font-style: italic;
       font-family: Georgia, serif; }
```

保存网页并在浏览器中测试。试着改变浏览器窗口大小，观察图片显示。效果应该如图 8.9 和图 8.10 所示。示例解决方案在 chapter8/float 文件夹中。

8.5 更多 HTML5 元素

本书广泛运用了 HTML5 header，nav 和 footer 元素。这些 HTML5 元素和 div 以及其他元素配合，以有意义的方式建立网页文档结构，划定不同结构性区域的用途。本节要介绍另外 5 个 HTML5 元素。

hgroup 元素

hgroup 是块显示元素，用于对标题级别的标记进行分组。如果网页的 logo 区域同时包含网站名称和**标语**(tagline)，这种分组就相当有用。标语是描述企业经营性质的一句话，例如，电商网站 RedEnvelope(http://www.redenvelope.com)的标语是"unique and personalized gifts"。

section 元素

包含文档的"区域"，比如章节或主题。section 元素是块显示元素，可包含 header，footer，article，aside，figure，div 和其他内容显示元素。

article 元素

包含一个独立条目，比如博客文章、评论或电子杂志文章。article 元素是块显示元素，可包含 header，footer，section，aside，figure，div 和其他内容显示元素。

aside 元素

aside 元素代表旁注或其他补充内容。aside 是块显示元素，可包含 header，footer，section，aside，figure，div 和其他内容显示元素。

time 元素

代表日期或时间。使用可选的 datetime 属性，可以用一种机器能识别的格式显示日历日期和/或时间。日期用 YYYY-MM-DD。时间用 HH:MM(24 小时制)。参考 http://www.w3.org/TR/html-markup/time.html 了解语法选项。

 动手实作 8.5

这个动手实作将以图 8.7 的双栏 Lighthouse Island Bistro 主页为基础，运用 hgroup，section，article，aside 和 time 元素创建如图 8.12 所示的博客文章。

新建文件夹 blog8，从 chapter8/caption 文件夹复制以下文件：caption.html，lighthouseisland.jpg 和 lighthouselogo.jpg。

在文本编辑器中打开 caption.html 文件并另存为 index.html。检查源代码，找到 header 元素。

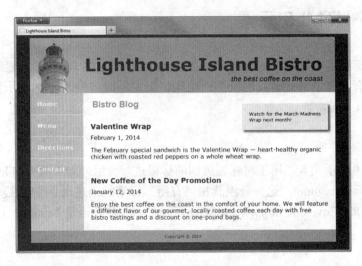

图 8.12 网页运用了新的 HTML5 元素

1. 在 header 元素中编码 hgroup 标记来包含 h1 元素。在 hgroup 元素中用 h2 元素添加标语文本"the best coffee on the coast"。最后的代码如下所示:

```
<header>
  <hgroup>
    <h1>Lighthouse Island Bistro</h1>
    <h2>the best coffee on the coast</h2>
  </hgroup>
</header>
```

2. 将 id 为 content 的 div 的内容替换成以下代码:

```
<h2>Bistro Blog</h2>
<aside>Watch for the March Madness Wrap next month!</aside>
<section>
  <article>
    <header><h1>Valentine Wrap</h1></header>
    <time datetime="2014-02-01">February 1, 2014</time>
    <p>The February special sandwich is the Valentine Wrap &mdash; hearthealthy
    organic chicken with roasted red peppers on a whole wheat wrap.</p>
  </article>
  <article>
    <header><h1>New Coffee of the Day Promotion</h1></header>
    <time datetime="2014-01-12">January 12, 2014</time>
    <p>Enjoy the best coffee on the coast in the comfort of your home. We will
    feature a different flavor of our gourmet, locally roasted coffee each day
    with free bistro tastings and a discount on one-pound bags.</p>
  </article>
</section>
```

3. 在网页顶部的 head 元素中配置 h1 和 h2 元素的 CSS。使用上下文 HTML 选择符。将 h1 的底部边距设为 0。为 h2 设置右侧填充 20 像素,顶部边距 0,文本样式为 80em

倾斜、右对齐、文本颜色#00005D。

4. 为每个 article 元素中的 header 元素配置 CSS。使用上下文 HTML 选择符。背景颜色设为#FFFFFF，无背景图片，100%字号，0 左侧填充和自动高度(height: auto;)。
5. aside 元素包含正文的补充内容。配置 CSS 使 aside 元素右侧浮动、宽度 200 像素、浅灰色背景、20 像素填充、80%字号以及 5px 的 box-shadow。配置相对距离顶部 20 像素(position: relative; top: -20px;)。

保存文件并在浏览器中测试。效果应该如图 8.12 所示。示例解决方案在 chapter8/blog 文件夹中。

8.6 HTML5 与旧浏览器的兼容性

Internet Explorer 9 和最新版本的 Safari、Chrome、Firefox 以及 Opera 都能很好地支持 HTML5。但是，并非每个人都安装了最新的浏览器。有些人出于许多原因仍然在使用老版本浏览器。虽然这个问题的严重度随着人们逐渐升级而降低，但提高网页的适用范围总是好的。

图 8.13 展示了动手实作 8.5 创建的网页在 Internet Explorer 7 上显示的样式。可以看出，显示效果和图 8.12 的正常显示有很大区别。好消息是有两个非常简单的方法确保 HTML5 和旧浏览器的兼容性。一个是用 CSS 配置块显示，一个是使用 HTML5 Shim。

图 8.13 旧浏览器不支持 HTML5

配置 CSS 块显示

添加 CSS 样式规则，告诉浏览器将 HTML5 元素(比如 header，hgroup，nav，footer，section，article，figure，figcaption 和 aside)作为块显示元素(上下有空白)来显示。以下是示例 CSS：

```
header, hgroup, nav, footer, section, article, figure, figcaption,
aside { display: block; }
```

这个技术在所有浏览器中都能很好地工作，但 Internet Explorer 8 和更早的版本除外。那么，碰到 Internet Explorer 8 和更早的版本怎么办？这时就该 HTML5 Shim(也称为 HTML5 Shiv)出场了。

HTML5 Shim

Remy Sharp 提供了一个解决方案来增强 Internet Explorer 8 和更早版本的支持(http://remysharp.com/2009/01/07/html5-enabling-script 和 http://code.google.com/p/html5shim)。这个技术使用了仅 Internet Explorer 支持的"条件注释"。其他浏览器会忽略注释。条件注释导致 Internet Explorer 解释 JavaScript 语句(参见第 11 章)，使它能识别和处理用于新的 HTML5 元素选择符的 CSS。Remy Sharp 将脚本上传到了 Google Code，任何人都能免费使用。在网页的 head 部分添加以下代码(放到 CSS 后面)，使 Internet Explorer 8 和更早的版本能正确渲染 HTML5 代码：

```
<!--[if lt IE 9]>
<script src="http://html5shim.googlecode.com/svn/trunk/html5.js">
</script>
<![endif]-->
```

这个方法的缺点是 IE8(和更早版本)的用户可能看到一条警告，而且必须启用 JavaScript。

 动手实作 8.6

这个动手实作将修改双栏 Lighthouse Island Bistro 主页(图 8.12)以确保和旧浏览器的向后兼容。新建文件夹 shim8，从 chapter8/blog 文件夹复制文件 index.html、lighthouseisland.jpg 和 lighthouselogo.jpg。

1. 在文本编辑器中打开 index.html。检查源代码，找到文件开头的 head 和 style 元素。
2. 添加以下嵌入样式声明：

   ```
   header, hgroup, nav, footer, section, article, figure, figcaption,
   aside { display: block; }
   ```

3. 在结束 style 标记下方并在 head 标记上方添加以下代码：

   ```
   <!--[if lt IE 9]>
   <script src="http://html5shim.googlecode.com/svn/trunk/html5.js">
   </script>
   <![endif]-->
   ```

4. 保存文件并在最新版本的浏览器中测试，效果如图 8.12 所示。
5. 用旧版本浏览器或者模拟的旧版浏览器测试。
   - 如果有计算机安装了旧版本的 Internet Explorer(比如 IE7)，就用它测试。
   - 如果安装的是 Internet Explorer 9 或更新的版本，可以用它模拟旧的版本。方法是在浏览器中打开网页，按 F12 打开"开发人员工具"对话框，选择"浏览器模式" | "Internet Explorer 7"。可能需要回应一些提示，它们要求你授权运行脚本程序(也就是 HTML5 Shim JavaScript 脚本)。

通过测试，可验证 HTML5 Shim 是否能正常工作，显示效果应该如图 8.12 所示。示例解决方案在 chapter8/shim 文件夹中。

访问 Modernizr(http://www.modernizr.com)探索免费的开源 JavaScript 库,它能实现 HTML5 和 CSS3 在旧浏览器中的向后兼容。

8.7 CSS 对打印的支持

虽然好多年前人们就在说无纸办公,但事实上很多人还是喜欢用纸,所以你的网页可能会被打印。CSS 允许控制哪些内容要被打印,以及如何打印。这很容易用外部样式表实现。首先为浏览器显示创建一个外部样式表,再为特殊的打印设置创建另一个外部样式表。然后,使用两个 link 元素将网页和两个外部样式表关联。这两个 link 元素都要使用一个新属性,称为 media。表 8.1 对它的值进行了总结。

表 8.1　media 属性

值	用途
screen	默认值;指出样式表配置的是彩色计算机显示器上的浏览器窗口中的显示
print	指出样式表配置的是打印时的格式
handheld	虽然 W3C 建议用该值指出样式表配置的是移动设备上的显示,但实际并不好用。具体可参考 Return of the Mobile Stylesheet(http://www.alistapart.com/articles/return-of-the-mobile-stylesheet)。本章稍后会解释如何配置移动网页设计

浏览器根据是在屏幕上显示还是打印到纸上,选择正确的样式表。用 media="screen"配置 link 元素,指定的是用于屏幕显示的一个样式表。用 media="print"配置 link 元素,指定的则是一个用于打印的样式表。下面是一段示例 HTMl 代码:

```
<link rel="stylesheet" href="lighthouse.css" media="screen">
<link rel="stylesheet" href="lighthouseprint.css" media="print">
```

打印样式最佳实践

用于打印和浏览器显示的样式有什么区别呢?下面列出了打印样式的一些最佳实践:

隐藏非必要内容。通常会在打印样式表中使用 display:none 属性以防止打印横幅广告、导航栏或其他无关区域。

配置字书号和颜色。另一个常见的做法是在打印样式表中以 pt 为单位设置字号,这可以更好地控制打印文本。如果预期访问者会经常打印你的网页,还可考虑将文本颜色设为黑色(#000000)。大多数浏览器的默认设置是禁止打印背景颜色和背景图片,但为了保险,可以在打印样式表中主动禁止。

控制换页。使用 CSS page-break-before 或 page-break-after 属性控制打印网页时的换页行为。这些属性在浏览器中支持得比较好的值包括 always(总是在指定位置换页)、avoid(之前或之后尽量不发生换页)和 auto(默认)。例如,以下 CSS 指定在被分配了 newpage 类的元素之前发生换页:

```
.newpage { page-break-before: always; }
```

动手实作 8.7

本动手实作将修改如图 8.12 所示的 Lighthouse Island Bistro 主页，使用外部样式表优化屏幕显示和打印。新建文件夹 print8，从 chapter8/blog 文件夹复制文件 index.html，lighthouseisland.jpg 和 lighthouselogo.jpg。

1. 在文本编辑器中打开 index.html 文件。检查源代码，找到 style 元素。将 style 标记之间的 CSS 复制并粘贴到新文本文档 bistro.css。将 bistro.css 文件保存到 print8 文件夹。
2. 编辑 index.html 文件的，删除 style 标记和 CSS。在 head 部分编码一个 link 标记，将网页和 bistro.css 关联，指定该 CSS 文件用于配置屏幕显示(使用 media="screen")。
3. 编辑 index.html 文件，添加第二个 link 标记，将网页和 bistroprint.css 关联，指定该 CSS 文件用于配置打印(使用 media="print")。保存 index.html 文件。
4. 在文本编辑器中打开 bistro.css。由于大多数样式都可以为打印保留，所以将 bistro.css 另存为 bistroprint.css，同样保存到 ch8print 文件夹。将修改样式表的三个区域：header 选择符、content id 选择符和 nav 选择符。

    - 修改 header 样式，用黑色 20 磅文本打印：

    `header { color: #000000; font-size: 20pt; }`

    - 修改 content id，用 12 磅 serif 字体打印：

    `#content { font-family: "Times New Roman", serif; font-size: 12pt; }`

    - 不打印导航区域：

    `nav { display: none; }`

    保存文件。

5. 在浏览器中测试打印 index.html。打印预览如图 8.14 所示。注意 header 和 content 的字号都被修改，而且不会打印导航区域。chapter8/print 文件夹提供了 index.html 和 bistroprint.css 的拷贝。

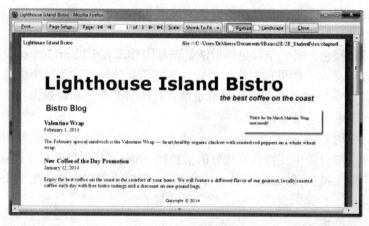

图 8.14　网页打印预览

8.8 移动网页设计

第 3 章介绍了如何为移动设备用户设计容易使用、能灵活响应的网站。一个方案是开发.mobi 顶级域名的独立移动网站,例如 JCPenney(http://jcp.com 和 http://jcp.mobi)。第二个方案是域名不变,但为移动用户创建单独的网站,例如美国白宫网站(图 8.15 的 http://www.whitehouse.gov 和图 8.16 的 http://m.whitehouse.gov)。第三个方案是采用响应式网页设计技术,使用 CSS 为移动设备和桌面浏览器配置不同的样式。讨论编码之前,先花一些时间了解移动网页的设计技术。

图 8.15　普通的白宫网站 (http://www.whitehouse.gov)

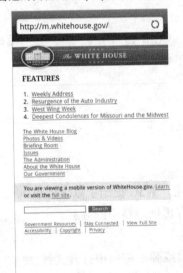

图 8.16　白宫网站的移动版本(http://m.whitehouse.gov)

移动网页设计要考虑的问题

移动网络用户通常事务繁忙、需要快速获取信息，而且很容易分心。为移动而优化的网页应满足这些需求。对比图 8.15 和图 8.16，注意移动网页的设计强调了第 3 章讨论的设计需求。

- **屏幕尺寸小**。header 区域变小了，以适应小的屏幕尺寸。
- **带宽小(连接速度低)**。移动版本拿掉了图 8.15 的大图片。
- **字体、颜色和媒体问题**。使用了常规字体。文本和背景颜色的对比度也很明显。
- **控制手段少，处理器和内存有限**。移动版本使用单栏布局，这有利于按键跳转不同的链接，触摸操作也很容易。网页大多是文本，移动浏览器可以快速渲染。
- **功能**。直接在 header 下方显示网站特色内容链接。还提供了搜索功能。

基于这些设计上的考虑，让我们更深入地进行研究。

为移动使用优化布局

包含小的标题、核心导航链接、内容和页脚的单栏布局(图 8.17)完美适配移动设备。移动设备屏幕分辨率千差万别(例如 320×240，320×480，360×640，480×800，640×690 和 1136×640 等)。W3C 提出了以下建议：

- 限制只朝一个方向滚动
- 使用标题元素
- 用列表组织信息(比如无序列表、有序列表和描述列表)
- 避免使用表格(参见第 9 章)，因其通常会强迫在移动设备上水平和垂直滚动
- 为表单控件提供标签(参见第 19 章)
- 样式表避免使用像素单位

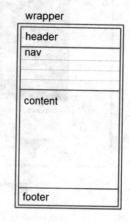

图 8.17 标准单栏网页布局的线框图

- 样式表避免进行绝对定位
- 隐藏和移动使用无关的内容

优化移动导航

移动设备要求导航易于使用。W3C 提出了以下建议：

- 在网页靠近顶部的地方提供最精简的导航
- 导航要一致
- 避免点击链接在新窗口或弹出窗口中打开文件
- 平衡链接数量和层数

优化移动图片

图片能帮助访问者理解网页内容，W3C 为移动设备使用的图片提供了以下建议：
- 避免显示比屏幕宽的图片(保守估计是不要超过 320 像素)。
- 配置备用的、小的、优化的背景图片
- 有的移动浏览器会缩小图片，所以上面有文字的图片可能不好辨认
- 避免使用大图片
- 指定图片大小
- 为图片和其他非文本元素提供替代文本

优化移动文本

小的移动设备看字是比较困难的。W3C 针对移动网页设计提供了以下建议：
- 文本和背景颜色要有好的对比度
- 使用常规字体
- 以 em 或百分比为单位配置字号
- 使用简短的网页标题

W3C 发布了一份"移动网页最佳实践"(Mobile Web Best Practices 1.0)，其中包含 60 个移动 Web 设计最佳实践，网址是 http://www.w3.org/TR/mobile-bp。还有一个网页以助记卡的形式对这些最佳实践进行了总结，网址是 http://www.w3.org/2007/02/mwbp_flip_cards.html。

为 One Web 而设计

W3C 发起了"One Web"倡议，即只提供一个资源，但在多种类型的设备上都能获得最优显示效果。这比创建一个网页文档的多个版本更高效。基于"One Web"的思路，后续小节将介绍如何使用 viewport meta 标记和 CSS 媒体查询来配置针对移动显示而优化的样式表。

8.9 viewport meta 标记

meta 标记有多种用途。从第 1 章开始就用它配置网页的字符编码。本节要探索新的 viewport meta 标记，它是作为一个 Apple 扩展而创建的，用于配置视口(viewport)的宽度和缩放比例，以便在移动设备(比如 iPhone 和 Android 智能手机)上获得最优的显示。图 8.18 展示了一个网页在桌面浏览器中的显示。图 8.19 展示了同一个网页在 Android 设备上的显示。注意，移动设备缩小了网页以便在小屏幕上完整显示，但这造成文本变得难以辨认。

图 8.20 是在网页 head 部分添加了 viewport meta 标记之后的显示效果。将 initial-scale 的值设为 1，阻止移动浏览器缩小网页，使显示效果显得更合理。代码如下所示：

```
<meta name = "viewport" content = "width = device-width, initial-scale = 1.0">
```

图 8.18 在桌面浏览器中显示的网页

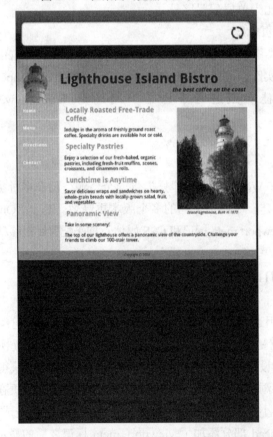

图 8.19 没有配置 viewport meta 标记在移动设备上的显示

图 8.20　配置了 viewport meta 标记之后的效果

为了编码 viewport meta 标记，需要在 meta 标记中指定 name="viewport"，同时配置 content 属性。content 属性的值可以是一个或者多个指令，例如 device-width 指令和控制缩放的指令。表 8.2 总结了 viewport meta 标记的指令及其值。

表 8.2　viewport meta 标记的指令

指令	值	作用
width	数值或者 device-width，后者代表设备屏幕的实际宽度	以像素为单位的视口宽度
height	数值或者 device-height，后者代表设备屏幕的实际高度	以像素为单位的视口高度
initial-scale	数值倍数。1 代表 100%初始缩放比例	视口的始缩放比例
minimum-scale	数值倍数。移动 Safari 浏览器默认是 0.25	视口的最小缩放比例
maximum-scale	数值倍数。移动 Safari 浏览器默认是 1.6	视口的最大缩放比例
user-scalable	yes 允许缩放，no 禁止缩放。	指定是否允许用户缩放

现在通过控制缩放保证了网页的可读性，接着如何设置样式来获得最优的移动设备显示效果呢？这时就该 CSS 登场了。下一节将探索 CSS 媒体查询技术。

如果网页包含一个电话号码，那么手机用户点击号码就可以打电话或者发送短信，这是不是显得很"酷"？其实很容易配置拨号或短信链接。根据 RFC 3966 标准，可以将 href 的值配置成以 tel:开头的电话号码来拨打电话，例如：

`<a href="tel:888-555-5555">Call 888-555-5555</a>`

RFC 5724 则规定可以将 href 的值配置成以 sms:开头的电话号码来发送短信，例如：

`<a href="sms:888-555-5555">Text 888-555-5555</a>`

并不是所有移动浏览器和设备都支持电话和短信链接，但未来这个技术的普遍运用是可以预见的。第 8 章的案例分析会练习使用 tel:。

8.10 CSS3 媒体查询

第 3 章讲述了响应式网页设计，即渐进式增强网页以适应不同的观看环境(例如手机和平板)。这是通过一系列编码技术来实现的，包括流动布局、灵活图像和媒体查询。要体验响应式网页设计的优势，可参考图 3.37、图 3.38、图 3.39 和图 3.40。它们实际是同一个.html 网页文件，只是用 CSS 进行了配置，通过媒体查询来适配不同视口大小。另外可参考 Media Queries 网站(http://mediaqueri.es)，它演示了采用响应式网页设计的站点。一系列截图展示了在不同视口宽度下的网页显示：320px(智能手机)、768px(平板设备)、1024px(上网本和横放的平板)以及 1600px(大型电脑屏幕)。

什么是媒体查询

根据 W3C 的定义(http://www.w3.org/TR/css3-mediaqueries)，媒体查询由媒体类型(比如屏幕)和判断浏览器所在设备功能(比如屏幕分辨率和方向)的逻辑表达式构成。如果媒体查询返回的结果是 true，就选用对应的 CSS。主流浏览器的最新版本都支持媒体查询，其中包括 Internet Explorer 9 和更高版本。

图 8.21 CSS 媒体查询帮助配置在移动设备上的显示

使用 link 元素的媒体查询例子

图 8.21 显示的是和图 8.20 一样的网页，但外观有很大不同，因为 link 元素包含一个媒体查询，并关联了专为手机等移动设备显示而优化的 CSS 样式表。HTML 代码如下所示：

```
<link href="lighthousemobile.css" rel="stylesheet"
      media="only screen and (max-width: 480px)">
```

上述示例代码指示浏览器使用针对大多数流行移动设备而优化的外部样式表。媒体类型值 only 是一个关键字，作用是在旧浏览器中会隐藏媒体查询。媒体类型值 screen 指定有屏幕的设备。表 8.3 总结了常用的媒体类型和关键字。max-width 设为 480px。虽然手机具有多种屏幕大小，但将最大宽度设为 480px，能覆盖大多数流行型号的竖向显示尺寸。可以在媒体查询中同时测试最小和最大值，例如：

```
<link href="lighthousetablet.css" rel="stylesheet"
      media="only screen and (min-width: 768px) and (max-width: 1024px)">
```

表 8.3 媒体类型

媒体类型	说明
all	所有设备
screen	网页的屏幕显示
only	造成不支持的旧浏览器忽略媒体查询
print	网页的打印稿

使用@media 规则的媒体查询示例

使用媒体查询的第二个方法是使用@media 规则直接在 CSS 中编码。先写@media，再写媒体类型和逻辑表达式。然后在一对大括号中写希望的 CSS 选择符和样式声明。下例专门为手机显示配置一张不同的背景图片。

```
@media only screen and (max-width: 480px) {
   header { background-image: url(mobile.gif); }
}
```

表 8.4 总结了常用媒体查询功能。另外，可访问以下网站获取更多媒体查询的例子：

http://css-tricks.com/snippets/css/media-queries-for-standard-devices

http://webdesignerwall.com/tutorials/css3-media-queries

表 8.4 常用媒体查询功能

功能	值	条件
max-device-height	数值	以像素为单位的输出设备屏幕高度小于或等于指定值
max-device-width	数值	以像素为单位的输出设备屏幕宽度小于或等于指定值
min-device-height	数值	以像素为单位的输出设备屏幕高度大于或等于指定值
min-device-width	数值	以像素为单位的输出设备屏幕宽度大于或等于指定值
max-height	数值	以像素为单位的视口高度小于或等于指定值(改变大小时重新计算)
min-height	数值	以像素为单位的视口高度大于或等于指定值(改变大小时重新计算)
max-width	数值	以像素为单位的视口宽度小于或等于指定值(改变大小时重新计算)
min-width	数值	以像素为单位的视口宽度大于或等于指定值(改变大小时重新计算)
orientation	portrait(竖)或 landscape(横)	设备方向

8.11 媒体查询练习

动手实作 8.8

　　这个动手实作将修改如图 8.22 所示的双栏 Lighthouse Island Bistro 主页，在视口宽度为 768 像素或更小时(平板竖放)显示单栏网页，在视口宽度为 480 像素或更小时显示为手机优化的网页。新建文件夹 query8，从 chapter8 文件夹复制 starter2.html 文件，重命名为 index.html。从 chapter8/starters 文件夹复制 lighthouseisland.jpg 文件。在浏览器中测试 index.html，效果如图 8.22 所示。在文本编辑器中打开 index.html。检查嵌入 CSS，注意采用的是流动双栏布局：宽度设为 80%，而且没有设置最小宽度。双栏外观通过左侧浮动的一个 nav 元素来实现。

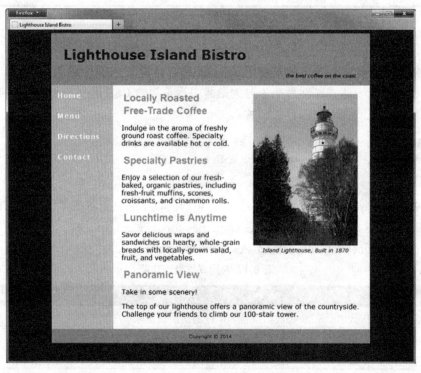

图 8.22　双栏桌面显示

1. 编辑嵌入 CSS。在结束 style 标记前添加以下 @media 规则。@media 规则在视口宽度为 768 像素或更小时更改 float、width 和 padding 属性。

```
@media only screen and (max-width: 768px) {
  nav { float: none; width: 100%; padding: 0.5em; }
}
```

2. 保存 index.html 文件并在桌面浏览器中测试。最大化浏览器时，显示效果还是和图 8.22 一样。改变大小(宽度小于 768 像素)则如图 8.23 所示，注意，变成了单栏布局。

可以看出还有一些工作要做。

图 8.23 应用媒体查询

3. 编辑嵌入 CSS，在媒体查询中添加样式规则来删除 margin，扩大 wrapper id，配置 nav 区域的 li 元素内联显示，并配置 nav 区域的 ul 元素居中文本。

```
@media only screen and (max-width: 768px) {
  body { margin: 0; }
  #wrapper { margin: auto; }
  nav { float: none; width: auto; padding: 0.5em; }
  nav li { display: inline; }
  nav ul { text-align: center; }
}
```

4. 保存 index.html 文件并在桌面浏览器中测试。最大化浏览器时，显示效果还是和图 8.22 一样。改变大小(宽度小于 768 像素)则如图 8.24 所示。继续改变大小，注意链接会跑来跑去，没有很好地对齐。所以网页还需要优化，优化更小的移动设备上的显示。

5. 编辑嵌入 CSS。在结束 style 标记前添加以下 @media 规则，配置 body 元素选择符、wrapper id、content id、figure 元素选择符以及导航区域的 li 元素的样式。

```
@media only screen and (max-width: 480px) {
  body { margin: 0; }
```

```
#wrapper { width: auto; }
#content { margin-top: -.5em; }
figure { float: none; padding: 0; margin: 0; text-align: center; }
nav li { display: block; font-size: 120%; margin: 0;
         border-bottom: 2px ridge #00005D; }
}
```

6. 保存 index.html 文件并在桌面浏览器中测试。最大化浏览器时，显示效果还是和图 8.22 一样。改变大小(宽度小于 768 像素、大于 480 像素)如图 8.24 所示。继续改变大小(宽度小于 480 像素)如图 8.25 所示。这个网页是运用响应应试网页设计技术的一个典型例子。示例解决方案在 chapter8/query 文件夹中。

图 8.24 网页在竖放的平板设备上能很好地显示　　图 8.25 网页针对手机屏幕进行了优化

8.12 灵活的图像

伊森·马科特(Ethan Marcotte)在他的《响应式网页设计》一书中将灵活图像描述成一种能流动的图像，在浏览器视口大小发生改变时不会破坏页面布局。灵活的图像、流动布局和媒体查询是响应式网页设计的关键组件。为了配置灵活图像，需要修改 HTML，并配置额外的 CSS 来指定灵活图像的样式。

1. 在 HTML 中编码 img 元素。删除 height 和 width 属性。
2. 在 CSS 中配置 max-width: 100%;样式声明。如果图片宽度小于容器元素宽度，图像会以实际大小显示。如果图片宽度大于容器元素宽度，浏览器会改变图片大小以适应容器(而不是只显示一部分)。
3. 为了保持图片长宽比，布鲁斯·罗森(Bruce Lawson)建议在 CSS 中配置 height: auto;样式声明(参考 http://brucelawson.co.uk/2012/responsive-web-design-preservingimages-aspect-ratio)。

背景图片也可以配置在不同大小的视口中更灵活地显示。虽然用 CSS 配置背景图片时经常编码 height 属性，但背景图片的显示可能没有那么灵活。为了解决这个问题，可尝试用百分比值配置容器元素的其他 CSS 属性，比如 font-size、line-height 和 padding。另外，background-size: cover;属性也很有用。这样往往能在不同大小的视口中获得更佳的背景图片显示。另一个方案是配置不同大小的背景图片，并通过媒体查询决定要显示哪一张。这个方案的缺点是下载多个文件但只显示一个。下个动手实作将练习如何运用灵活的图像。

动手实作 8.9

这个动手实作将对演示了灵活响应的 Web 设计的一个网页进行修改。图 8.26 显示了同一个网页在不同视口宽度下的效果。其中，桌面浏览器显示的是标准三栏布局。当视口宽度小于 768 像素时(平板竖放)显示双栏布局。当视口宽度小于 480 像素时显示为手机优化的单栏布局。将编辑 CSS 来配置灵活图像。

图 8.26　该网页演示了响应式网页设计技术

新建文件夹 flexible8。从 chapter8 文件夹复制 starter3.html 文件并重命名为 index.html。从 chapter8/starters 文件夹复制图片文件 header.jpg 和 pools.jpg。在浏览器中测试 index.html，效果如图 8.27 所示。在文本编辑器中打开文件，注意已经从 HTML 中移除了 height 和 width 属性。查看 CSS，注意，网页使用的是流动布局，宽度值使用的是百分比。

图 8.27　配置灵活图像之前的网页

像下面这样编辑嵌入 CSS。

1. 找到 h1 元素选择符。删除 height 样式声明。添加声明将字号设为 300%，将顶部填充设为 5%，底部填充设为 5%，左侧填充设为 0，右侧填充设为 0。CSS 代码如下所示：

```
h1 { text-align: center;
     font-size: 300%;
     padding: 5% 0;
     text-shadow: 3px 3px 3px #F4E8BC; }
```

2. 找到 header 元素选择符添加 background-size: cover;声明指示浏览器对背景图片进行比例缩放以填充容器。CSS 代码如下所示：

```
header { background-image: url(header.jpg);
         background-repeat: no-repeat;
         background-size: cover; }
```

3. 为 img 元素选择符添加样式规则，将最大宽度设为 100%，将高度设为 auto。CSS 代码如下所示：

```
img { max-width: 100%;
      height: auto; }
```

4. 保存 index.html 并在桌面浏览器中测试。逐渐改变浏览器窗口，注意会发生如图 8.26 所示的变化。网页会灵活响应视口宽度，因为它运用了以下响应应试网页设计技术：流动布局、媒体查询和灵活图像。chapter8/flexible 文件夹提供了示例解决方案。

本节只介绍基本的灵活图像技术。网上还讨论和测试了其他许多技术，它们的目的是避免重复下载，针对不同设备环境显示最适合的图片。例如，为高分辨率视网膜屏幕(iPhone 和 iPad)配置自适应图片。详情可访问以下资源：

- http://alistapart.com/articles/responsive-images-and-web-standards-at-the-turning-point
- http://css-tricks.com/which-responsive-images-solution-should-you-use
- http://www.netmagazine.com/features/problem-adaptive-images

8.13 测试移动显示

为了测试网页在移动设备上的显示，最好的办法是发布到网上并用移动设备访问。(第 12 章会介绍如何通过 FTP 发布网站。)但由于每次都要使用手机可能不方便，所以这里提供了几个模拟移动设备的选项。

- **Opera Mobile Emulator**(图 8.28)
  只支持 Windows。支持媒体查询。
  http://www.opera.com/developer/tools/mobile
- **Mobilizer**
  支持 Windows 和 Mac。支持媒体查询。

http://www.springbox.com/mobilizer

- **Opera Mini Simulator**
  在浏览器窗口中运行。支持媒体查询。
  http://www.opera.com/mobile/demo
- **iPhone Emulator**
  在浏览器窗口中运行。不支持媒体查询。
  http://www.testiphone.com
- **iPhoney**
  只支持 Mac。不支持媒体查询。
  http://www.marketcircle.com/iphoney
- **iPadPeek**
  在浏览器窗口中运行。支持媒体查询。
  http://ipadpeek.com

图 8.28　用 Opera Mobile Emulator 测试网页

用桌面浏览器测试

手边无手机或者无法将文件发布到网上也不用担心，如本章所述(同时参考图 8.29)，可以使用桌面浏览器模拟网页在移动设备上的显示。

图 8.29　用桌面浏览器模拟移动显示

检查媒体查询的位置。

- 如果在 CSS 中编码媒体查询，就在桌面浏览器中显示网页，然后改变视口宽度和高度来模拟移动设备的屏幕大小(比如 320×480)。
- 如果在 link 标记中编码媒体查询，就编辑网页，临时修改 link 标记来指向移动 CSS 样式表，然后在桌面浏览器中显示网页，改变视口宽度和高度来模拟移动设备的屏幕大小(比如 320×480)。

为了更准确地了解浏览器视口的当前大小，可以使用以下工具：

- **Chris Pederick's Web Developer Extension**
  支持 Firefox 和 Chrome
  http://chrispederick.com/work/web-developer
  选择 Resize > Display Window Size

- **Internet Explorer 9** 开发人员工具
  选择 Tools > F12 Developer Tools > Resize

针对专业开发人员

如果是软件开发人员或者信息系统专家，可考虑使用针对 iOS 和 Android 平台的 SDK。每种 SDK 都包含移动设备模拟器。图 8.30 是一个例子。

- iOS SDK(仅 Mac)
  http://developer.apple.com/programs/ios/develop.html
- Android SDK
  http://developer.android.com/sdk/index.html

第 8 章 链接、布局和移动开发进阶   247

图 8.30 用智能手机测试网页

 注意，IE9 以前的版本不支持媒体查询。Google 代码库提供了解决该问题的一个 JavaScript 方案。在网页 head 部分添加以下代码供 IE8 和更低的版本使用。

```
<!--[if lt IE 9]>
<script src=
"http://css3-mediaqueries-js.googlecode.com/svn/trunk/css3-mediaqueries.js
">
</script>
<![endif]-->
```

 本节介绍了移动网页设计。先编码了针对桌面浏览器显示的样式，再通过媒体查询来适应移动设备。这是重构现有网站针对移动设备进行调整的典型工作流程。但是，如果设计的是一个新网站，那么还可以考虑由《Web 表单设计》作者卢克·罗卜勒斯基 Luke Wroblewski 提出的一个替代方案，即先设计移动样式表，再为平板和/或桌面浏览器开发备用样式。渐进式地增强设计，逐渐添加多栏布局和更大的图片。可访问以下资源更多地了解"移动优先"设计方案：

- http://www.lukew.com/ff/entry.asp?933
- http://www.lukew.com/ff/entry.asp?1137
- http://www.techradar.com/news/internet/mobile-web-design-tips-mobile-should-come-first-719677

复习和练习

复习题

选择题

1. 以下哪个会造成元素不显示？（   ）
   A. display:block   B. display: 0px;
   C. display: none   D. 用 CSS 无法做到

2. 使用以下哪个属性指出样式表是用于打印或屏幕显示？（　）
   A. rel　　　　B. type　　　　C. media　　　　D. content
3. 怎样从主页链接到 employ.html 页中的命名区段#jobs？（　）
   A. <a name="employ.html#jobs">Jobs</a>
   B. <a href="employ.html#jobs">Jobs</a>
   C. <a link="employ.html#jobs">Jobs</a>
   D. <a href="#jobs">Jobs</a>
4. 以下哪个 HTML5 元素用于指定补充内容？
   A. header　　　B. sidebar　　　C. nav　　　　D. aside
5. 以下哪个属性定义网页上的命名区段？（　）
   A. bookmark　　B. fragment　　C. href　　　　D. id
6. 以下哪个 meta 标记配置移动设备上的显示？（　）
   A. viewport　　　　　　　　　B. handheld
   C. mobile　　　　　　　　　　D. screen
7. 以下哪一条是移动 Web 设计的最佳实践？（　）
   A. 尽量将文本嵌入图片　　　　B. 配置单栏网页布局
   C. 配置多栏网页布局　　　　　D. 避免用列表组织信息
8. 以下哪一个是移动显示建议使用的字号单位？（　）
   A. pt 单位　　B. pc 单位　　C. cm 单位　　D. em 单位
9. 使用 CSS 媒体查询时，编码以下哪一个关键字在旧浏览器中隐藏查询？（　）
   A. modern　　B. screen　　C. only　　　D. print
10. 使用以下哪个 HTML5 元素包含一个独立条目，比如博客文章或评论？（　）
    A. section　　B. article　　C. aside　　　D. content

动手练习

1. 写 HTML 在网页顶部创建区段标识符"top"。
2. 写 HTML 创建指向命名区段"top"的超链接。
3. 写 HTML 将网页和 myprint.css 样式表文件关联以配置打印样式。
4. 写 HTML 配置 header 元素来包含 hgroup 元素。在 hgroup 元素中包含一个 h1 元素、一个 h2 元素和一个 h3 元素。将学校名称配置成 h1 元素，将你的专业名称配置成 h2 元素，将当前网页开发课程名称配置成 h3 元素。
5. 创建网页来列出你的爱好，喜欢的电影或者演唱组合。包括以下 HTML5 元素：header，nav，figure，figcaption，article 和 footer。用 CSS 配置文本，颜色和布局。
6. 修改上个动手练习，利用响应应试网页设计技术确保在桌面和手机上的良好显示。
   提示：添加 viewport meta 标记，配置灵活图像，并编辑 CSS 来配置媒体查询，为手机显示使用相应的样式规则。

聚焦 Web 设计

本章介绍的移动网页设计最佳实践和无障碍访问(accessibility)技术存在一些重叠，比如替代文本和标题的使用。请参考 Web Content Accessibility and Mobile Web 文档,网址是 http://www.w3.org/WAI/mobile。探索你感兴趣的链接。写一页双倍行距的摘要,描述具体存在重叠的领域,解释开发人员如何同时支持无障碍访问和移动设备。

案例学习:Pacific Trails Resort

本章的案例将以第 7 章创建的 Pacific Trails 网站为基础。在网站的新版本中,将使用媒体查询配置在移动设备上的显示。图 8.31 展示了网页在桌面浏览器、平板屏幕和手机屏幕上显示时的线框图。完成后的网站在桌面浏览器上的显示没有任何变化(参考图 7.37 和图 8.32)。移动设备上的显示也参考图 8.32。

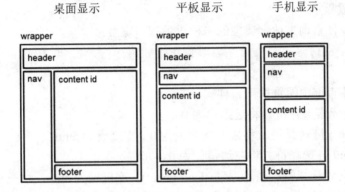

图 8.31　Pacific Trails 线框图

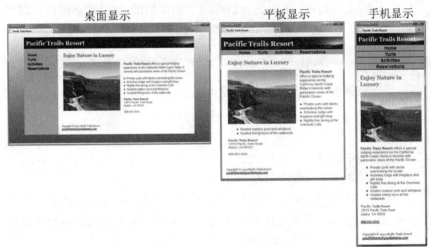

图 8.32　改变浏览器窗口大小以模拟平板和手机显示

本案例学习包括以下任务。
1. 为 Pacific Trails Resort 网站创建新文件夹。
2. 编辑 pacific.css 外部样式表文件,包含媒体查询以及桌面、平板和手机显示所需的样式。
3. 编辑主页(index.html)。

4. 编辑 Yurts 页(yurts.html)。
5. 编辑 Activities 页(activities.html)。

任务 1：创建文件夹 ch8pacific 来包含 Pacific Trails Resort 网站文件。将第 7 章创建的 ch7pacific 文件夹中的内容复制到这里。

任务 2：配置 CSS。启动文本编辑器，打开 pacific.css 外部样式表文件。

2-1 配置 HTML5 支持。添加以下样式规则，配置大多数旧浏览器正常渲染 HTML5 块显示元素。

```
header, hgroup, nav, footer, figure, figcaption, aside, section,
article { display: block; }
```

2-2 配置平板显示。

1) 编码媒体查询来适配典型的平板设备视口宽度。

```
@media only screen and (max-width: 768px) {
}
```

2) 在媒体查询中配置以下新样式。

- body 元素选择符。将边距设为 0。
- wrapper id 选择符。将最大宽度设为 0，宽度设为 auto。
- content id 选择符。将左边距设为 0。
- nav 元素选择符。清除浮动(float: none;)，宽度设为 auto，填充设为 0。
- 导航无序列表。使用上下文选择符配置导航区域的 ul 元素来显示居中文本。
- 导航列表项。使用上下文选择符配置导航区域的 li 元素来进行内联显示、0 顶部和底部填充，0.75em 左侧和右侧填充。
- footer 元素选择符。将左侧边距设为 0。

2.3 配置手机显示。

1) 编码媒体查询来适配典型的手机设备视口宽度。

```
@media only screen and (max-width: 480px) {
}
```

2) 在媒体查询中配置以下新样式。

- body 元素选择符。将边距设为 0。
- wrapper id 选择符。将最大宽度设为 0，宽度设为 auto，边距设为 0。
- content id 选择符。将顶部和底部填充设为 0.1em，左侧和右侧填充设为 1em，边距设为 0，字号设为 90%。
- h1 元素选择符。将边距设为 0，字号设为 1.5em，左侧填充设为 0.3em。
- 导航无序列表。使用上下文选择符配置导航区域的 ul 元素，将填充设为 0。
- 导航列表项。使用上下文选择符配置导航区域的 li 元素进行块显示、0 边距和 2 像素的深色(#330000)实线底部边框。
- 导航链接。使用上下文选择符配置导航区域的 a 元素进行块显示。这样可以为用户提供较大的区域来点击链接。
- 内容图片。使用上下文选择符配置 content id 中的 img 元素不浮动，将填充设为 0，边距设为 0.1em。

- 内容无序列表。使用上下文选择符配置 content id 中的 ul 元素,将 list-style-position 设为 outside。
- mobile id。将显示设为 inline。编辑主页(index.html)时要应用该 id。
- desktop id。将显示设为 none。编辑主页(index.html)时要应用该 id。

2-4 配置桌面显示。在媒体查询上方编码以下新样式。

1) mobile id。将显示设为 none。编辑主页(index.html)时要应用该 id。
2) desktop id。将显示设为 inline。编辑主页(index.html)时要应用该 id。

2.5 配置灵活图像。在媒体查询上方为 img 元素选择符配置一个新样式。将最大宽度设为 100%,高度设为 auto。

保存 pacific.css 文件。使用 CSS 校验器(http://jigsaw.w3.org/css-validator)检查语法并纠错。

任务 3:编辑主页。启动文本编辑器并打开 index.html 文件,像下面这样编辑代码。

3-1 在 head 部分配置一个 viewport meta 标记,将宽度设为 device-width,将 initial-scale 设为 1.0。

3-2 在 head 部分添加语句来应用 HTML5 Shim,使旧浏览器能成功显示 HTML5 元素。

3-3 主页在联系信息区域显示了一个电话号码。如果手机用户点击号码就可以打电话,那么是不是很"酷"?这可以通过在超链接中使用 tel:来实现。用以下语句配置一个超链接,为它分配 mobile id,在其中包含电话号码:

```
<a id="mobile" href="tel:888-555-5555">888-555-5555</a>
```

但是,桌面浏览器中出现电话链接显得有些突兀。因此,在链接后编码另一个电话号码。将电话号码放到一个 id 为 desktop 的 span 元素中,如下所示:

```
<span id="desktop">888-555-5555</span>
```

3-4 从 img 标记中删除 height 和 width 属性。

保存 index.html 文件。使用 CSS 校验器(http://jigsaw.w3.org/css-validator)检查语法并纠错。在浏览器中测试主页。虽然主页在最大化的桌面浏览器中没有什么变化(参考图 7.37),但缩小浏览器视口,会发生图 8.32 所示的变化。

任务 4:编辑 Yurts 页。编辑完成的 Yurts 网页如图 8.33 所示。

在文本编辑器中打开 yurts.html 文件,像下面这样编辑代码。

4-1 在 head 部分配置一个 viewport meta 标记,将宽度设为 device-width,将 initial-scale 设为 1.0。

4-2 在 head 部分添加语句来应用 HTML5 Shim,使旧浏览器能成功显示 HTML5 元素。

4-3 从 img 标记中删除 height 和 width 属性。

保存 yurts.html 文件。使用 CSS 校验器(http://jigsaw.w3.org/css-validator)检查语法并纠错。在浏览器中测试网页。改变浏览器窗口大小来测试媒体查询,效果如图 8.33 所示。

任务 5:编辑 Activities 页。编辑完成的 Activities 网页如图 8.34 所示。

桌面显示　　　　　　　平板显示　　　手机显示

图 8.33　浏览器模拟 yurts.html 网页在移动设备上的显示

桌面显示　　　　　　　平板显示　　　手机显示

图 8.34　浏览器模拟 activities.html 网页在移动设备上的显示

在文本编辑器中打开 activities.html 文件，像下面这样编辑代码：

5-1 在 head 部分配置一个 viewport meta 标记，将宽度设为 device-width，将 initial-scale 设为 1.0。

5-2 在 head 部分添加语句来应用 HTML5 Shim，使旧浏览器能成功显示 HTML5 元素。

5-3 从 img 标记中删除 height 和 width 属性。

保存 activities.html 文件。使用 CSS 校验器(http://jigsaw.w3.org/css-validator)检查语法并纠错。在浏览器中测试网页。改变浏览器窗口大小来测试媒体查询，效果如图 8.34 所示。

案例学习：JavaJam Coffee House

本案例将以第 7 章创建的 JavaJam 网站为基础。在网站的新版本中，将使用媒体查询配置在移动设备上的显示。图 8.35 展示了网页在桌面浏览器、平板屏幕和手机屏幕上显示时的线框图。完成后的网站在桌面浏览器上的显示没有变化(参考图 7.39 和图 8.36)。移动设备上的显示也参考图 8.36。

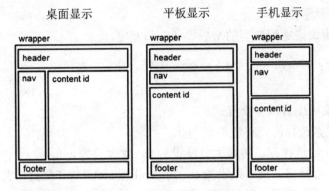

图 8.35　JavaJam 线框图

图 8.36　改变浏览器窗口大小以模拟平板和手机显示

本案例学习包括以下任务。

1. 为 JavaJam Coffee House 网站创建新文件夹。
2. 编辑 javajam.css 外部样式表文件，包含媒体查询以及桌面、平板和手机显示所需的样式。
3. 编辑主页(index.html)。
4. 编辑 Menu 页(menu.html)。
5. 编辑 Music 页(music.html)。

任务 1：创建文件夹 ch8javajam 来包含 JavaJam Coffee House 网站文件。将第 7 章创建的 ch7javajam 文件夹中的内容复制到这里。再复制 chapter8/starters 文件夹中的 javalogomobile.gif 文件。

任务 2：配置 CSS。启动文本编辑器，打开 javajam.css 外部样式表文件。

2-1 配置 HTML5 支持。添加以下样式规则，配置大多数旧浏览器正常渲染 HTML5 块显示元素。

```
header, hgroup, nav, footer, figure, figcaption, aside, section,
article { display: block; }
```

2-2 配置平板显示。

1) 编码媒体查询来适配典型的平板设备视口宽度。

```
@media only screen and (max-width: 768px) {
}
```

2) 在媒体查询中配置以下新样式。
- body 元素选择符。将边距设为 0。
- wrapper id 选择符。将最大宽度设为 0，宽度设为 auto。
- h1 元素选择符。将边距设为 0，将 javalogomobile.gif 配置成背景图片。
- content id 选择符。将左边距设为 0。
- nav 元素选择符。清除浮动(float: none;)，宽度设为 auto，填充设为 0。
- 导航无序列表。使用上下文选择符配置导航区域的 ul 元素来显示居中文本。
- 导航列表项。使用上下文选择符配置导航区域的 li 元素来进行内联显示、0 顶部和底部填充，0.75em 左侧和右侧填充。
- section 元素选择符。配置 section 元素的填充为 0。
- 内容无序列表。使用上下文选择符配置 content id 中的 ul 元素清除浮动，1em 顶部填充。

2-3 配置手机显示。

1) 编码媒体查询来适配典型的手机设备视口宽度。

```
@media only screen and (max-width: 480px) {
}
```

2) 在媒体查询中配置以下新样式。
- body 元素选择符。将边距设为 0。
- wrapper id 选择符。将宽度设为 auto，最大宽度设为 0，边距设为 0。
- h1 元素选择符。将边距设为 0，将 javalogomobile.gif 配置成背景图片。
- content id 选择符。将顶部和底部填充设为 0.1em，左侧和右侧填充设为 1em，边距设为 0，字号设为 90%。
- h1 元素选择符。将边距设为 0，字号设为 1.5em，左侧填充设为 0.3em。
- 导航无序列表。使用上下文选择符配置导航区域的 ul 元素，将填充设为 0。
- 导航列表项。使用上下文选择符配置导航区域的 li 元素进行 inline-block 显示、5em 宽度，120%字号，居中文本，2 像素的 box-shadow(#330000)，#F5F5DC 背景色，1%边距和 2.5%填充。
- 导航链接。使用上下文选择符配置导航区域的 a 元素进行块显示。这样可以为用户提供较大的区域来点按链接。
- 内容图片。使用上下文选择符配置 content id 中的 img 元素不浮动，将填充设为 0，边距设为 0.1em。
- section 元素选择符。配置 section 元素的填充为 0。

- section 中的图片。使用上下文选择符配置 section 中的 img 不显示
- mobile id。将显示设为 inline。编辑主页(index.html).时要使用该 id。
- desktop id。将显示设为 none。编辑主页(index.html).时要使用该 id。

2-4 配置桌面显示。在媒体查询上方编码以下新样式。
 1) mobile id。将显示设为 none。编辑主页(index.html)时要应用该 id。
 2) desktop id。将显示设为 inline。编辑主页(index.html)时要应用该 id。

2-5 配置灵活图像。在媒体查询上方为 img 元素选择符配置一个新样式。将最大宽度设为 100%，高度设为 auto。

2-6 配置 section。稍后会修改 music.html 页，在 section 元素而不是 div 元素中显示每一条公告。现在先把 CSS 配置好。检查 CSS 并找到#content div 选择符。将#content div 替换成 section。将左侧和右侧填充修改成 20%。

保存 javajam.css 文件。使用 CSS 校验器(http://jigsaw.w3.org/css-validator)检查语法并纠错。

任务 3：编辑主页。启动文本编辑器并打开 index.html 文件，像下面这样编辑代码。

3-1 在 head 部分配置一个 viewport meta 标记，将宽度设为 device-width，将 initial-scale 设为 1.0。

3-2 在 head 部分添加语句来应用 HTML5 Shim，使旧浏览器能成功显示 HTML5 元素。

3-3 主页在联系信息区域显示了一个电话号码。如果手机用户点击号码就可以打电话，那么是不是很"酷"？这可以通过在超链接中使用 tel:来实现。用以下语句配置一个超链接，为它分配 mobile id，在其中包含电话号码：

```
<a id="mobile" href="tel:888-555-5555">888-555-5555</a>
```

但是，桌面浏览器中出现电话链接显得有些突兀。因此，在链接后编码另一个电话号码。将电话号码放到一个 id 为 desktop 的 span 元素中，如下所示：

```
<span id="desktop">888-555-5555</span>
```

3-4 从 img 标记中删除 height 和 width 属性。
保存 index.html 文件。使用 CSS 校验器(http://jigsaw.w3.org/css-validator)检查语法并纠错。在浏览器中测试主页。虽然主页在最大化的桌面浏览器中没有什么变化(参考图 7.39)，但缩小浏览器视口，会发生如图 8.36 所示的变化。

任务 4：编辑 Menu 页。在文本编辑器中打开 menu.html 文件，像下面这样编辑代码。

4-1 在 head 部分配置一个 viewport meta 标记，将宽度设为 device-width，将 initial-scale 设为 1.0。

4-2 在 head 部分添加语句来应用 HTML5 Shim，使旧浏览器能成功显示 HTML5 元素。
保存 menu.html 文件。使用 CSS 校验器(http://jigsaw.w3.org/css-validator)检查语法并纠错。在浏览器中测试网页。改变浏览器窗口大小来测试媒体查询，效果如图 8.37 所示。

图 8.37　浏览器模拟 menu.html 网页在移动设备上的显示

任务 5：编辑 Music 页。在文本编辑器中打开 music.html 文件，像下面这样编辑代码：

5-1 在 head 部分配置一个 viewport meta 标记，将宽度设为 device-width，将 initial-scale 设为 1.0。

5-2 在 head 部分添加语句来应用 HTML5 Shim，使旧浏览器能成功显示 HTML5 元素。

5-3 从 img 标记中删除 height 和 width 属性。

5-4 每个演出公告都包含在一个 div 元素中。但相较于常规性的 div 元素，section 元素更适合这个用途。将围绕每个表演公告的 div 标记替换成 section 标记。

保存 music.html 文件。使用 CSS 校验器(http://jigsaw.w3.org/css-validator)检查语法并纠错。在浏览器中测试网页。改变浏览器窗口大小来测试媒体查询，效果如图 8.38 所示。

图 8.38　浏览器模拟 music.html 网页在移动设备上的显示

第 9 章

表格基础

过去常常用表格来格式化网页布局,但如今一般都使用 CSS 进行网页布局。本章学习如何编码 HTML 表格来组织网页上的信息,这才是表格本来的用途。

学习内容

- 了解表格在网页上的推荐用途
- 使用表格、表行、表格标题和表格单元格创建基本表格
- 使用 thead,tbody 和 tfoot 元素配置表格的不同区域
- 增强表格的无障碍访问能力
- 用 CSS 配置表格样式
- 了解 CSS 结构性伪类的用途

9.1 表格概述

表格的作用是组织信息。过去，在 CSS 获浏览器普遍支持之前，表格还被用于格式化网页布局。HTML 表格由行和列构成，就像是电子表格。每个表格单元格处于行和列的交汇处。

- 表格定义以<table>标记开始，</table>标记结束。
- 表格中的每一行都以<tr>标记开始，</tr>标记结束。
- 每个单元格(table data)以<td>标记开始，</td>标记结束。
- 表格单元格可包含文本、图片和其他 HTML 元素

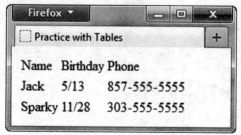

图 9.1 一个 3 行和 3 列的表格

图 9.1 的表格包 3 行和 3 列，相应的 HTML 代码如下所示：

```
<table>
  <tr>
    <td>Name</td>
    <td>Birthday</td>
    <td>Phone</td>
  </tr>
  <tr>
    <td>Jack</td>
    <td>5/13</td>
    <td>857-555-5555</td>
  </tr>
  <tr>
    <td>Sparky</td>
    <td>11/28</td>
    <td>303-555-5555</td>
  </tr>
</table>
```

注意：表格是一行一行编码的。类似地，一行中的单元格是一个一个编码的。能注意到这一细节是成功使用表格的关键。例子参考学生文件 chapter9/table1.html。

table 元素

table 元素是包含表格化信息的块级元素。表格以<table>标记开头，以</table>标记结束。

border 属性

在 HTML 4 和 XHTML 中，border 属性的作用是配置表格边框的可见性和宽度。border 属性在 HTML5 中的用法不一样。使用 HTML5 代码 border="1"将导致浏览器围绕表格和单元格显示默认边框。图 9.2 的网页(chapter9/table1a.html)显示了一个 border="1"的表格。如果省略 border 属性，浏览器不围绕表格和单元格显示默认边框，如图 9.1 所示。要用 CSS 配置表格边框的样式。本章稍后将进行练习。

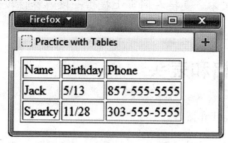

图 9.2 浏览器为表格和单元格显示可见的边框

表格标题

caption 元素通常与数据表格配合使用，以描述这个表格的内容。图 9.3 的示例表格使用<caption>标记将表格的标题设为"Bird Sightings"。注意，caption 元素紧接在起始<table>标记之后。例子请参考学生文件 chapter9/table2.html。表格的 HTML 代码如下所示：

```
<table border="1">
  <caption>Bird Sightings</caption>
  <tr>
    <td>Name</td>
    <td>Date</td>
  </tr>
  <tr>
    <td>Bobolink</td>
    <td>5/25/10</td>
  </tr>
  <tr>
    <td>Upland Sandpiper</td>
    <td>6/03/10</td>
  </tr>
</table>
```

图 9.3 表格的标题是 Bird Sightings

> **FAQ** table 标记的其他属性有何变化？比如 cellpadding, cellspacing 和 summary。
>
> 早期版本的 HTML(比如 HTML 4 和 XHTM)提供了许多属性来配置 table 元素，包括 cellpadding, cellspacing, bgcolor, align, width 和 summary。这些属性在 HTML5 中被认为已经无效和废弃。现在是用 CSS 而不是 HTML 属性配置表格样式，比如对齐、宽度、单元格填充、单元格间距和背景颜色。虽然 summary 属性有助于支持无障碍访问和对表格进行描述，但 W3C 建议使用以下技术之一替换 summary 属性并提供表格的上下文描述：在 caption 元素中配置描述性文本，直接在网页上提供一段解释性段落，或者对表格进行简化。本章稍后会练习配置表格。

9.2 表行、单元格和表头

▶ 视频讲解：Configure a Table

表行元素(table row)配置表格中的一行。表行以<tr>标记开头，以</tr>标记结束。

表格数据(table data)元素配置表行中的一个单元格，以<td>标记开头，以</td>标记结束。表 9.1 总结了常用属性。

表头(table header)元素和表格数据元素相似，都是配置表行中的一个单元格。但它的特殊性在于配置的是列标题或行标题。表头元素中的文本居中和加粗显示。表头元素以<th>标记开头，以</th>标记结束。表 9.1 总结了常用属性。

表 9.1 表格数据(td)和表头(th)元素的常用属性

属性名称	属性值	用途
colspan	数值	单元格跨越的列数
headers	表头单元格的 id	将 td 单元格和 th 单元格关联；可由屏幕朗读器访问
rowspan	数值	单元格跨越的行数
scope	row 或 col	表头单元格的内容是行标题(row)还是列标题(col)；可由屏幕朗读器访问

图 9.4 的表格用<th>标记配置了列标题，HTML 代码如下所示(参考学生文件 chapter9/table3.html)。注意，第一行使用的是<th>而不是<td>标记。

```
<table border="1">
 <tr>
  <th>Name</th>
  <th>Birthday</th>
  <th>Phone</th>
 </tr>
 <tr>
  <td>Jack</td>
  <td>5/13</td>
  <td>857-555-5555</td>
 </tr>
 <tr>
  <td>Sparky</td>
```

```
    <td>11/28</td>
    <td>303-555-5555</td>
  </tr>
</table>
```

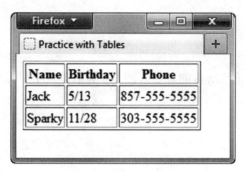

图 9.4　使用<th>标记配置列标题

 动手实作 9.1

创建如图 9.5 所示的网页来介绍你上过的两所学校。表格标题是"School History Table"。表格包含 3 行和 3 列。第一行包含表头元素，列标题分别是 School Attended，Years 和 Degree Awarded。第二行和第三行应填写你自己的信息。

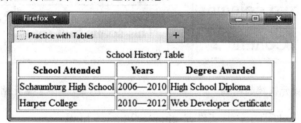

图 9.5　School History 表格

启动文本编辑器并打开模板文件 chapter1/template.html。另存为你喜欢的文件名。修改 title 元素。使用 table、tr、th、td 和 caption 元素配置如图 9.5 所示的表格。

注意，表格包含 3 行和 3 列。为了配置边框，在<table>标记中使用 border="1"。第一行的单元格应使用表头元素(th)。

保存文件并在浏览器中测试。示例解决方案参考学生文件 chapter9/table4.html。

9.3　跨行和跨列

可向 td 或 th 元素应用 colspan 和 rowspan 属性来改变表格的网格外观。进行这种比较复杂的表格配置时，一定要先在纸上画好表格，再输入 HTML 代码。

colspan 属性指定单元格所占的列数。图 9.5 展示了一个单元格跨越两列的情况。表格的 HTML 代码如下所示：

```
<table border="1">
  <tr>
```

```
    <td colspan="2">This spans two columns</td>
  </tr>
  <tr>
    <td>Column 1</td>
    <td>Column 2</td>
  </tr>
</table>
```

rowspan 属性指定单元格所占的行数。图 9.6 展示了一个单元格跨越两行的情况。表格的 HTML 代码如下所示：

```
<table border="1">
  <tr>
    <td rowspan="2">This spans two rows</td>
    <td>Row 1 Column 2</td>
  </tr>
  <tr>
    <td>Row 2 Column 2</td>
  </tr>
</table>
```

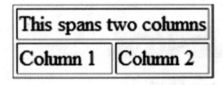

图 9.6 一个单元格跨越两列

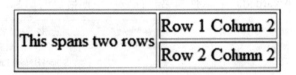

图 9.7 一个单元格跨越两行

与图 9.6 和图 9.7 对应的学生文件是 chapter9/table5.html。

 动手实作 9.2

为了创建如图 9.8 所示的网页，启动文本编辑器并打开模板文件 chapter1/template.html。修改 元素。使用 table、tr 和 td 元素配置表格。

1. 编码起始<table>标记。用 border="1"配置边框。
2. 用<tr>标记开始第一行。
3. 表格数据单元格"Cana Island Lighthouse"要跨越 3 行。编码 td 元素并使用 rowspan="3"属性。
4. 编码 td 元素来包含文本"Built: 1869"。
5. 用</tr>标记结束第一行。
6. 用<tr>标记开始第二行。这一行只有一个 td 元素，因为第一列中的单元格已被"Cana Island Lighthouse"占用。
7. 编码 td 元素来包含文本"Automated: 1944"。

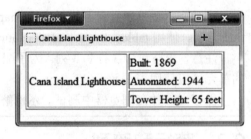

图 9.8 练习 rowspan 属性

8. 用</tr>标记结束第二行。
9. 用<tr>标记开始第三行。这一行只有一个 td 元素，因为第一列中的单元格已被"Cana Island Lighthouse"占用。
10. 编码 td 元素来包含文本"Tower Height: 65 feet"。
11. 用</tr>标记结束第三行。
12. 编码结束</table>标记。

保存文件并在浏览器中查看。示例解决方案请参考学生文件 chapter9/table6.html。注意，单元格中的文本"Cana Island Lighthouse"在垂直方向是居中对齐的，这是默认垂直对齐方式。可以用 CSS 修改垂直对齐，本章以后会进行说明。

> **FAQ 可不可以通过 CSS 创建表格式网页布局？**
>
> 可以。如果想用 CSS 在网页上配置表格式布局，请使用 CSS display 属性。本书以前说过，CSS display 属性的作用是配置元素是否和怎样显示。之前已用过 display: none，display: block 和 display: inline。Internet Explorer 8 是最后一个开始支持 display: table 属性值的主流浏览器。瑞秋·安德鲁(Rachel Andrew)的文章"Everything You Know About CSS Is Wrong"(http://www.digital-web.com/articles/everything_you_know_about_ CSS_Is_wrong)鼓励开发人员大胆尝试 display: table 编码技术。
>
> 注意，该技术仍然相当受限。例如，没有内建的机制来模拟 HTML 表格的 rowspan 或 colspan 属性。但是，CSS3 草案(http://www.w3.org/Style/CSS/current-work)正在尝试通过新的 CSS 规范来解决多列布局和网格定位问题。

9.4 配置无障碍访问表格

> **Focus on ACCESSIBILITY**
> 在网页上组织信息时表格很有用。但是，如果看不到表格，只能依靠屏幕朗读器等辅助技术来读出表格内容，又该怎么办呢？默认会按编码顺序听到表格中的内容，一行接一行，一个单元格接一个单元格。这很难理解。本节要讨论增强表格无障碍访问能力的编码技术。

针对图 9.9 所示的简单数据表，W3C 提供了如下建议：
- 使用表头元素(<th>标记)指定列或行标题；
- 使用 caption 元素提供整个表格的标题。

图 9.9 这个简单的数据表使用<th>标记和 caption 元素提供无障碍访问

示例网页请参考学生文件 chapter9/table7.html。HTML 代码如下所示：

```
<table border="1">
<caption>Bird Sightings</caption>
  <tr>
    <th>Name</th>
    <th>Date</th>
  </tr>
  <tr>
    <td>Bobolink</td>
    <td>5/25/10</td>
  </tr>
  <tr>
    <td>Upland Sandpiper</td>
    <td>6/03/10</td>
  </tr>
</table>
```

但是，对于较复杂的表格，W3C 建议将 td 单元格与表头关联。具体就是在 th 中定义 id，在 td 中通过 herders 属性引用该 id。以下代码配置图 9.9 的表格(学生文件 chapter9/table8.html)：

```
<table border="1">
<caption>Bird Sightings</caption>
  <tr>
    <th id="name">Name</th>
    <th id="date">Date</th>
  </tr>
  <tr>
    <td headers="name">Bobolink</td>
    <td headers="date">5/25/10</td>
  </tr>
  <tr>
    <td headers="name">Upland Sandpiper</td>
    <td headers="date">6/03/10</td>
  </tr>
</table>
```

> **FAQ 为什么不用 scope 属性？**
>
> scope 属性用于关联单元格和行、列标题。它指定一个单元格是列标题(scope="col")还是行标题(scope="row")。为了生成如图 9.9 所示的表格，可以像下面这样使用 scope 属性(学生文件 chapter9/table9.html)：
>
> ```
> <table border="1" width="75%" title="这个表列出教育背景。每一行都描述在一所学校的学历。列包括学校名称、起止年份、科目和获得的学位。">
> 
> <table border="1">
> <caption>Bird Sightings</caption>
>   <tr>
>     <th scope="col">Name</th>
>     <th scope="col">Date</th>
>   </tr>
>   <tr>
> ```

```
            <td>Bobolink</td>
            <td>5/25/10</td>
        </tr>
        <tr>
            <td>Upland Sandpiper</td>
            <td>6/03/10</td>
        </tr>
    </table>
```

> 检查上述代码，你会注意到如果使用 scope 属性提供无障碍访问，所需的编码量要少于使用 headers 和 id 属性所编写的代码。然而，由于屏幕朗读器对 scope 属性的支持不一，WCAG 2.0 建议使用 headers 和 id 属性，而不是使用 scope 属性。

9.5 用 CSS 配置表格样式

过去普遍使用 HTML 属性配置表格的视觉效果。更现代的方式是使用 CSS 配置表格样式。表 9.2 列出了和配置表格样式的 HTML 属性对应的 CSS 属性。

表 9.2 配置表格样式的 HTML 属性和 CSS 属性

HTML 属性	CSS 属性
align	为了对齐表格，要配置 table 选择符的 width 和 margin 属性。例如，以下代码使表格居中： 　　`table { width: 75%; margin: auto; }` 要对齐单元格中的内容，则使用 text-align 属性
width	width
height	height
cellpadding	padding
cellspacing	border-spacing 配置单元格边框之间的空白；数值(px 或 em)或者百分比。0 值应省略单位。一个值同时配置水平和垂直间距；两个值分别配置水平和垂直间距 border-collapse 配置边框区域。值包括 separate(默认)和 collapse(删除表格边框和单元格边框之间的额外空白)
bgcolor	background-color
valign	vertical-align
border	border，border-style，border-spacing
无对应属性	background-image
无对应属性	caption-side 指定表题位置。值包括 top(默认)和 bottom

动手实作 9.3

这个动手实作将编码 CSS 样式规则来配置一个数据表。新建文件夹 ch9table，将 Chapter9 文件夹中的 starter.html 文件复制到这里。在浏览器中打开 starter.html 文件，如图 9.10 所示。

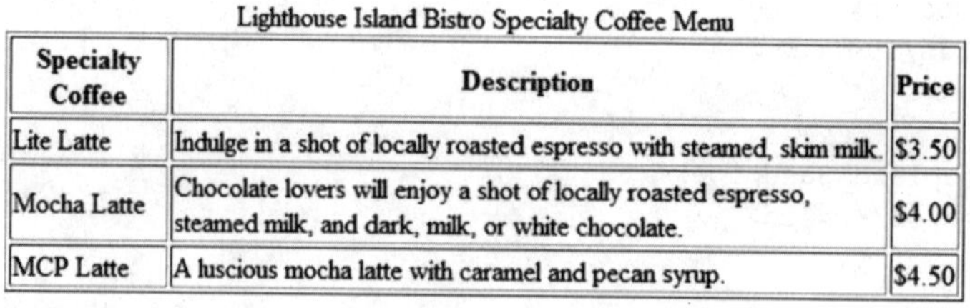

Lighthouse Island Bistro Specialty Coffee Menu

Specialty Coffee	Description	Price
Lite Latte	Indulge in a shot of locally roasted espresso with steamed, skim milk.	$3.50
Mocha Latte	Chocolate lovers will enjoy a shot of locally roasted espresso, steamed milk, and dark, milk, or white chocolate.	$4.00
MCP Latte	A luscious mocha latte with caramel and pecan syrup.	$4.50

图 9.10　用 CSS 配置之前的表格

启动文本编辑器并打开 starter.html。找到 head 部分的 style 标记来编码嵌入 CSS。将光标定位到 style 标记之间的空行。

1. 配置 table 元素选择符使表格居中，使用深蓝色 5 像素边框，宽度 600px。

```
table { margin: auto; border: 5px solid #000066; width: 600px; }
```

将文件另存为 menu.html 并在浏览器中显示。注意表格现在有了一个深蓝色边框。

2. 配置 td 和 th 元素选择符。添加样式规则来配置边框、填充和 Arial 或默认 sans-serif 字体。

```
td, th {  border: 1px solid #000066; padding: 5px;
     font-family: Arial, sans-serif; }
```

保存文件并在浏览器中显示。注意，所有单元格都有边框，而且使用的是一种 sans-serif 字体。

3. 注意单元格边框之间的空白间距。可以用 border-spacing 属性消除这些空白。为 table 选择符添加 border-spacing: 0;样式规则。保存文件并在浏览器中显示。

4. 使用 Verdana 或者默认 sans-serif 字体显示加粗的表格标题(caption)，字号为 1.2 em，底部有 5 像素的填充。

```
caption { font-family: Verdana, sans-serif; font-weight: bold;
          font-size: 1.2em; padding-bottom: 5px; }
```

5. 尝试一下为行使用背景颜色，而不是为边框上色。修改样式规则，配置 td 和 th 元素选择符，删除边框声明，并将 border-style 设为 none。

```
td, th { padding: 5px; font-family: Arial, sans-serif;
         border-style: none; }
```

6. 新建一个名为 altrow 的类来设置背景颜色。

```
.altrow { background-color:#eaeaea; }
```

7. 在 HTML 代码中修改<tr>标记，将表格第二行和第四行的<tr>元素分配为 altrow 类。保存文件并在浏览器中显示。现在的表格应该和图 9.11 相似。

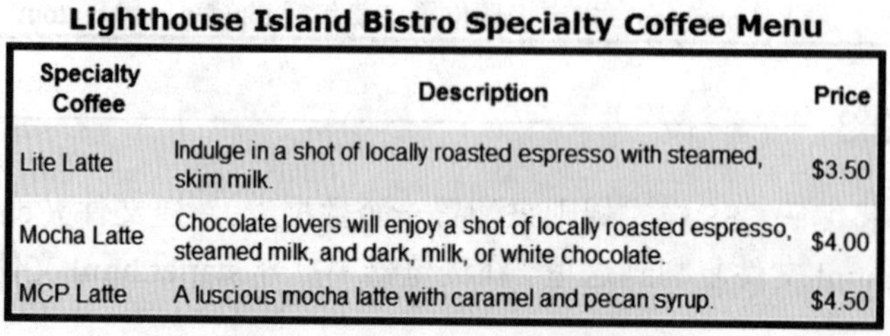

Lighthouse Island Bistro Specialty Coffee Menu

Specialty Coffee	Description	Price
Lite Latte	Indulge in a shot of locally roasted espresso with steamed, skim milk.	$3.50
Mocha Latte	Chocolate lovers will enjoy a shot of locally roasted espresso, steamed milk, and dark, milk, or white chocolate.	$4.00
MCP Latte	A luscious mocha latte with caramel and pecan syrup.	$4.50

图 9.11　行配置了交替的背景颜色

可以看出，交替的背景颜色使网页增色不少。将你的作品与学生文件 chapter9/menu.html 进行比较。

9.6 CSS3 结构性伪类

上一节用 CSS 配置表格，隔行应用类来配置交替背景颜色，或者常说的"斑马条纹"。但这种配置方法有些不便，有没有更高效的方法？答案是肯定的！CSS3 **结构性伪类选择符**允许根据元素在文档结构中的位置(比如隔行)选择和应用类。CSS3 伪类得到了当前主流浏览器的支持，包括 Firefox、Opera、Chrome、Safari 和 Internet Explorer 9。IE 更早的版本不支持 CSS3 伪类，所以不要完全依赖这个技术，而是应该把它作为对网页的一种增强。表 9.3 列出了 CSS3 结构性伪类选择符及其用途。

表 9.3 常用 CSS3 结构性伪类

伪类	用途
:first-of-type	应用于指定类型的第一个元素
:first-child	应用于元素的第一个子
:last-of-type	应用于指定类型的最后一个元素
:last-child	应用于元素的最后一个子
:nth-of-type(n)	应用于指定类型的第 n 个元素。n 为数字、odd(奇)或 even(偶)

为了应用伪类，在选择符之后写它的名称。以下代码配置无序列表第一项使用红色文本。

```
li:first-of-type { color: #FF0000; }
```

 动手实作 9.4

这个动手实作将修改上一个动手实作创建的表格，使用 CSS3 结构性伪类来配置颜色。

1. 在文本编辑器中打开 ch9table 文件夹中的 menu.html 文件(或学生文件 hapter9/menu.html)，另存为 menu2.html。
2. 查看源代码，注意，第二个和第四个 tr 元素分配给了 altrow 类。如果使用 CSS3 结构化伪类选择符，就不需要这个类。所以，从这些 tr 元素中删除 class="altrow"。
3. 检查嵌入 CSS 并找到 altrow 类。修改选择符来使用结构性伪类，向表格的偶数行应用样式。如以下 CSS 声明所示，将 .altrow 替换为 tr:nth-of-type (even)：

```
tr:nth-of-type(even) { background-color:#eaeaea; }
```

4. 保存文件。在浏览器中显示网页，如图 9.11 所示。
5. 用结构性伪类 :first-of-type 配置第一行显示深灰色背景(#666)和浅灰色文本(#eaeaea)。添加以下嵌入 CSS：

```
tr:first-of-type { background-color: #666;
                   color: #eaeaea; }
```

6. 保存文件。在浏览器中显示网页，如图 9.12 所示。示例解决方案请参考学生文件 chapter9/menucss3.html。

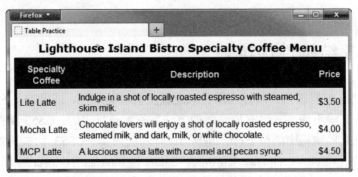

图 9.12　用 CSS3 伪类配置表行样式

配置首字母

怎样使一个段落的首字母有别于其他字母？使用 CSS2 伪类:first-letter 很容易做到。以下代码配置如图 9.13 所示的文本：

```
p:first-letter {  font-size: 3em;
                font-weight: bold; color: #F00; }
```

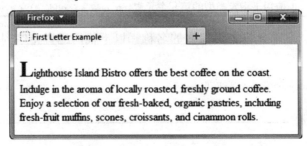

图 9.13　用 CSS 配置首字母

访问以下资源更多地了解伪元素:before，:after 和:first-line：
- http://css-tricks.com/pseudo-element-roundup
- http://coding.smashingmagazine.com/2011/07/13/learning-to-use-the-before-and-after-pseudo-elements-in-css/

9.7　配置表格区域

编码表格时有大量配置选项。表行可划分为三个组别：表头(<thead>)，表格主体(<tbody>)以及表脚(<tfoot>)。

要以不同方式(属性或 CSS)配置表格的不同区域，这种分组方式就相当有用。配置了一个<thead>或<tfoot>区域，就必须同时配置<tbody>。反之，表头或表脚则可有可无。

以下示例代码(学生文件 chapter9/tfoot.html)配置如图 9.14 所示的表格,演示如何用 CSS 配置具有不同样式的 thead、tbody 和 tfoot。

CSS 配置表格宽度为 200 像素,居中,表格标题(caption)使用大的、加粗的字体;表头区域使用浅灰色(#eaeaea)背景;表格主体区域使用较小的文本(.90em),使用 Arial 或默认 sans-serif 字体;表格主体的 td 元素选择符配置 25px 的左侧填充,底部虚线边框;表脚区域的文本居中,使用浅灰色(#eaeaea)背景。CSS 代码如下所示:

图 9.14 用 CSS 配置 thead,tbody 和 tfoot 元素选择符

```
table { width: 200px; margin: auto;}
table, th, td { border-style: none; }
caption { font-size: 2em; font-weight: bold; }
thead { background-color: #eaeaea;}
tbody { font-family: Arial, sans-serif; font-size:.90em;}
tbody td { border-bottom: 1px #000033 dashed; padding-left: 25px;}
tfoot { background-color: #eaeaea; font-weight: bold; text-align: center;}
```

表格的 HTML 代码如下所示:

```
<table border="1">
<caption>Time Sheet</caption>
<thead>
  <tr>
    <th id="day">Day</th>
    <th id="hours">Hours</th>
  </tr>
</thead>
<tbody>
  <tr>
    <td headers="day">Monday</td>
    <td headers="hours">4</td>
  </tr>
  <tr>
    <td headers="day">Tuesday</td>
    <td headers="hours">3</td>
  </tr>
  <tr>
    <td headers="day">Wednesday</td>
    <td headers="hours">5</td>
  </tr>
  <tr>
    <td headers="day">Thursday</td>
    <td headers="hours">3</td>
  </tr>
  <tr>
    <td headers="day">Friday</td>
    <td headers="hours">3</td>
  </tr>
```

```
</tbody>
<tfoot>
  <tr>
    <td headers="day">Total</td>
    <td headers="hours">18</td>
  </tr>
</tfoot>
</table>
```

这个例子演示了 CSS 在配置文档样式时的强大功能。每个表行分组(thead、tbody 和 tfoot)中的<td>标记都继承父分组元素的字体样式。注意如何使用上下文选择符，只为<tbody>中的<tr>配置填充和边框。示例代码请参考学生文件 chapter9/tfoot.html。花一些时间探索网页代码，并在浏览器中实际显示它。

复习和练习

复习题

选择题

1. 哪个 HTML 元素描述表格的内容？（   ）
   A. table   B. summary   C. caption   D. thead
2. 哪个 CSS 声明造成不显示表格边框？（   ）
   A. display: none;   B. border-style: none;
   C. border-spacing: none;   D. border-collapse: collapse;
3. 哪一对 HTML 标记将表行分组为表脚(table footer)？（   ）
   A. <footer> </footer>   B. <tr> </tr>
   C. <tfoot> </tfoot>   D. 以上都不对
4. 哪个 HTML 元素使用 border 属性显示带边框的表格？（   ）
   A. <td>   B. <tr>   C. <table>   D. <tableborder>
5. 哪一对 HTML 标记指定表格的行标题或列标题？（   ）
   A. <td> </td>   B. <th> </th>
   C. <head> </head>   D. <tr> </tr>
6. 哪个 CSS 属性代替 cellpadding 属性？（   ）
   A. cell-padding   B. border-spacing
   C. padding   D. 以上都不对
7. 哪一对 HTML 标记开始和结束表行？（   ）
   A. <td> </td>   B. <tr> </tr>
   C. <table> </table>   D. 以上都不对
8. 表格在网页上的推荐用途是什么？（   ）
   A. 配置整个网页的布局   B. 组织信息
   C. 构建超链接   D. 配置简历

9. 用什么 CSS 属性指定表格背景色？（　　）
   A. background　　　　　　　　　B. bgcolor
   C. background-color　　　　　　 D. 以上都不对
10. 哪个 HTML 属性将 td 单元格和 th 单元格关联？（　　）
   A. head　　　B. headers　　　C. align　　　D. rowspan

动手练习

1. 编写 HTML 代码创建一个包含两列的表格，在表格中填入你的朋友们的名字和生日。表格第一行要横跨两列并显示表头"Birthday List"，至少在表格中填入两个人的信息。

2. 编写 HTML 代码创建一个包含三列的表格，用以描述本学期所上的课程。各列中要包含课程编号、课程名称和任课教师姓名。表格第一行要使用<th>标记并且加入相应的列标题。在表格中使用表行分组标记<thead>和<tbody>。

3. 用 CSS 配置表格和所有单元格都有红色边框。写 HTML 代码创建三行、两列的表格。在每一行的第一列中，单元格分别包含以下术语：HTML5，XML 和 XHTML。第二列的单元格包含与术语对应的定义。

4. 创建网页来描述你喜爱的棒球队，用一个两列的表格列出所有位置和首发球员。使用嵌入 CSS 配置表格边框和背景颜色，并配置表格在网页上居中。在 tfooter 区域显示你的电子邮件链接。将文件另存为 sport9.html。

5. 为你最喜欢的电影创建一个网页，将电影的详细信息放置在一个两列的表格中。用嵌入 CSS 配置表格边框和背景颜色。表格应该包含下列信息：
   - 电影名称
   - 导演或制片人
   - 男主角
   - 女主角
   - 分级(R、PG-13、PG、G、NR)
   - 电影简介
   - 指向该电影的一篇评论文章的绝对链接

   在网页中加入自己电子邮件链接，将网页另存为 movie9.html。

聚焦 Web 设计

好的画家会欣赏和分析很多作品，好的作家会阅读和评价很多书籍。同样，好的网页设计师也会仔细查看许多网页。请在网上找出两个网页：一个能吸引你，另一个不能吸引你。打印这两个网页，对于每个网页，都创建一个网页来回答下面的问题。

   A. 网页的 URL 是什么？
   B. 网页是否使用了表格？如果是，它的作用是什么？页面布局、组织信息，还是其他用途？
   C. 网页是否使用了 CSS？如果是，它的作用是什么？页面布局，文本和颜色配置，还是其他用途？

D. 网页能不能吸引人？给出三个理由说明为什么。
E. 对于不吸引人的网页，你会怎样改进它？

案例学习：Pacific Trails Resort

这个案例分析将以第 8 章创建的 Pacific Trails 网站为基础，在 Yurts 页中添加数据表。完成之后的新网页如图 9.15 所示。

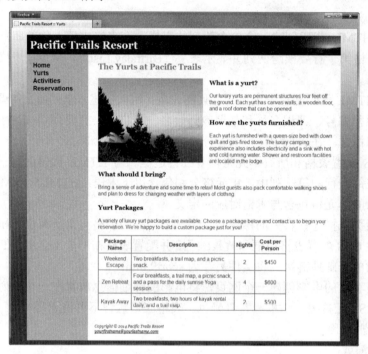

图 9.15　新的 Pacific Trails 的 Yurts 网页包含表格

本案例学习有三个任务。
1. 为 Pacific Trails 案例分析新建文件夹。
2. 修改样式表(pacific.css)为新表格配置样式规则。
3. 修改 Yurts 页使用表格显示如图 9.15 所示的信息。

任务 1：创建文件夹 ch9pacific 来包含 Pacific Trails Resort 网站文件。从第 8 章案例分析创建的 ch8pacific 文件夹复制所有文件。

任务 2：配置 CSS。添加样式来配置 Yurts 页的表格。启动文本编辑器并打开 pacific.css 外部样式表文件。在媒体查询上方添加新的样式规则。

- **配置表格**。为 table 元素选择符编码新的样式规则，配置 1 像素的实线蓝色(#3399cc)边框，宽度 80%，单元格之间无间距(border-spacing: 0;)。
- **配置表格单元格**。为 td 和 th 元素选择符编码新的样式规则，配置 5 像素填充，1 像素的实线蓝色(#3399cc)边框。
- **td 内容居中**。为 td 元素选择符编码新的样式规则，使内容居中(text-align: center;)。
- **配置 text 类**。注意，Description 列的内容是文本描述，不应该居中。所以，专门为名为 text 的类编码新的样式规则，覆盖 td 样式规则，使文本左对齐(text-align: left;)。

- **配置交替的行背景颜色**。交替的背景颜色能增强表格的可读性。但是，即使没有这种设计，表格仍然是可读的。应用 CSS3 伪类:nth-of-type，配置奇数行使用浅蓝色 (#F5FAFC)背景。

保存 pacific.css 文件。

任务 3：更新 Yurts 页。在文本编辑器中打开 yurts.html。

- 找到 id 为 content 的 div，在结束 div 标记上方添加一个空行。配置一个 h3 元素来显示文本"Yurt Packages"。
- 在新的 h3 元素下添加一个段落，显示以下文本：

  A variety of luxury yurt packages are available. Choose a package below and contact us to begin your reservation. We're happy to build a custom package just for you!

- 现在可以开始配置表格了。在段落下方另起一行，编码 4 行、4 列的表格，配置可见的边框。使用 table，th 和 td 元素。将包含详细描述信息的 td 元素分配给 text 类。表格内容如下所示。

Package Name	Description	Nights	Cost per Person
Weekend Escape	Two breakfasts, a trail map, and a picnic snack.	2	$450
Zen Retreat	Four breakfasts, a trail map, a pass for the daily sunrise Yoga session.	4	$600
Kayak Away	Two breakfasts, two hours of kayak rental daily, and a trail map.	2	$500

保存 yurts.html 文件。启动浏览器来测试新网页。结果应该如图 9.15 所示。如有必要，纠错并重试。

案例学习：JavaJam Coffee House

这个案例分析将以第 8 章创建的 JavaJam Coffee House 网站为基础，在 Menu 页中添加数据表。完成之后的新网页如图 9.16 所示。

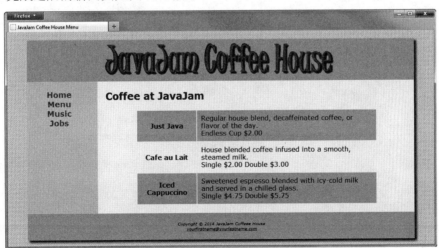

图 9.16 新的 Menu 网页包含表格

本案例学习有三个任务。

1. 为 JavaJam 案例分析新建文件夹。
2. 修改样式表(javajam.css)为新表格配置样式规则。
3. 修改 Menu 页使用表格显示如图 9.16 所示的信息。

任务 1：创建文件夹 ch9javajam 来包含 JavaJam Coffee House 网站文件。从第 8 章案例分析创建的 ch8javajam 文件夹复制所有文件。

任务 2：配置 CSS。要添加样式来配置 Menu 页的表格。启动文本编辑器并打开 javajam.css 外部样式表文件。在媒体查询上方添加新的样式规则。

- **配置表格**。为 table 元素选择符编码新的样式规则，配置表格居中(margin:auto;)，80%宽度。
- **配置表格单元格**。为 td 和 th 元素选择符编码新的样式规则，配置 10 像素填充。
- **配置交替的行背景颜色**。交替的背景颜色能增强表格的可读性。但是，即使没有这种设计，表格仍然是可读的。应用 CSS3 伪类:nth-of-type，配置奇数行使用中棕色(#D2B48C)背景。

保存 javajam.css 文件。

任务 3：更新 Menu 页。在文本编辑器中打开 menu.html。菜单描述是用一个描述列表来配置的。将描述列表替换成 3 行、2 列的表格。合理使用 th 和 td 元素。保存网页并在浏览器中测试。如有必要，纠错并重试。

第 10 章

表单基础

表单在网上的应用相当广泛。搜索引擎用它们接收关键字，网上商店用它们处理购物车。网站也用表单实现大量功能，接收用户反馈、鼓励用户将文章发送给朋友或同事、为邮件列表收集 E-mail 地址以及接收订单信息等。本章将为网站开发人员介绍一种功能非常强大的工具，用于从网页访问者那里接收信息的表单。

学习内容

- 了解网页表单的常见用途
- 使用 form、input、textarea 和 select 元素创建表单
- 使用 label、fieldset 和 legend 元素关联表单控件和组
- 使用 CSS 配置表单样式
- 了解服务器端处理的特点和常见用途
- 在服务器端处理表单数据
- 配置新的 HTML5 表单控件，包括 email、URL、datalist、range、spinner、calendar 和 color-well 控件

10.1 概述

每当使用搜索引擎、下订单或者加入邮件列表时，都在使用表单。**表单**(form)是一个 HTML 元素，它用于包含和组织称为**表单控件**(form control)的对象(比如文本框、复选框和按钮)，并从网站访问者那里接收信息。

以如图 10.1 所示的 Google 搜索表单为例。你可能用过它很多次，但从未想过它是怎样工作的。这个表单十分简单，只包含三个表单控件：一个用于接收搜索关键字的文本框和两个按钮。Google Search 按钮提交表单并调用一个进程来搜索 Google 数据库以显示结果页。I'm Feeling Lucky 按钮提交表单并直接显示符合关键字的第一个网页。

图 10.1 Google 主页的搜索表单

图 10.2 展示了一个更详细的表单，irs.gov 用它接收送货信息。该表单使用文本框接收姓名和地址等信息。选择列表(有时称下拉框)将值限定在少数几个正确值中，比如州和国家名称。访问者点击 Continue 按钮时，表单信息就被提交，订购过程继续。

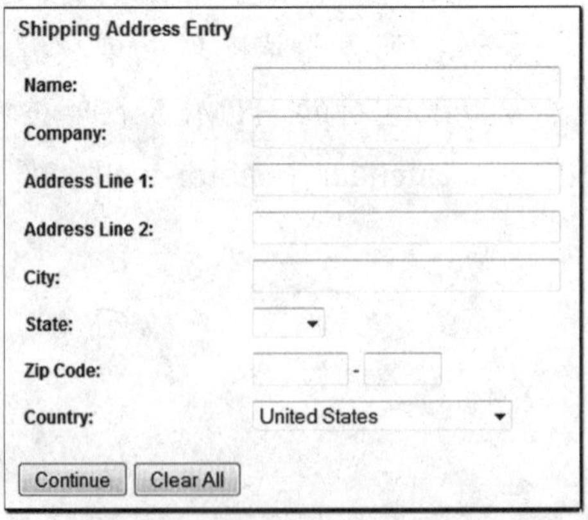

无论表单是用于搜索网页还是下订单，其自身都无法完成全部的处理。表单需要调用服务器上运行的程序或脚本，才能搜索数据库或记录订单信息。表单通常由以下两部分组成。

1. HTML 表单自身，它是网页用户界面。
2. 服务器端处理，它处理表单数据，可以发

图 10.2 该表单接收订单信息

送电子邮件、向文本文件写入、更新数据库或在服务器上执行其他处理。

form 元素

基本了解表单的用途之后，下面将重点放在用于创建表单的 HTML 代码上。form 元素包含一个完整的表单。<form>标记指定表单区域开始，</form>标记指定表单区域结束。网页可包含多个表单，但不能嵌套。form 元素可配置属性，指定用于处理表单的服务器端程序或文件，表单信息发送给服务器的方式，以及表单的名称。表 10.1 总结了这些属性。

表 10.1 form 元素的常用属性

属性名称	属性值	用途
action	服务器端处理脚本的 URL 或文件名/路径	该属性是必须的，指定提交表单时将表单信息发送到哪里。如果值为 mailto:youre-mailaddress，会启动访问者的默认电子邮件应用程序来发送表单信息
autocomplete	on	HTML5 属性。on 是默认值。浏览器将使用自动完成功能填写表单字段
autocomplete	off	HTML5 属性。浏览器不使用自动完成功能填写表单字段
id	字母或数字，不能含空格。值必须唯一，不可与同网页中的其他 id 值重复	该属性是可选的。它为表单提供唯一的标识符
method	get	get 是默认值。使表单数据被附加到 URL 上并发送给 Web 服务器
method	post	post 方式比较隐蔽，它将表单数据包含在 HTTP 应答主体中进行发送。这种方式为 W3C 首选
name	字母或数字，不能含空格，要以字母开头。请选择一个描述性强且简短的表单名称。例如，OrderForm 要强于 Form1 或 WidgetsRUsOrderForm	该属性是可选的。它为表单命名以使客户端脚本语言能够方便地访问表单，比如在运行服务器端程序前使用 JavaScript 编辑或校验表单信息

例如，要将一个表单的名称设为 order，使用 post 方式发送数据，而且执行服务器上 demo.php 脚本，代码如下所示：

```
<form name="order" method="post" id="order" action="demo.php">
   . . . 这里是表单控件 . . .
</form>
```

表单控件

表单的作用是从网页访问者那里收集信息；表单控件是接受信息的对象。表单控件的类型包括文本框、滚动文本框、选择列表、单选钮、复选框和按钮等。HTML5 提供了新的表单控件，包括专门为电邮地址、URL、日期、时间、数字和颜色选择定制的控件。将在随后的小节中介绍配置表单控件的 HTML 元素。

10.2 文本框

input 元素用于配置几种表单控件。该元素是独立元素(或者称为 void 元素),不编码成起始和结束标记。type 属性指定浏览器显示的表单控件类型。type="text"将 input 元素配置成文本框,用于接收用户输入,比如姓名、E-mail 地址、电话号码和其他文本。图 10.3 是文本框的例子。下面是该文本框的代码:

图 10.3 创建文本框

```
E-mail: <input type="text" name="email" id="email">
```

表 10.2 列出了 input 元素的常用属性。有几个属性是 HTML5 新增的。新的 required 属性非常好用,它告诉支持的浏览器执行表单校验。支持 HTML5 required 属性的浏览器会自动校验文本框中是否输入了信息,条件不满足就显示错误消息。下面是一个例子:

```
E-mail: <input type="text" name="email" id="email" required="required">
```

表 10.2 配置成文本框的 input 元素的常用属性

属性名称	属性值	用途
type	text	配置成文本框
name	字母或数字,不能含空格,以字母开头	为表单控件命名,便于客户端脚本语言(如 JavaScript)或服务器端程序访问。名称必须唯一
id	字母或数字,不能含空格,以字母开头	为表单控件提供唯一标识符
size	数字	设置文本框在浏览器中显示的宽度。如果省略 size 属性,浏览器将按默认大小显示文本框
maxlength	数字	设置文本框所接收文本的最大长度
value	文本或数字字符	设置文本框显示的初始值。并接收在文本框中键入的信息。该值可由客户端脚本语言和服务器端程序访问
disabled	disabled	表单控件被禁用
readonly	readonly	表单控件仅供显示,不能编辑
autocomplete	on	HTML5 属性。on 是默认值。浏览器将使用自动完成功能填写表单控件
	off	HTML5 属性。浏览器不用自动完成功能填写表单控件
autofocus	autofocus	HTML5 属性,浏览器将光标定位到该表单控件,设置成焦点
list	datalist 元素的 id 值	HTML5 属性,将表单控件与一个 datalist 元素关联
placeholder	文本或数值	HTML5 属性,占位符,帮助用户理解控件作用的简短信息
required	required	HTML5 属性,表示该字段必须输入信息。提交表单时,浏览器会进行校验
accesskey	键盘字符	表单控件的键盘热键
tabindex	数值	表单控件的 tab 顺序(按 Tab 键时获得焦点的顺序)

> 虽然网页设计人员对 required 和其他新的 HTML5 表单处理功能感到很兴奋，但浏览器广泛支持这些新功能尚需时日。所以，表单校验同时必须以旧的方式进行，使用客户端或服务器端的脚本程序。

> **为什么要在表单控件中同时使用 name 属性和 id 属性？**
> name 属性命名表单控件，以便客户端脚本语言(比如 JavaScript)或服务器端程序语言(如 PHP)访问。为表单控件的 name 属性指定的值必须在该表单内唯一。id 属性用于 CSS 和脚本编程。id 属性的值必须在表单所在的整个网页中唯一。表单控件的 name 值和 id 值通常应该相同。

图10.4 是用户在 Fiefox 中未输入任何信息点击表单的提交(Submit)按钮之后自动生成的错误消息。不支持 HTML5 或者 required 属性的浏览器会忽略该属性。

图 10.4　Firefox 浏览器显示错误提示

10.3　提交按钮和重置按钮

提交按钮

提交(submit)按钮用于提交表单。点击会触发<form>标记指定的 action，造成浏览器将表单数据(每个表单控件的"名称/值"对)发送给 Web 服务器。Web 服务器调用 action 属性指定的服务器端程序或脚本。

type="submit"将 input 元素配置成提交按钮。例如：

`<input type="submit">`

重置按钮

重置(Reset)按钮将表单的各个字段重置为初始值。重置按钮不提交表单。

type="reset "将 input 元素配置成重置按钮。例如：

`<input type="reset ">`

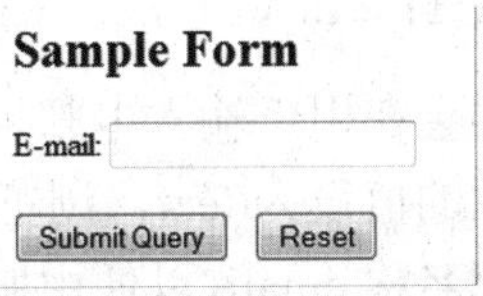

图 10.5　表单包含文本框、提交按钮和重置按钮

示例表单

图 10.5 的表单包含一个文本框、一个提交按钮和一个重置按钮。表 10.3 列出了提交和重置按钮的常用属性。

表 10.3　提交和重置按钮的常用属性

属性名称	属性值	用途
type	submit	配置成提交按钮
	reset	配置成重置按钮
name	字母或数字，不能含空格，以字母开头	为表单控件命名以使其能够方便地被客户端脚本语言(如 JavaScript)或服务器端程序访问。命名必须唯一
id	字母或数字，不能含空格，以字母开头	为表单控件提供唯一标识符
value	文本或数字字符	设置重置按钮上显示的文本。默认显示"Submit"或"Reset"
accesskey	键盘字符	为表单控件配置键盘热键
tabindex	数值	为表单控件配置 tab 顺序

 动手实作 10.1

这个动手实作将编码一个表单。启动文本编辑器并打开模板文件 chapter1/template.html。将文件另存为 form1.html。创建图 10.6 所示的表单。

1. 修改 title 元素，在标题栏显示文本 "Form Example"。
2. 配置一个 h1 元素，显示文本 "Join Our Newsletter"。
3. 现在准备好配置表单了。表单以 <form> 标记开头。在刚才添加的标题下方另起一行，输入如下所示的<form>标记：

图 10.6　提交按钮上的文本设置成 "Sign Me Up!"

```
<form method="get">
```

通过前面的学习，你知道可以为 form 元素使用大量属性。在这个动手实作中，要使用尽量少的 HTML 代码创建表单。

4. 为了创建供输入电邮地址的表单控件，请在 form 元素下方另起一行，输入以下代码：

```
E-mail: <input type="text" name="email" id="email"><br><br>
```

这样会在用于输入电邮地址的文本框前显示文本 "E-mail:"。将 input 元素的 type 属性的值设为 text，浏览器会显示文本框。name 属性为文本框中输入的信息(value) 分配名称 email，以便由服务器端进程使用。id 属性在网页中对元素进行唯一性标识。
用于换行。

5. 现在可以为表单添加提交按钮。将 value 属性设为 "Sign Me Up!"：

```
<input type="submit" value="Sign Me Up!">
```

这导致浏览器显示一个按钮，按钮上的文字是"Sign Me Up!"，而不是默认的"Submit Query"。

6. 在提交按钮后面加入一个空格，为表单添加重置按钮：

   ```
   <input type="reset">
   ```

7. 最后添加 form 元素的结束标记：

   ```
   </form>
   ```

保存 form1.html 文件。在浏览器中测试，结果应该如图 10.6 所示。可将自己的作品与学生文件 chapter10/form1.html 进行比较。试着输入一些内容。点击提交按钮。表单会重新显示，但似乎什么事情都没有发生。不用担心，这是因为还没有配置服务器端处理方式。本章稍后会讲解如何将表单和服务器端处理关联。但在此之前，我们先介绍更多的表单控件。

10.4 复选框和单选钮

复选框

这种表单控件允许用户从一组事先确定的选项中选择一项或多项。为<input>标记设置 type="checkbox"，即可配置复选框。复选框的示例见图 10.7。注意，复选框可多选。表 10.4 列出了复选框常用的属性。

表 10.4 复选框的常用属性　　　　　　　　　　　图 10.7 复选框

属性名称	属性值	用途
type	checkbox	配置成复选框
name	字母或数字，不能含空格，以字母开头	为表单控件命名，以便客户端脚本语言或服务器端程序访问。每个复选框的命名必须唯一
id	字母或数字，不能含空格，以字母开头	为表单控件提供唯一标识符
checked	checked	在浏览器中显示时，该复选框默认为选中状态
value	文本或数字	复选框被选中时赋予它的值。该值可以由客户端脚本语言和服务器端程序访问
disabled	disabled	表单控件被禁用，不接收信息
autofocus	autofocus	HTML5 属性；浏览器将光标定位到表单控件，并设置成焦点
required	required	HTML5 属性；表示该控件必须输入信息。提交表单时，浏览器会进行校验
accesskey	键盘字符	表单控件的键盘热键
tabindex	数值	表单控件的 tab 顺序(按 Tab 键时获得焦点的顺序)

HTML 代码如下所示:

```
Choose the browsers you use: <br>
<input type="checkbox" name="IE" id="IE" value="yes">Internet Explorer<br>
<input type="checkbox" name="Firefox" id="Firefox" value="yes">Firefox<br>
<input type="checkbox" name="Opera" id="Opera" value="yes"> Opera<br>
```

单选钮

单选钮允许用户从一组事先确定的选项中选择唯一的一项。在同一组中，每个单选钮的 name 属性的值是一样的，而且不同单选按钮的 value 属性值不能重复。由于名称相同，这些元素被认为在同一组中，它们中只能有一项被选中。

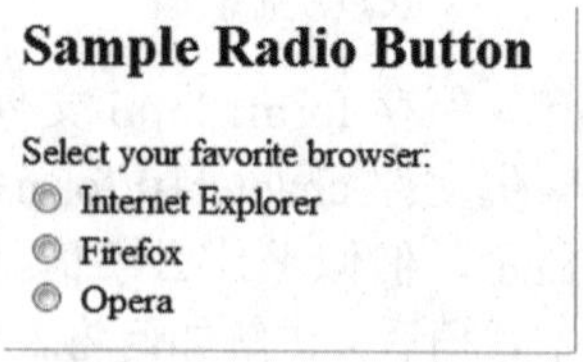

为<input>标记设置 type="radio"，即可配置单选按钮。单选按钮的示例见图 10.8，三个单选按钮在同一组中，同时只能选择一个单选按钮。表 10.5 列出了单选按钮的常用属性。

图 10.8　多选一时使用单选钮

HTML 代码如下所示:

```
Select your favorite browser:<br>
<input type="radio" name="favbrowser" id="favIE" value="IE"> Internet Explorer<br>
<input type="radio" name="favbrowser" id="favFirefox" value="Firefox"> Firefox<br>
<input type="radio" name="favbrowser" id="favOpera" value="Opera"> Opera<br>
```

表 10.5　单选按钮的常用属性

属性名称	属性值	用途
type	radio	配置成单选框
name	字母或数字，不能含空格，以字母开头	这是必须有的属性；同一个组的单选钮必须有相同的 name；为表单控件命名，以便客户端脚本语言或服务器端程序访问
id	字母或数字，不能含空格，以字母开头	为表单控件提供唯一标识符
checked	checked	在浏览器中显示时，该单选钮默认为选中状态
value	文本或数字字符	单选钮被选中时赋予它的值。同一组的单选钮的 value 不能重复。该值可以由客户端脚本语言和服务器端程序访问
disabled	disabled	表单控件被禁用，不接收信息
autofocus	autofocus	HTML5 属性；浏览器将光标定位到表单控件，并设置成焦点
required	required	HTML5 属性；表示该控件必须输入信息。提交表单时，浏览器会进行校验
accesskey	键盘字符	表单控件的键盘热键
tabindex	数值	表单控件的 tab 顺序(按 Tab 键时获得焦点的顺序)

10.5 隐藏字段和密码框

隐藏字段

隐藏字段可以存储文本或数值信息，但在网页中不显示。隐藏字段可由客户端和服务器端脚本访问。

为<input>标记设置 type="hidden"，即可配置一个隐藏字段。表 10.6 列出了隐藏字段的常用属性。以下 HTML 代码创建一个隐藏表单控件，将 name 属性设为"sendto"，将 value 属性设为一个电子邮件地址：

```
<input type="hidden" name="sendto" id="sendto" value="order@site.com">
```

表 10.6　隐藏字段的常用属性

常用属性的名称	属性值	用途
type	"hidden"	配置成隐藏表单控件
name	字母或数字，不能含空格，要以字母开头	为表单控件命名以便客户端脚本语言(如 JavaScript)或服务器端程序处理。命名必须唯一
id	字母或数字，不能含空格，要以字母开头	为表单控件提供唯一标识符
value	文本或数字字符	向隐藏控件赋值。该值可由客户端脚本语言和服务器端程序访问
disabled	disabled	表单控件被禁用

密码框

密码框表单控件和文本框相似，但它接收的是需要在输入过程中隐藏的数据，比如密码。为<input>标记使用 type="password"，即可配置一个密码框。

在密码框中输入信息时，实际显示的是星号(或其他字母，具体由浏览器决定)，而不是输入的字符，如图 10.9 所示。这样可以防止别人从背后偷看输入的信息。输入的真实信息会被发送到服务器，但这些信息并不是真正加密或隐藏的。表 10.7 列出了密码框的常用属性。注意：浏览器可能用不同的符号"隐藏"这些字符。

图 10.9　虽然输入的是 secret999，但浏览器显示******

HTMl 代码如下所示：

```
Password: <input type="password" name="pword" id="pword">
```

表 10.7 密码框的常用属性

属性名称	属性值	用途
type	password	配置成密码框
name	字母或数字，不能含空格，要以字母开头	为表单控件命名以便客户端脚本语言或服务器端程序访问。命名必须唯一
id	字母或数字，不能含空格，要以字母开头	为表单控件提供唯一标识符
size	数字	设置密码框在浏览器中显示的宽度。如果省略了 size 属性，浏览器按默认大小显示该密码框
maxlength	数字	可选。设置密码框接收文本的最大长度
value	文本或数字字符	设置密码框显示的初始值，并接收在密码框中输入的信息。该值可由客户端脚本语言和服务器端程序访问
disabled	disabled	表单控件被禁用
readonly	readonly	表单控件仅供显示，不能编辑
autocomplete	on	HTML5 属性。on 是默认值。浏览器将使用自动完成功能填写表单控件
	off	HTML5 属性。浏览器不用自动完成功能填写表单控件
autofocus	autofocus	HTML5 属性；浏览器将光标定位到表单控件，并设置成焦点
placeholder	文本或数值	HTML5 属性；旨在帮助用户理解控件作用的简短信息
required	required	HTML5 属性；表示该字段必须输入信息。提交表单时，浏览器会进行校验
accesskey	键盘字符	表单控件的键盘热键
tabindex	数值	表单控件的 tab 顺序(按 Tab 键时获得焦点的顺序)

10.6 textarea 元素

滚动文本框接收无格式的留言、提问或陈述文本。要用 textarea 元素配置滚动文本框。<textarea>标记指示滚动文本框开始，</textarea>标记指示滚动文本框结束。两个标记之间的文本会在文本框中显示。图 10.10 是示例滚动文本框。表 10.8 列出了常用属性。

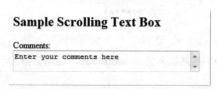

图 10.10 滚动文本框

HTML 代码如下所示:

```
Comments:<br>
<textarea name="comments" id="comments" cols="40" rows="2">Enter your comments here</textarea>
```

表 10.8 滚动文本框的常用属性

属性名称	属性值	用途
name	字母或数字,不能含空格,要以字母开头	为表单控件命名以便客户端脚本语言(如 JavaScript)或服务器端程序访问。命名必须唯一
id	字母或数字,不能含空格,要以字母开头	为表单控件提供唯一标识符
cols	数字	设置以字符列为单位的滚动文本框宽度。如果省略了 cols 属性,浏览器将使用默认宽度显示滚动文本框
rows	数字	设置以行为单位的滚动文本框高度。如果省略了 rows 属性,浏览器将使用默认高度显示滚动文本框
maxlength	数字	能接受的最大字符数
disabled	disabled	表单控件被禁用
readonly	readonly	表单控件仅供显示,不能编辑
autofocus	autofocus	HTML5 属性;浏览器将光标定位到表单控件,并设置成焦点
placeholder	文本或数值	HTML5 属性;旨在帮助用户理解控件作用的简短信息
required	required	HTML5 属性;表示该字段必须输入信息。提交表单时,浏览器会进行校验
wrap	hard 或 soft	HTML5 属性;配置文本的换行方式
accesskey	键盘字符	表单控件的键盘热键
tabindex	数值	表单控件的 tab 顺序(按 Tab 键时获得焦点的顺序)

动手实作 10.2

该动手实作将创建包含以下表单控件的联系表单:一个 First Name 文本框,一个 E-mail 文本框,以及一个 Comments 滚动文本框。将以动手实作 10.1 创建的表单(图 10.6)为基础。

启动文本编辑器并打开学生文件 chapter10/form1.html。将文件另存为 form2.html。新的联系表单如图 10.11 所示。

1. 修改 title 元素,在标题栏显示文本 "Contact Form"。
2. 配置 h1 元素,显示文本 "Contact Us"。
3. 已经编码了用于输入 E-mail 地址的表单控件。如图 10.11 所示,需要在 E-mail 表单控件之前添加用于输入 First Name 和 Last Name 的文本框。将光标定位到起始 <form> 标记之后,按两下 Enter 键生成两个空行。添加以下代码来接收网站访问者的姓名:

```
First Name: <input type="text" name="fname" id="fname"><br><br>
Last Name: <input type="text" name="lname" id="lname"><br><br>
```

图 10.11　一个典型的联系表单

4. 接着在 E-mail 表单控件下方另起一行，用<textarea>标记向表单添加滚动文本框控件。代码如下所示：

```
Comments:<br>
<textarea name="comments" id="comments"></textarea><br><br>
```

保存文件并在浏览器中显示，这时看到的是滚动文本框的默认显示。注意，不同浏览器有不同的默认显示。截止本书写作时为止，Internet Explorer 总是显示一个垂直滚动条，而 Firefox 仅在必要时显示。正是浏览器引擎设计者的不同决策，才使网页设计人员的生活变得"丰富多彩"！

5. 下面配置滚动文本框的 rows 和 cols 属性。修改<textarea>标记，设置 rows="4"和 cols="40"。如以下代码所示：

```
Comments:<br>
<textarea name="comments" id="comments" rows="4" cols="40"></textarea><br><br>
```

6. 接着修改提交按钮上显示的文本。将 value 属性设为"Contact"。保存 form2.html 文件。在浏览器中测试网页，结果应该如图 10.11 所示。

可以将自己的作品与学生文件 chapter10/form2.html 进行比较。试着在表单中输入信息。单击提交按钮。表单可能只是重新显示，似乎什么事情都没有发生。不用担心，这是因为尚未配置服务器端处理。本章稍后会讲解这方面的问题。

10.7　select 和 option 元素

如图 10.12 和图 10.13 所示的**选择列表**表单控件也称为选择框、下拉列表、下拉框和选项框。选择列表由一个 select 元素和多个 option 元素配置。

select 元素

select 元素用于包含和配置选择列表。选择列表以<select>标记开始，以</select>标记结束。可通过属性配置要显示的选项数量，以及是否允许多选。表 10.9 列出了常用属性。

表 10.9 select 元素的常用属性

属性名称	属性值	用途
name	字母或数字，不能含空格，以字母开头	为表单控件命名以便客户端脚本语言(如 JavaScript)或服务器端程序访问。命名必须唯一
id	字母或数字，不能含空格，以字母开头	为表单控件提供唯一标识符
size	数字	设置浏览器将显示的选项个数。如果设为 1，则该元素变成下拉列表。如果选项的个数超过了允许的空间，则浏览器会自动显示滚动条
multiple	multiple	设置选择列表接受多个选项。默认只能选中选择列表中的一个选项
disabled	disabled	表单控件被禁用
tabindex	数值	表单控件的 tab 顺序(按 Tab 键时获得焦点的顺序)

option 元素

option 元素用于包含和配置选择列表中的选项。每个选项以<option>标记开始，以</option>标记结束。可通过属性配置选项的值以及是否预先选中。表 10.10 列出了常用属性。

表 10.10 option 元素的常用属性

属性名称	属性值	用途
value	文本或数字字符	为选项赋值。该值可以被客户端脚本语言和服务器程序读取
selected	selected	浏览器显示时将某一选项设置为默认选中状态
disabled	disabled	表单控件被禁用

图 10.12 的选择列表的 HTML 代码如下所示：

```
<select size="1" name="favbrowser" id="favbrowser">
  <option>Select your favorite browser</option>
  <option value="Internet Explorer">Internet Explorer</option>
  <option value="Firefox">Firefox</option>
  <option value="Opera">Opera</option>
</select>
```

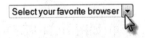

图 10.12　size 为 1 的选择列表在点击箭头后显示下拉框

图 10.13 的选择列表的 HTML 代码如下所示：

```
<select size="4" name="jumpmenu" id="jumpmenu">
  <option value="index.html">Home</option>
```

```
    <option value="products.html">Products</option>
    <option value="services.html">Services</option>
    <option value="about.html">About</option>
    <option value="contact.html">Contact</option>
</select>
```

图 10.13 由于不止 4 个选项，所以浏览器显示滚动条

10.8 label 元素

Focus on ACCESSIBILITY label 元素是将文本描述和表单控件关联起来的容器标记。使用屏幕朗读器的人有时很难将一个文本描述与一个表单控件对应起来。label 元素则可以明确地将表单控件和文本描述关联。<label>元素对于无法精确控制肌肉运动的人来说也很有用。点击表单控件或对应的文本标签，都能把光标焦点定位到该表单控件。

有两种不同的方法在标签和表单控件之间建立关联。

1. 第一种方法是将 label 元素作为容器来包含文本描述和 HTML 表单控件。注意文本标签和表单控件必须是相邻的元素。例如：

```
<label>E-mail: <input type="text" name="email" id="email"></label>
```

2. 第二种方法是利用 for 属性将标签和特定 HTML 表单控件关联。这种方法更灵活，不要求文本标签和表单控件相邻。例如：

```
<label for="email">E-mail: </label>
<input type="text" name="email" id="email">
```

注意：label 元素的 for 属性值与 input 元素的 id 属性值一致，这在文本标签和表单控件之间建立了联系。input 元素的 name 和 id 属性的作用不同，name 属性可由客户端和服务器端脚本使用，而 id 属性创建的标识符可由 label 元素、锚元素和 CSS 选择符使用。

label 元素不在网页上显示，它在幕后工作以实现无障碍访问。

动手实作 10.3

这个动手实作将在动手实作 10.2 创建的表单(如图 10.11 所示)中，为文本框和滚动文本区域添加标签。在文本编辑器中打开学生文件 chapter10/form2.html 并另存为 form3.html。

1. 找到 First Name 文本框。添加 label 元素来包含 input 元素，如下所示：

```
<label>First Name: <input type="text" name="fname" id="fname"></label>
```

2. 同样，添加 label 元素来包含 Last Name 和 E-mail 这两个文本框。

3. 配置 label 元素来包含文本"Comments:"。将这个标签与滚动文本框关联,如下所示:

```
<label for="comments">Comments:</label><br>
<textarea name="comments" id="comments" rows="4" cols="40"></textarea>
```

保存 form3.html 文件。在浏览器中测试网页。结果应该如图 10.11 所示。记住,label 元素不会改变网页的显示,只是方便残障人士使用表单。

可将自己的作品与学生文件 chapter10/form3.html 进行比较。试着在表单中输入信息。单击提交按钮。表单可能只是重新显示,似乎什么事情都没有发生。不用担心,这是因为尚未配置服务器端处理。本章稍后会讲解这方面的问题。

10.9 fieldset 元素和 legend 元素

fieldset 元素和 legend 元素结合使用,从视觉上对表单控件进行分组,这样做可以增强表单的使用性。

fieldset 元素

为了创建让人爽心悦目的表单,一个办法是用 fieldset 元素对控件进行分组。浏览器会在用 fieldset 分组的表单控件周围加上一些视觉线索,比如一圈轮廓线或者一个边框。<fieldset>标记指定分组开始,</fieldset>标记指定分组结束。

legend 元素

legend 元素为 fieldset 分组提供文本描述。<legend>标记指定文本描述开始,</legend>标记指定文本描述结束。

以下 HTML 代码创建如图 10.14 所示的分组:

```
<fieldset>
  <legend>Billing Address</legend>
  <label>Street: <input type="text" name="street" id="street"
         size="54"></label><br><br>
  <label>City: <input type="text" name="city" id="city"></label>
  <label>State: <input type="text" name="state" id="state" maxlength="2"
         size="5"></label>
  <label>Zip: <input type="text" name="zip" id="zip" maxlength="5"
         size="5"></label>
</fieldset>
```

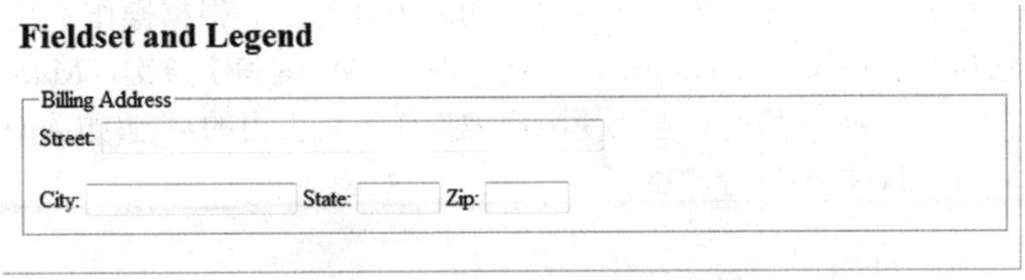

图 10.14 这些表单都和一个邮寄地址有关

> fieldset 元素的分组和视觉效果使包含表单的网页显得更有序、更吸引人。用 fieldset 和 legend 元素对表单控件进行分组,在视觉和语义上对控件进行了组织,从而增强了无障碍访问。fieldset 和 legend 元素可由屏幕朗读器使用,是在网页上对单选钮和复选框进行分组的一种有用的工具。

前瞻:用 CSS 配置 fieldset 分组样式

下一节重点介绍如何用 CSS 配置表单样式,但不妨提前了解一下。图 10.14 和图 10.15 展示了相同的表单元素,但图 10.15 的表单样式是用 CSS 配置的。功能没变,但视觉效果更好。示例网页请参见学生文件 chapter10/form4.html。样式规则如下所示:

```
fieldset { width: 500px; border: 2px ridge #ff0000;
           font-family: Arial, sans-serif; padding: 10px;}
legend { font-family: Georgia, "Times New Roman", serif; font-weight: bold; }
label { padding-left: 10px; }
```

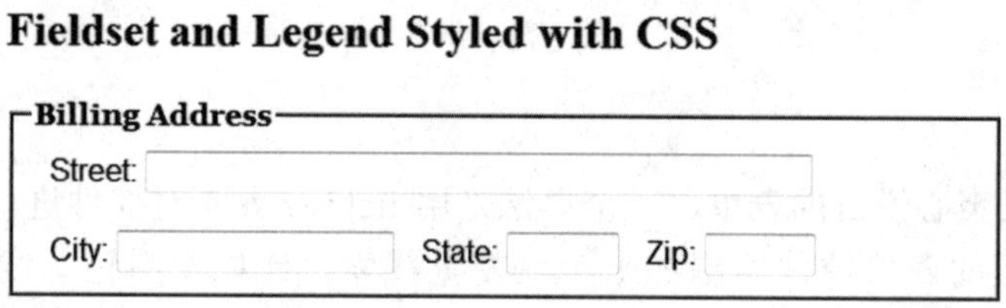

Fieldset and Legend Styled with CSS

┌─ Billing Address ─────────────────────────────────┐
│ Street: [   ] │
│ City: [   ] State: [   ] Zip: [   ] │
└───┘

图 10.15 用 CSS 配置 fieldset,legend 和 label 元素

> 使用 HTML 元素 label,fieldset 和 legend 以增强网页表单的无障碍访问。这使有视觉和运动障碍的人能够更方便地使用表单页面。使用这些元素的另一个好处是能增强表单对于所有访问者的可读性和可用性。注意,一定要附上联系信息(E-mail 地址和/或电话号码)。万一某个访问者无法成功提交表单,他还可以向你请求协助。

有些网页访问者使用鼠标可能有困难,所以他们用键盘访问表单。他们可能使用 Tab 键从一个表单控件跳到另一个表单控件。Tab 键的默认动作是按编码顺序在不同控件之间移动。这通常是没有问题的。但是,假如需要改变某个表单的 Tab 顺序,就要在每个表单控件中使用 tabindex 属性了。

要想使表单设计有利于键盘操作,另一个方法是在表单控件中使用 accesskey 属性。将 accesskey 属性的值设为键盘上的某个字符(字母或数字),从而为网页访问者创建一个热键。热键被按下的时候,插入点就能马上移到对应的表单控件上。根据操作系统的不同,使用这一热键的方法也有所不同。Windows 用户要同时按 Alt 键和字符键,Mac 用户要按 Ctrl 键和字符键。选择 accesskey 值时,避免使用已被操作系统占用的热键(如 Alt+F 快捷键用于显示 File 菜单)。必须对热键进行测试。

10.10 用 CSS 配置表单样式

图 10.16 的表单看起来有点乱，怎样改进？过去是用表格配置表单元素的显示，经常需要在单独的表格单元格放置文本标签和表单字段。但这个方式已经过时，因为它既不支持无障碍访问，也很难维护。本节介绍更现代的方法，即使用 CSS 配置表单样式，而不是使用 HTML 表格。

用 CSS 配置表单样式时，要用 CSS 框模型创建一系列矩形框，如图 10.17 所示。最外层的框定义了表单区域。其他框代表 label 元素和表单控件。用 CSS 配置这些组件。

图 10.16 文本和表单控件的对齐需要改进

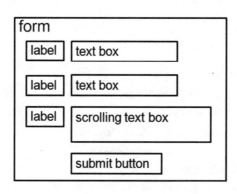

图 10.17 用于配置表单的框模型草图

图 10.18 显示了用这种方式配置的一个表单(学生文件 chapter10/formcss.html)。查看 CSS 和 HTML 时，注意 label 元素选择符配置成块显示，100 像素宽度，在表单左侧浮动，并且清除之前的左侧浮动。input 和 textarea 元素配置了顶部边距和块显示。submit 按钮分配了一个 id 并配置了左边距。最终的结果是良好对齐的一个表单。

图 10.18 该表单的布局和格式用 CSS 配置

CSS 代码如下所示：

```css
form { background-color: #eaeaea;
       font-family: Arial, sans-serif;
       width: 350px;
       padding: 10px; }
label { float: left;
        clear: left;
        display: block;
        width: 100px;
        text-align: right;
        padding-right: 10px;
        margin-top: 10px; }
input, textarea {margin-top: 10px;
                 display: block; }
#mySubmit { margin-left: 110px; }
```

HTML 代码如下所示：

```html
<form>
  <label for="myName">Name:</label>
  <input type="text" name="myName" id="myName">
  <label for="myEmail">E-mail:</label>
  <input type="text" name="myEmail" id="myEmail">
  <label for="myComments">Comments:</label>
  <textarea name="myComments" id="myComments"
  rows="2" cols="20"></textarea>
  <input id="mySubmit" type="submit" value="Submit">
</form>
```

本节介绍了如何用 CSS 配置表单样式。对不同浏览器显示表单的方式进行测试是非常重要的。

根据本章的例子编码和显示表单时，会注意到单击提交按钮后，表单只是重新显示，因为表单本身不做任何事情。这是由于没有为<form>标记配置 action 属性。下一节将讨论在网页上使用表单的第二个要素——服务器端处理。

10.11 服务器端处理

▶ 视频讲解：Connect a form to Server-side Processing

浏览器向服务器请求网页和相关文件，服务器找到文件后发送给浏览器。然后，浏览器渲染返回的文件，并显示请求的网页。服务器和浏览器之间的通信如图 10.19 所示。

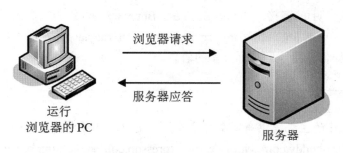

图 10.19 浏览器(客户端)与服务器协同工作

除了静态网页，网站有时还需要提供更多功能——比如站点搜索、订单、电子邮件列表、数据库显示或其他类型的交互式动态处理。服务器端处理正是为此设计的。早期服务器使用名为"**通用网关接口**"(Common Gateway Interface，CGI)的协议提供这个功能。CGI 是一种协议(或者说标准方法)，服务器用这种协议将用户的请求(通常使用表单来发起)传送给应用程序，以及接收发送给用户的信息。服务器通常将表单信息传送给一个处理数据的小应用程序，并由该程序返回确认网页或者消息。Perl 和 C 是 CGI 应用程序的常用编程语言。

服务器端脚本(Server-side scripting)技术在服务器上运行服务器端脚本程序，以便动态生成网页，例子包括 PHP、Ruby on Rails、Microsoft Active Server Page(ASP)、Adobe ColdFusion、Sun JavaServer Pages 和 Microsoft .NET。服务器端脚本和 CGI 的区别在于它采用的是直接执行方式，脚本要么由服务器自身运行，要么由服务器上的一个扩展模块运行。

网页通过一个表单属性或者一个超链接(脚本文件 URL)来调用服务器端程序。当前所有表单数据都传给脚本程序。脚本处理完毕后，可能生成一个确认或反馈页面，其中包含请求的信息。调用服务器端脚本时，开发人员和服务器端的程序员必须协商好表单的 method 属性(get 还是 post)，表单的 action 属性(服务器端脚本 URL)，以及服务器端脚本所期待的任何特殊表单控件。

form 标记的 method 属性指定以何种方式将 name/value 对传给服务器。method 属性值 get 造成将表单数据附加到 URL 上，这是可见和不安全的。method 属性值 post 则不通过 URL 传送表单数据。相反，它通过 HTTP 请求的实体传送，这样隐密性更强。W3C 建议使用"post"方法。

form 标记的 action 属性指定服务器端脚本。和每个表单控件关联的 name 和 value 属性将传给服务器端脚本。name 属性可在服务器端脚本中作为变量名使用。

隐私和表单

旨在保护访问者隐私的指导原则称为"**隐私条款**"。网站要么将这些条款显示在表单页面上，要么创建一个单独的网页来描述这些隐私条款(和公司的其他条款)。例如，mymoney.gov 的订单页面(http://mymoney.gov/mymoneyorder.shtml)显示了以下声明：

"WE WILL NOT SHARE OR SELL ANY PERSONAL INFORMATION OBTAINED FROM YOU WITH ANY OTHER ORGANIZATION, UNLESS REQUIRED BY LAW TO DO SO."

浏览一些知名网站时，比如 Amazon.com 或 eBay.com，会在页脚区域找到指向隐私条款(有时称为隐私声明)的链接。Better Business Bureau(商业改进局)提供了一份隐私通告样板，网址是 http://www.bbbonline.org/privacy/sample_privacy.asp。在网站包含隐私声明，告诉访问者你准备如何使用他们与你分享的信息。

免费远程主机表单处理
如果你的主机提供商不支持服务器端处理，可考虑使用一些免费的远程脚本主机。例如 http://formbuddy.com，http://www.expressdb.com 或者 http://www.formmail.com。

免费服务器端脚本
为了使用免费的脚本程序，你购买的主机服务要支持脚本所用的语言。联系主机提供商来了解具体的支持情况。注意，许多免费主机是不支持服务器端处理的(要花钱买)。免费脚本和相关资源请访问 http://scriptarchive.com 和 http://php.resourceindex.com。

10.12 表单练习

动手实作 10.4

这个动手实作将修改本章早些时候创建的表单页。将配置表单，使用 post 方法调用服务器端脚本程序。注意，为了测试自己的作品，计算机必须已经接入互联网。post 方法比 get 方法更安全。post 方法不通过 URL 传送表单信息；它将这些信息包含在 HTTP 请求实体中进行传送，这使它的隐秘性更强。

使用服务器端脚本之前，要先从提供脚本的人或组织那里获取一些信息或文档。要知道脚本的位置，它是否要求表单控件使用特殊名称，而且要了解它是否要求任何隐藏表单控件。<form>标记的 action 属性用于调用服务器端脚本。我们在 http://webdevbasics.net/scripts/demo.php 为学生们创建了一个供练习的服务器端脚本。服务器端脚本的说明文档列于表 10.11。

表 10.11 服务器端脚本的文档

脚本 URL	http://webdevbasics.net/scripts/demo.php
表单方法	post
脚本用途	该脚本接收表单输入，并显示表单控件的名称和值。这是学生作业的样板脚本，用于演示服务器端程序的调用过程。在真实的网站中，脚本执行的功能应包括发送电子邮件和更新数据库等

启动文本编辑器，打开在动手实作 10.3 中创建的 form3.html 文件(或学生文件 chapter10/form3.html)。请修改<form>标记，添加 method 属性，将值设为"post"；再添加 action 属性，将值设为"http://webdevbasics.net/scripts/demo.php"。修改后的<form>标记的代码如下：

```
<form method="post" action="http://webdevbasics.net/scripts/demo.php">
```

将网页另存为 contact.html 并在浏览器中测试。结果应该和图 10.11 显示的页面相似。

现在可以对表单进行测试了，必须连接上网才能成功测试表单。在表单的各个文本框中输入信息，然后点击提交按钮。应该看到一个确认页面，如图 10.20 所示。

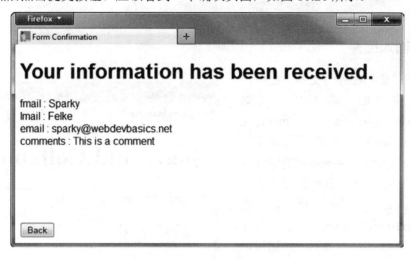

图 10.20　服务器端脚本程序创建该网页来响应表单请求

demo.php 脚本程序创建网页来显示一条消息以及你输入的表单信息。换句话说，该确认页面是<form>标记的 action 属性指向的服务器端脚本创建的。至于如何编写服务器端的脚本程序，这方面的主题超出了本书的范围。然而，如果有兴趣，请访问 http://webdevbasics.net/2e/chapter10.html 查看该脚本程序的源代码。

 测试表单时，如果什么也没发生，该怎么办？
试试下面这些诊断要点：
- 确保计算机已接入互联网
- 检查 action 属性中脚本地址的拼写
- 细节决定成败！

10.13　HTML5 文本表单控件

E-mail 地址输入表单控件

E-mail 地址表单控件与文本框相似。作用是接收电子邮件地址，比如"DrMorris2010@gmail.com"。为<input>元素设置 type="email"，即可配置一个 E-mail 地址表单控件。只有支持 HTML5 email 属性值的浏览器才能验证用户输入的是不是电邮地址。其他浏览器将其视为普通文本框。图 10.21(chapter10/email.html)展示了假如输入的不是电邮地址，Firefox 浏览器会显示一条错误消息。注意，浏览器并不验证是否真实电

图 10.21　Firefox 浏览器显示一条错误消息

邮地址，只验证格式是否正确。HTML 代码如下所示：

```
<label for="email">E-mail:</label>
<input type="email" name="myEmail" id="myEmail">
```

URL 表单输入控件

URL 表单输入控件与文本框相似。作用是接收 URL 或 URI，比如"http://webdevbasics.net"。为<input>元素设置 type="url"即可配置。只有支持 HTML5 url 属性值的浏览器才能验证用户输入的是不是 URL。其他浏览器将其视为普通文本框。图 10.23(chapter10/url.html)展示了假如输入的不是 URL，Firefox 会显示一条错误消息。注意，浏览器并不验证是否真实 URL，只验证格式是否正确。HTML 代码如下所示：

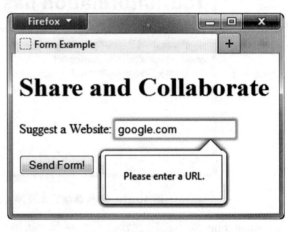

图 10.22　Firefox 浏览器显示一条错误消息

```
<label for="myWebsite">Suggest a Website:</label>
<input type="url" name="myWebsite" id="myWebsite">
```

电话号码表单输入控件

电话号码表单输入控件与文本框相似。作用是接收电话号码。为<input>元素设置 type="tel"，即可配置一个电话号码表单控件。学生文件 chapter10/tel.html 展示了一个例子。不支持 tel 值的浏览器将这个表单控件视为普通文本框。有的移动设备会显示数字键盘以便输入电话号码。HTML 代码如下所示：

```
<label for="mobile">Mobile Number:</label>
<input type="tel" name="mobile" id="mobile">
```

搜索词输入表单控件

搜索词输入表单控件与文本框相似。作用是接收搜索词。为<input>元素设置 type="search"，即可配置一个搜索词输入表单控件。学生文件 chapter10/search.html 展示了一个例子。不支持 search 值的浏览器将这个表单控件视为普通文本框。HTML 代码如下所示：

```
<label for="keyword">Search:</label>
<input type="search" name="keyword" id="keyword">
```

HTML5 文本框表单控件的有效属性

在表 10.2 中，已经列出了 HTML5 文本框表单控件所支持的属性。

> **我怎么知道浏览器是否支持新的 HTML5 表单元素？**
> 测试一下，全都知道。除此之外，以下资源介绍了浏览器对新的 HTML5 元素的支持情况：
> - http://caniuse.com(还介绍了浏览器对 CSS3 的支持)
> - http://findmebyip.com/litmus(还介绍了浏览器对 CSS3 的支持)
> - http://html5readiness.com
> - http://html5test.com
> - http://www.standardista.com/html5

10.14 HTML5 的 datalist 元素

图 10.23 展示了 datalist 表单控件。注意除了从列表中选择，还可在文本框中输入。datalist 用三个元素配置：一个 input 元素、一个 datalist 元素以及一个或多个 option 元素。只有支持 HTML5 datalist 元素的浏览器才会显示和处理 datalist 中的数据项。其他浏览器会忽略 datalist 元素，将表单控件显示成文本框。

这个 datalist 的源代码请参见学生文件 chapter10/list.html。HTML 代码如下所示：

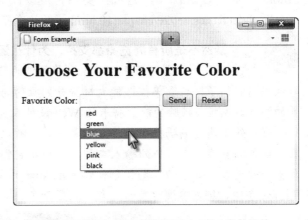

图 10.23　Firefox 正常显示 datalist 表单控件

```
<label for="color">Favorite Color:</label>
 <input type="text" name="color" id="color" list="colors">
   <datalist id="colors">
     <option value="red">
     <option value="green">
     <option value="blue">
     <option value="yellow">
     <option value="pink">
     <option value="black">
   </datalist>
```

注意：input 元素的 list 属性的值和 datalist 元素的 id 属性的值相同。这就将文本框和 datalist 控件关联。可用一个或多个 option 元素向访问者提供预设选项。option 元素的 value 属性的值作为列表项显示。访问者可从列表中选择一个选项(参见图 10.23)，也可直接在文本框中输入，如图 10.24 所示。

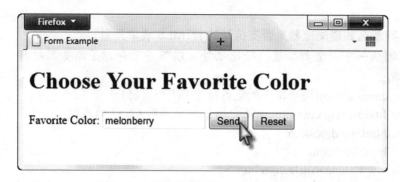

图 10.24　一旦在文本框中输入，选项列表就会消失

使用 datalist 表单控件可以灵活、方便地提供选项。截止本书写作时为止，只有 Firefox、Chrome 和 Opera 浏览器支持这个新的 HTML5 元素。请访问 http://webdevbasics.net/2e/chapter10.html 了解这个新控件的最新支持情况。

> **既然不是所有浏览器都支持，为什么还要学习新的 HTML5 控件？**
>
> 不同浏览器对新 HTML5 表单控件的显示和支持不尽相同。但是，现在确实是时候使用它们了！新表单控件能大幅提升网页的易用性。例如，有的新表单控件提供了内置的浏览器编辑与校验功能。将来的 Web 设计人员也许能完全依赖这些功能进行设计，但你现在正处于网页编码技术的伟大变革中期。所以，现在是熟悉这些新元素的好时机。最后，即使浏览器不支持新的输入类型，也会把它们作为普通文本框显示，不支持的属性或元素会被忽略。图 10.25 展示了不支持 datalist 的 Internet Explorer 9 如何显示它。注意和 Firefox 不同，浏览器没有显示列表，只显示了一个文本框。
>
>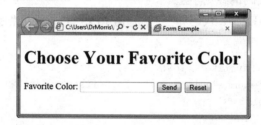
>
> 图 10.25　不支持 datalist 表单控件的浏览器显示一个文本框

10.15　HTML5 的 slider 控件和 spinner 控件

slider 表单输入控件

slider 控件提供直观的交互式用户界面来接收数值。为 <input> 元素指定 type="range" 即可配置。该控件允许用户选择指定范围中的一个值。默认范围是 1 到 100。只有支持 HTML5 range 属性值的浏览器才会显示交互式的 slider 控件，如图 10.26 所示(chapter10/range.html)。注意滑块的位置，这是值为 80 时的位置。不直接向用户显示值，这或许是 slider 控件的一个缺点。不支持该控件的浏览器将它显示成文本框，如图 10.27 所示。

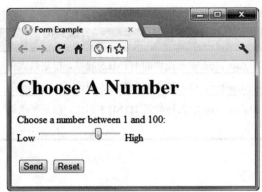
图 10.26 正常显示 slider 控件

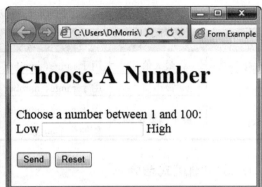
图 10.27 显示成文本框

slider 控件接收表 10.2 和表 10.12 列出的属性。min、max 和 step 属性是新增的。使用 min 属性配置范围最小值，使用 max 配置最大值，使用 step 配置每次调整的最小间隔，默认是 1。图 10.26 和图 10.27 的 slider 控件的 HTML 代码如下所示：

```
<label for="myChoice">Choose a number between 1 and 100:</label><br>
Low <input type="range" name="myChoice" id="myChoice"> High
```

spinner 表单输入控件

spinner 控件提供一个直观的交互式用户界面来接收数值信息，并向用户提供反馈。为<input>元素指定 type="number"即可配置。用户要么在文本框中输入值，要么利用上下箭头按钮选择指定范围中的值。只有支持 HTML5 number 属性值的浏览器才会显示交互式的 spinner 控件，如图 10.28 所示(chapter10/spinner.html)。不支持的浏览器显示成文本框。

spinner 控件接收表 10.2 和表 10.12 列出的属性。使用 min 属性配置最小值，使用 max 配置最大值，

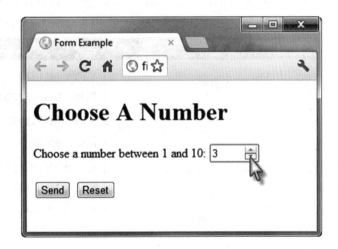
图 10.28 在 Google Chrome 浏览器中显示的 spinner 控件

使用 step 配置每次调整的最小间隔，默认是 1。图 10.28 的 spinner 控件的 HTML 代码如下所示：

```
<label for="myChoice">Choose a number between 1 and 10:</label>
<input type="number" name="myChoice" id="myChoice" min="1" max="10">
```

表 10.12　Slider、Spinner 和 Date/Time 表单控件的附加属性

属性名称	属性值	用法
max	最大值	用于 range、number 和 date/time 输入控件的 HTML5 属性，指定最大值
min	最小值	用于 range、number 和 date/time 输入控件的 HTML5 属性，指定最小值
step	最小调整单位	用于 range、number 和 date/time 输入控件的 HTML5 属性，指定每次调整的最小间隔

HTML5 和渐进式增强

使用 HTML5 表单控件时要注意渐进式增强。不支持的浏览器看到这种表单控件会显示文本框。支持的会显示和处理新的表单控件。这正是渐进式增强的实际例子，所有人都得到一个能使用的表单，使用现代浏览器的人享用增强的功能。

10.16　HTML5 日历和颜色池控件

日历输入表单控件

HTML5 提供了多种表单控件来接收日期和时间信息。为 <input> 元素的 type 属性指定不同的值，即可配置一个日期或时间控件。表 10.13 列出了这些属性值。

表 10.3　日期和时间控件

type 属性名称	属性值	格式
date	日期	YYYY-MM-DD 例如：January 2, 2010 表示成"20100102"
datetime	日期和时间，加上时区信息(UTC 偏移)	YYYY-MM-DDTHH:MM:SS-##:##Z 例如：January 2, 2014, at exactly 9:58 AM Chicago time (CST) 表示成"2014-01-02T09:58:00-06:00Z"
datetime-local	日期和时间，无时区信息	YYYY-MM-DDTHH:MM:SS 例如：January 2, 2014, at exactly 9:58 AM 表示成"2014-01-02T09:58:00"
time	时间，无时区信息	HH:MM:SS 例如：1:34 PM 表示成"13:34"
month	年月	YYYY-MM 例如：January, 2014 表示成"2014-01"
week	年周	YYYY-W##，其中的##代表一年中的第多少周 例如：2014 年第三周表示成"2014-W03"

图 10.29 的表单 (chapter10/date.html) 为 <input> 元素配置 type="date"来配置一个日历控件。用户可从中选择一个日期。该控件的 HTML 代码如下：

```
<label for="myDate">Choose a Date</label>
<input type="date" name="myDate" id="myDate">
```

日期和时间控件接收表 10.2 和表 10.12 列出的属性。截止本书写作为止，只有 Google Chrome 和 Opera 浏览器才能显示日历控件。不支持的浏览器会显示成文本框。不过，将来对它们的支持全逐渐普及。

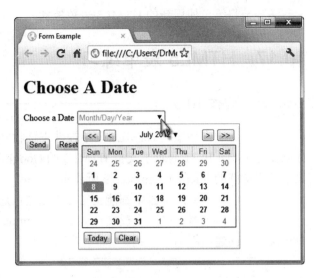

图 10.29　Google Chrome 浏览器中显示的日期控件

颜色池表单控件

颜色池控件方便用户选择颜色。为 input 元素指定 type="color"即可配置。截止本书写作时为止，只有 Google Chrome 和 Opera 浏览器才能显示颜色池控件，如图 10.30 所示 (chapter10/color.html)。不支持的浏览器会显示成文本框。图 10.30 的颜色池表单控件的 HTML 代码如下：

```
<label for="myColor">Choose a color:</label>
<input type="color" name="myColor" id="myColor">
```

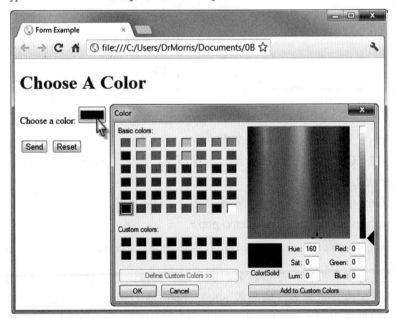

图 10.30　Google Chrome 浏览器支持颜色池控件

下一节将练习使用新的 HTML5 表单控件。

10.17　HTML5 表单练习

动手实作 10.5 ————————————————————

这个动手实作将编码 HTML5 表单控件来接收网站访问者输入的姓名、E-mail 地址、打分以及评论。图 10.31 显示了支持 HTML5 的 Google Chrome 浏览器所显示的表单。图 10.32 显示了不支持的 Internet Explorer 9 所显示的表单。注意，虽然表单在 Google Chrome 中得到了增强，但在两种浏览器中都能正常使用，这正是"渐进式增强"的意义。

启动文本编辑器并打开模板文件 chapter1/template.html，另存为 form5.html。下面要修改该文件，创建如图 10.31 和图 10.32 所示的网页。

图 10.31　Google Chrome 显示的表单

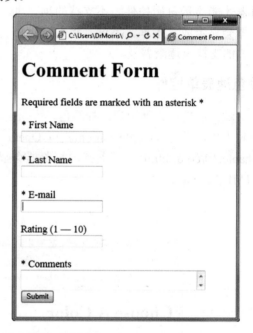
图 10.32　Internet Explorer 9 显示的表单

1. 修改 title 元素，在标题栏显示文本"Comment Form"。配置 h1 元素包含的文本，显示标题"Comment Form"。添加一个段落，显示"Required fields are marked with an asterisk *."。

2. 修改 form 元素，将表单信息提交给本书配套网站免费提供的表单处理程序 http://webdevbasics.net/scripts/demo.php。

   `<form method="post" action="http://webdevbasics.net/scripts/demo.php">`

3. 编码表单标签和控件。配置姓名、电子邮件和评论是必填信息。使用星号提示访问者必填的字段。电邮地址编码成 type="email"而不是 type="input"。为姓名和电子邮件表单控件使用 placeholder 属性，提示用户应该在这些字段中填写什么内容。添加一个 slider 控件(type="range")以便用户从 1～10 的分数中选择一个。HTML 代码如下所示：

```
<form method="post" action="http://webdevbasics.net/scripts/demo.php">
  <label for="myFirstName">* First Name</label>
  <input type="text" name="myFirstName" id="myFirstName"
         required="required" placeholder="your first name">
  <label for="myLastName">* Last Name</label>
  <input type="text" name="myLastName"
         id="myLastName" required="required"
         placeholder="your last name">
  <label for="myEmail">* E-mail</label>
  <input type="email" name="myEmail" id="myEmail"
         required="required"
         placeholder="you@yourdomain.com">
  <label for="myRating">Rating (1 &mdash; 10)</label>
  <input type="range" name="myRating" id="myRating" min="1" max="10">
  <label for="myComments">* Comments</label>
  <textarea name="myComments" id="myComments"
            rows="2" cols="40"
            required="required"
            placeholder="your comments here">
  </textarea>
  <input type="submit" value="Submit">
</form>
```

4. 编码嵌入 CSS。配置 label 元素选择符使用块显示和 20px 顶部边距。配置 input 元素选择符使用块显示和 20px 底部边距。CSS 代码如下所示：

```
label { display: block; margin-top: 20px; }
input { display: block; margin-bottom: 20px; }
```

5. 保存 form5.html 文件。在浏览器中测试。如果使用支持 HTML5 表单控件的浏览器(比如 Google Chrome)，会看到如图 10.31 所示的结果。如果使用不支持 HTML5 表单控件的浏览器(比如 Internet Explorer 9)，会看到如图 10.32 所示的结果。其他浏览器的显示取决于对 HTML5 的支持程度。

6. 如图 10.33 所示，假如提交表单但不输入任何信息，Google Chrome 会显示一条提示，告诉用户该字段必填。

图 10.33　Google Chrome 浏览器显示错误消息

将你的作品与学生文件 chapter10/form5.html 进行比较。就像这个动手实作演示的那样，对新的 HTML5 表单控件的支持尚未统一。全部浏览器都支持这些新功能尚需时日。设计时要注意渐进式增强，使用新的 HTML5 功能的好处和局限都要事先考虑周全。

复习和练习

复习题

选择题

1. 以下哪个表单控件适合让访问者输入评论？（　　）
   A. 文本框　　　　B. 选择列表　　　C. 单选钮　　　　D. 滚动文本框
2. <form>标记的哪个属性指定对表单字段值进行处理的脚本的名称和位置？（　　）
   A. action　　　　B. process　　　C. method　　　　D. id
3. 表单包含各种类型的(　　)，比如文本框和按钮，它们用于从访问者处接收信息。
   A. 隐藏元素　　　B. 标签　　　　C. 表单控件　　　D. 图例
4. 以下 HTML 标记中，(　　)将文本框名称设为"city"，宽度设为 40 个字符。
   A. <input type="text" id="city" width="40">
   B. <input type="text" name="city" size="40">
   C. <input type="text" name="city" space="40">
   D. <input type="text" width="40">
5. 以下哪种表单控件最适合访问者输入电邮地址？（　　）
   A. 选择列表　　　　　　　　　　　B. 文本框
   C. 滚动文本框　　　　　　　　　　D. 复选框
6. 以下哪种表单控件最适合进行投票调查，让访问者选出他们最喜爱的搜索引擎？
   (　　)
   A. 复选框　　　　B. 单选钮　　　C. 文本框　　　　D. 滚动文本框
7. 需要接收范围在 1～50 之间的一个数。用户要直观地看到他们选择的数字。以下哪个表单控件最适合？(　　)
   A. spinner　　　　B. 复选框　　　C. 单选钮　　　　D. slider
8. 浏览器遇到不支持的 HTML5 表单输入控件会发生什么？(　　)
   A. 电脑关机　　　　　　　　　　　B. 浏览器崩溃
   C. 浏览器显示错误提示　　　　　　D. 浏览器显示输入文本框
9. 以下哪个配置名为 comments 的滚动文本框，高 2 行，宽 30 个字符？(　　)
   A. <textarea name="comments" width="30" rows="2"></textarea>
   B. <input type="textarea" name="comments" size="30" rows="2">
   C. <textarea name="comments" rows="2" cols="30"></textarea>
   D. <textarea name="comments" width="30" rows="2">

10. 以下哪个将"E-Mail:"标签与名为 email 的文本框关联？（ ）
   A. E-mail <input type="textbox" name="email" id="email">
   B. <label>E-mail: <input type="text" name="email" id="email"></label>
   C. <label for="email">E-mail </label> <input type="text" name="email" id="email">
   D. B 和 C 都对

动手练习

1. 写代码创建以下项目。
   A. 一个名为 username 的文本框，用来从网页访问者那里接收用户名。该文本框最多允许输入 30 个字符
   B. 一组单选钮，让网站访问者选择一周里面他们最喜欢的一天
   C. 一个选择列表，让网站访问者选择他们最喜欢的社交网站
   D. 一个 fieldset，将 legend 文本设为 "Shipping Address"，将下列表单控件包含在这个 fieldset 中：AddressLine1，AddressLine2，City，State 和 ZIP Code
   E. 一个名为 userid 的隐藏表单控件
   F. 一个名为 password 的密码输入控件
2. 写代码创建一个表单，接收邮寄产品宣传册的请求。使用 HTML5 required 属性配置浏览器验证所有字段均已输入。开始之前，先在纸上画出表单的草图。
3. 写代码创建一个表单，接收网站访问者的反馈信息。使用 HTML5 input type="email"，并用 required 属性配置浏览器验证所有字段均已输入。指定用户输入的评论最长为 1600 字符。开始之前，先在纸上画出表单的草图。
4. 编写代码创建一个表单，接收网站访问者的姓名、E-mail 和生日。使用 HTML5 type="date"属性在支持的浏览器中显示日历控件。

聚焦 Web 设计

1. 在网上搜索包含 HTML 表单的网页。在浏览器中显示并打印，再打印它的源代码。在打印稿中，将与表单相关的标记高亮标示或者圈出来。在另一张纸上做笔记，列举找到的与表单相关的标记和属性，并简单描述它们的作用。
2. 选择本章讨论的一种服务器端技术：Ruby on Rails，PHP，JSP 或者 ASP.NET.。以本章列举的资源为起点，在网络上搜索与你选择的服务器端技术相关的其他资源。创建一个网页，列举至少 5 项有用的资源，并附上每项资源的简单描述。提供每个资源站点的名称、URL、所提供服务的简单描述和一个推荐的页面(比如教程、免费脚本等)。将你的姓名放在页面底部的电子邮件链接中。

案例学习：Pacific Trails Resort

本章的案例分析将以第 9 章创建的 Pacific Trails 网站为基础，将添加新的 Reservations(预订)页。网站结构请参考第 2 章的站点地图(图 2.25)。Reservations 页使用和网站的其他网页相同的布局。创建网页的过程中，将运用本章学到的新技术来编码表单。

本案例学习包括以下任务。
1. 为 Pacific Trails 网站创建文件夹。
2. 修改 CSS 配置 Reservations 页所需的样式规则。
3. 创建 Reservations 页(reservations.html)。创建好的新网页如图 10.34 所示。
4. 在新网页上配置 HTML5 表单控件。

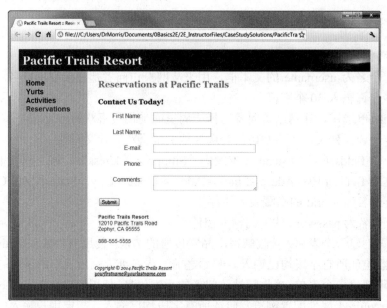

图 10.34　新的 Reservations 页

任务 1：创建文件夹 ch10pacific 来包含 Pacific Trails Resort 网站文件。将第 9 章案例分析创建的 ch9pacific 文件夹中的内容复制到这里。

任务 2：配置 CSS。图 10.35 是表单布局草图。注意表单控件的文本标签位于内容区域左侧，但包含右对齐的文本。还要注意每个表单控件之间的垂直间距。在文本编辑器中打开 pacific.css 文件，在媒体查询上方开始一个新行。

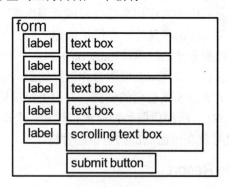

图 10.35　表单草图

- 配置 label 元素选择符。设置左侧浮动，块显示，文本右对齐，宽度 120 像素，以及恰当的右侧填充。
- 配置 input 和 textarea 元素选择符。设置块显示和 20 像素底部边距

- 配置样式规则来优化手机显示,改为在每个表单控件上方显示标签文本。为最大宽度为 480 像素的媒体查询添加以下样式规则:

    ```
    label { float: none; text-align: left; }
    ```

保存 pacific.css 文件。

任务 3:创建 Reservations 页。基于现有网页创建新网页可以提高效率。新的 Reservations 网页将以 index.html 为基础。打开 index.html 并另存为 reservations.html,保存到 ch10pacific 文件夹。

现在可以开始编辑 reservations.html 文件。

- 修改网页标题。将<title>标记中的文本更改为 Pacific Trails Resort :: Reservations。
- 将<h2>标记中的文本更改为"Pacific Trails Resort :: Reservations"。
- 删除图片、段落和无序列表。不要删除网站 logo、导航、联系信息和页脚区域。
- 在 h2 元素下另起一行。配置一个 h3 元素,显示文本"Contact Us Today!"。
- 在 h3 元素下另起一行,现在要配置表单。输入<form>标记,使用 post 方法,action 属性调用服务器端脚本程序 http://webdevbasics.net/scripts/pacific.php。
- 配置输入 First Name 信息的表单控件。创建一个<label>元素来包含文本"First Name"。创建一个文本框,将 id 和 name 属性设为 myFName。用 for 属性关联标签和表单控件。
- 以类似方式配置表单控件和标签元素来收集以下信息:Last Name,E-mail Address 和 Phone Number。将这些表单控件的 id 和 name 分别设为 myLName,myEmail 和 myPhone。另外,将电子邮件文本框的 size 设为 40,将电话号码文本框的 maxlength 设为 12。
- 配置表单的 Comments(评论)区域。创建 label 元素来包含文本"Comments:"。创建 textarea 元素,将 id 和 name 属性设为 myComments。rows 设为 2,cols 设为 32。用 for 属性关联标签和表单控件。
- 配置提交按钮。创建 input 元素,设置 type="submit",value="Submit"。
- 编码结束标记</form>。

保存 reservations.html 网页并在浏览器中测试,结果应该如图 10.34 所示。连接上网,单击提交按钮,将表单信息发送给指定的服务器端脚本程序。会显示一个确认页面,其中列出了控件名称和你填写的信息,如图 10.36 所示。

任务 4:用 HTML5 属性和值配置表单。修改 Reservations 页中的表单来使用 HTML5 属性和值,从而练习使用新的 HTML5 元素。还要添加表单控件来提供入住日期和入住几晚。在文本编辑器中修改 reservations.html 文件。

- 在表单上方添加一个段落,显示"Required fields are marked with an asterisk *"。
- 使用 required 属性指定 first name,last name,e-mail 和 comment 表单控件必填。在标签文本开头添加星号。
- 使用 type="email"配置电子邮件地址 input 元素。
- 使用 type="tel"配置电话号码 input 元素。
- 编码 label 元素来包含文本"Arrival Date"(入住日期),和一个日历表单控件关联,后者接收由用户指定的入住日期(type="date")。

- 编码 label 元素来包含文本"Nights"(入住晚数),和一个 spinner 表单控件关联,后者接收 1~14 的值,代表入住几晚。使用 min 和 max 属性配置取值范围。

图 10.36 表单确认页

保存文件。在浏览器中显示网页。在电子邮件不输入或者输入不全的情况下提交表单。取决于浏览器对 HTML5 的支持程度,浏览器可能执行校验并显示错误消息。图 10.37 是电子邮件格式错误的情况下由 Google Chrome 显示的 Reservations 页。

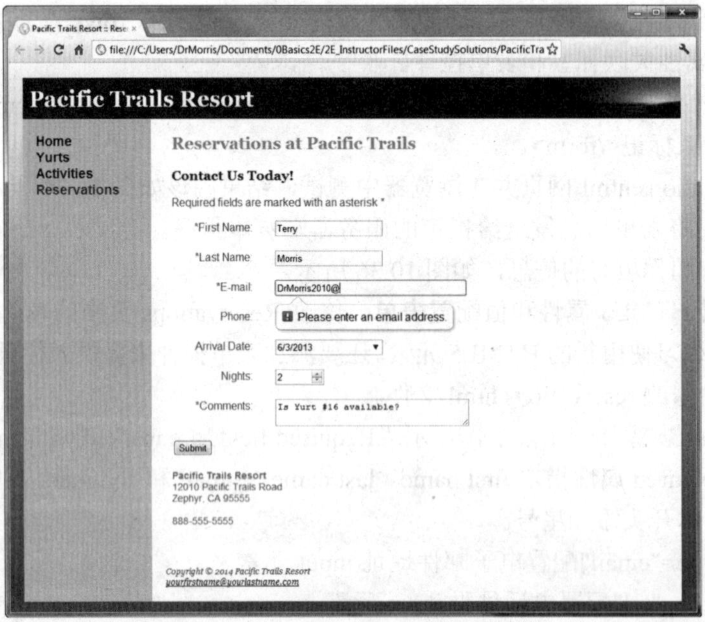

图 10.37 表单使用了 HTML5 属性和值

第 10 章 表单基础

任务 4 帮助你练习新的 HTML5 属性和值。具体的显示和响应取决于浏览器对 HTML5 的支持程度。访问 http://www.standardista.com/html5/html5-web-forms，获取 HTML5 浏览器支持列表。

案例学习：JavaJam Coffee House

本章的案例分析将以第 9 章创建的 JavaJam 网站为基础，将添加新的 Jobs(工作机会)页。网站结构请参考第 2 章的站点地图(图 2.29)。Jobs 页使用和网站的其他网页相同的布局。创建网页的过程中，将运用本章学到的新技术来编码表单。

本案例学习包括以下任务。

1. 为 JavaJams 网站创建文件夹。
2. 修改样式表(javajam.css)配置 Jobs 页的样式规则。
3. 创建 Jobs 页(jobs.html)。创建好的新网页如图 10.38 所示。
4. 在新网页上配置 HTML5 表单控件。

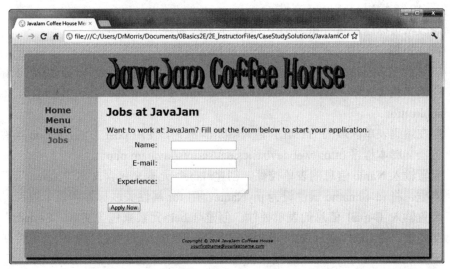

图 10.38 新的 Jobs 页

任务 1：创建文件夹 ch10javajam 来包含 JavaJam Coffee House 网站文件。将第 9 章案例分析创建的 ch9javajam 文件夹中的内容复制到这里。

任务 2：配置 CSS。图 10.39 是表单布局草图。注意表单控件的文本标签位于内容区域左侧，但包含右对齐的文本。还要注意每个表单控件之间的垂直间距。在文本编辑器中打开 javajam.css 文件，在媒体查询上方开始一个新行。

- 配置 label 元素选择符。设置左侧浮动，块显示，文本右对齐，宽度 120 像素，以及恰当的右侧填充。
- 配置 input 和 textarea 元素选择符。设置块显示和 20 像素底部边距。
- 配置样式规则来优化手机显示，改为在每个表单控件上方显示标签文本。为最大宽度为 480 像素的媒体查询添加以下样式规则：

```
label { float: none; text-align: left; }
```

保存 javajam.css 文件。

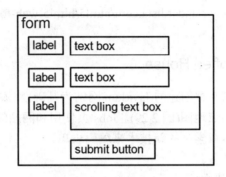

图 10.39　表单草图

任务 3：创建 Jobs 页。基于现有网页创建新网页可以提高效率。新的 Jobs 网页将以 menu.html 为基础。打开 menu.html 并另存为 jobs.html，保存到 ch10javajam 文件夹。

参考图 10.38 编辑 jobs.html 文件。

- 修改网页标题。将<title>标记中的文本更改为合适的文字。
- 将<h2>标记中的文本更改为"Jobs at JavaJam"。
- Jobs 页在 content div 中包含一个段落和一个表单。删除 content div 中的表格。添加段落来包含文本"Want to work at JavaJam? Fill out the form below to start your application."。
- 现在编码表单区域的 HTML。输入<form>标记，使用 post 方法，action 属性调用服务器端脚本程序 http://webdevbasics.net/scripts/javajam.php。
- 配置输入 Name 信息的表单控件。创建<label>元素来包含文本"Name:"。创建文本框，将 id 和 name 属性设为 myName。用 for 属性关联标签和表单控件。
- 配置输入 E-mail 信息的表单控件。创建<label>元素来包含文本"E-mail:"。创建文本框，将 id 和 name 属性设为 myEmail。用 for 属性关联标签和表单控件。
- 配置表单的 Experience 区域。创建<label>元素来包含文本"Experience:"。创建 textarea 元素，将 id 和 name 属性设为 myExperience。rows 和 cols 分别设为 2 和 20。用 for 属性关联标签和表单控件。
- 配置提交按钮。创建 input 元素，设置 type="submit"，value="Apply Now"。
- 编码结束标记</form>。

保存 jobs.html 网页并在浏览器中测试，结果应该如图 10.38 所示。连接上网，单击提交按钮，将表单信息发送给指定的服务器端脚本程序。会显示一个确认页面，其中列出了控件名称和你填写的信息，如图 10.40 所示。

任务 4：用 HTML5 属性和值配置表单。修改 Jobs 页中的表单来使用 HTML5 属性和值，从而练习使用新的 HTML5 元素。在文本编辑器中修改 jobs.html 文件。

- 在表单上方添加一个段落，显示"Required fields are marked with an asterisk *"。
- 使用 required 属性指定 name，e-mail 和 experience 表单控件必填。在标签文本开头添加星号。
- 使用 type="email"配置电子邮件地址 input 元素。

- 编码 label 元素来包含文本"Start Date",和一个日历表单控件关联,后者接收申请人可以开始工作的日期(type="date")。

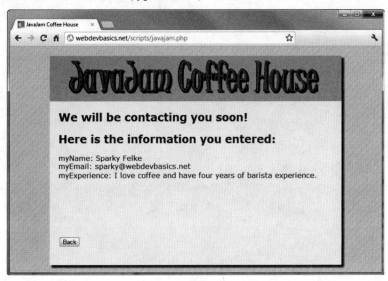

图 10.40 表单确认页

保存文件。在浏览器中显示网页。在电子邮件不输入或者输入不全的情况下提交表单。取决于浏览器对 HTML5 的支持程度,浏览器可能执行校验并显示错误消息。图 10.41 是电子邮件格式错误的情况下由 Firefox 显示的 Jobs 页。

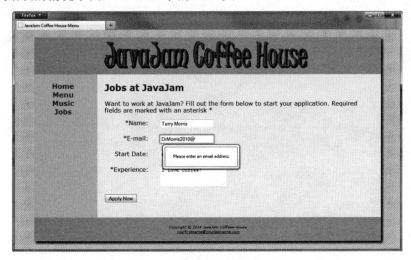

图 10.41 表单使用了 HTML5 属性和值

任务 4 帮助你练习新的 HTML5 属性和值。具体的显示和响应取决于浏览器对 HTML5 的支持程度。访问 http://www.standardista.com/html5/html5-web-forms,获取 HTML5 浏览器支持列表。

Basics of Web Design
HTML5 and CSS3

第 11 章

媒体和交互性基础

在网页上加入视频和声音可以使其显得更生动、更具吸引力。本章介绍网页上的多媒体和交互元素，指导你在网页上添加音频、视频和 Flash 动画。还要讨论各种类型的媒体的来源、在网页上添加这些媒体所需的 HTML 代码以及各种媒体的推荐用法。将使用 CSS 创建交互式图片库，并探索 CSS3 属性。在网页上增加适当的交互性，可以吸引网站的访问者。

学习内容

- 了解网上使用的多媒体文件的类型
- 配置指向多媒体文件的超链接
- 用 HTML 元素配置网页上的音频和视频
- 配置 Flash 动画
- 使用 CSS3 transform 和 transition 属性
- 了解 HTML5 canvas 元素的作用

11.1 插件、容器和 codec

辅助应用程序和插件

Web 浏览器设计用于显示特定类型的文件，包括.html、.htm、.gif、.jpg 和.png 等。如果某种媒体不属于这些类型中的一种，浏览器就会搜索用于显示该文件类型的插件(plug-in)或辅助应用程序(helper application)。如果在访问者的计算机上找不到合适的插件或辅助应用程序，浏览器会询问访问者是否将文件保存到他们的计算机上。最常用的插件如下。

- **Adobe Flash Player**(http://www.adobe.com/products/flashplayer)。Flash Player 可以显示.swf 格式的文件。这些文件可以包含音频、视频和动画，还能提供交互功能。
- **Adobe Shockwave Player**(http://www.adobe.com/products/shockwaveplayer)。Shockwave Player 可以显示用 Adobe Director 软件制作的高性能多媒体文件。
- **Adobe Reader**(https://get.adobe.com/cn/reader)。Adobe Reader 用于交流保存在.pdf 格式的文件中的信息，比如可打印的宣传手册、文档和白皮书等。
- **Java Runtime Environment**(http://www.java.com/en/download/manual.jsp)。Java Runtime Environment (JRE)用于运行使用 Java 技术编写的应用程序和小程序。
- **RealPlayer**(http://real.com)。RealPlayer 插件可以播放流格式的音频、视频、动画和多媒体演示文稿等。
- **Windows Media Player** (http://www.microsoft.com/windows/windowsmedia/download)。Windows Media Player 插件可以播放流格式的音频、视频、动画和多媒体演示文稿等。
- **Apple QuickTime**(http://www.apple.com/quicktime/download)。Apple QuickTime 插件可以直接在网页中显示 QuickTime 动画、音乐、音频和视频。

上述插件和辅助应用程序在网上已有多年的历史。HTML5 视频和音频的创新之处在于，它们是浏览器原生提供的，用不着安装插件。使用原生的 HTML5 视频和音频时，需要注意容器(由文件扩展名决定)和 codec(即编码/解码器，用于定义媒体压缩算法)。不存在一款所有流行浏览器都支持的 codec。例如，H.264 codec 要求支付许可证费用，所以 Firefox 和 Opera 浏览器都不支持。相反，它们支持的是无版权费用的 Vorbis 和 Theora。表 11.1 和表 11.2 列出了常见的媒体文件扩展名、容器名称以及 codec 信息。

表 11.1 常用音频文件类型

扩展名	容器	描述
.wav	Wave	这种格式最早是由 Microsoft 发明的，它是 PC 平台的标准文件格式，但 Mac 平台也支持它
.aiff 或.aif	Audio Interchange	这是 Mac 平台上最受欢迎的音频文件格式之一，它也受 PC 平台支持
.mid	Musical Instrument Digital Interface	这种文件包含了重建乐器声音的指令，而非对声音本身的数字录音。这种简练的文件格式的优点是文件尺寸较小，缺点是能重现的声音类型数量有限

续表

扩展名	容器	描述
.au	Sun UNIX sound file	这是比较古老的声音文件类型，效果通常比新的音频文件格式差
.mp3	MPEG-1 Audio Layer-3	流行的音乐文件格式，支持双声道和高级压缩
.ogg	Ogg	使用 Vorbis codec 的开源音频文件格式。请访问 http://www.vorbis.com
m4a	MPEG 4 Audio	这种纯音频的 MPEG=4 格式使用 Advanced Audio Coding (AAC) codec；得到了 QuickTime，iTunes 和 iPod/iPad 等移动设备的支持

表 11.2 常用视频文件类型

扩展名	容器	描述
.mov	QuickTime	这种格式最早由 Apple 发明，并用于 Macintosh 平台。Windows 也支持
.avi	Audio Video Interleaved	PC 平台上原始的标准视频格式
.flv	Flash Video	Flash 兼容视频文件容器；支持 H.264 codec
.wmv	Windows Media Video	Microsoft 开发的一种视频流技术。Windows Media Player 支持这种文件格式
.mpg	MPEG	MPEG 技术标准在活动图片专家组(Moving Picture Experts Group, MPEG)的资助下进行开发，请参见 http://www.chiariglione.org/mpeg。Windows 和 Mac 平台都支持这种格式
.m4v 和.mp4	MPEG-4	MPEG4 (MP4) codec；H.264 codec；由 QuickTime，iTunes 和 iPod/iPad 等移动设备播放
.3gp	3GPP Multimedia	H.264 codec；在 3G 无线网络中传输多媒体文件的标准格式
.ogv 或.ogg	Ogg	这种开源视频文件格式(http://www.theora.org)使用 Theora codec。
.webm	WebM	这种开源媒体文件格式(http://www.webmproject.org)由 Google 赞助，使用 VP8 视频 codec 和 Vorbis 音频 codec

11.2 配置音频和视频

访问音频或视频文件

要向访问者呈现音频或视频文件，创建指向该文件的链接即可。以下 HTML 代码链接到一个名为 WDFpodcast.mp3 的声音文件：

```
<a href="WDFpodcast.mp3">Podcast Episode 1</a> (MP3)
```

访问者点击链接，计算机中安装的.mp3 文件插件(比如 QuickTime)就会在一个新的浏览器窗口或者标签页中出现。访问者可利用这个插件来播放声音。

动手实作 11.1

本动手实作将创建如图 11.1 所示的网页,其中包含一个 h1 标记和一个 MP3 文件链接。网页还提供了该音频文件的文字稿链接,以增强无障碍访问。最好告诉访问者文件类型是什么(比如 MP3),还可选择显示文件大小。

图 11.1 一旦访问者点击 Podcast Episode 1 链接,就会在浏览器中启动默认的 MP3 播放器

将 chapter11/starters 文件夹中的 podcast.mp3 和 podcast.txt 文件复制一个新建的名为 podcast 的文件夹中。以 chapter1/template.html 文件为基础创建网页,将 title 设为"Podcast",添加 h1 标题来显示"Web Design Podcast,",添加 MP3 文件链接,再添加文字稿链接。将网页另存为 podcast2.html 并在浏览器中测试。用不同的浏览器和它们的不同版本测试网页。单击 MP3 链接时,会启动一个音乐播放器(具体取决于浏览器配置的是什么播放器或插件)来播放该文件。单击文字稿链接,会在浏览器中显示.txt 文件的文本。一个已完成的示例文件请参见学生文件 chapter11/podcast/podcast.html。

多媒体和无障碍访问

为网站上使用的媒体文件提供替代内容,包括文字稿、字幕或者可打印的 PDF 格式。为"播客"等音频文件提供文字稿。一般以播客文字稿为基础创建 PDF 格式的文字稿文件,并上传到网站。视频文件应提供字幕。Apple QuickTime Pro 提供了专业的配字幕功能,学生文件 chapter11/starters/sparkycaptioned.mov 就是一个例子。要想知道如何为 YouTube 视频添加字幕,可以访问 https://support.google.com/youtube/answer/2734796。要想进一步了解如何为视频添加字幕,请访问 http://www.webaim.org/techniques/captions。

多媒体和浏览器兼容问题

为访问者提供链接来下载并保存媒体文件,这是最基本的媒体访问方法,但这要求访问者需安装相应的应用程序(比如 Apple QuickTime,Apple iTunes 或者 Windows Media Player)才能播放下载的文件。由于需依赖访问者安装相应的播放器,所以许多网站都用流行的 Adobe Flash 文件格式共享视频和音频文件。

为了解决浏览器插件兼容问题,同时减少对 Adobe Flash 等专利技术的依赖,HTML5 引入了新的音频和视频元素,它们是浏览器原生的。但由于旧的浏览器不支持 HTML5,所以 Web 设计人员仍需提供备用选项,比如提供媒体文件链接,或者显示多媒体内容的 Flash 版本。本章稍后会探讨 Flash 和 HTML5 视频/音频。

> **FAQ 为什么我的声音或视频文件无法播放？**
>
> 播放网络视频或音频文件需依赖于访问者的 Web 浏览器中安装的插件。在你的电脑上正常工作的网页并不一定能在所有访问者的电脑上正常工作。要看他们电脑的配置如何。有的访问者可能没有正确安装插件，有的则是将文件类型与错误的插件进行了关联，或者插件的安装有误。有的访问者可能使用的是低带宽连接，因此必须等待很长时间才能完成媒体文件的下载。发现其中的规律没有？网上的多媒体内容有时是会造成麻烦的。

11.3　Flash 和 HTML5 embed 元素

Adobe Flash 通过幻灯片、动画和其他多媒体效果为网页添加视觉元素和交互性。Flash 动画可以是交互式的，使用一种名为 ActionScript 的语言响应鼠标点击，接收文本框中的信息以及调用服务器端脚本程序。Flash 还可播放视频和音频文件。Flash 动画文件使用.swf 文件存储，要求浏览器安装 Flash Player 插件。

embed 元素

embed(嵌入)元素是一种自包容元素(或称 void 元素)，作用是为需要插件或播放器的外部内容(比如 Flash)提供一个容器。虽然许多年来一直用于在网页上显示 Flash，但在 HTML5 之前，embed 元素一直没有成为正式的 W3C 元素。HTML5 的设计原则之一是"延续既有道路"。也就是说，对浏览器已经支持，但未成为 W3C 正式标准的技术进行巩固和强化，使其最终成为标准。图 11.2(学生文件 chapter11/flashembed.html)的网页使用 embed 元素显示一个 Flash .swf 文件。表 11.3 总结了用 embed 元素显示 Flash 媒体时的常用属性。

图 11.2　用 embed 元素配置 Flash 媒体

表 11.3　embed 元素的属性

属性名称	描述和值
src	Flash 媒体的文件名(.swf 文件)
height	指定对象区域的高度，以像素为单位
type	对象的 MIME 类型，要设置成 type="application/x-shockwave-flash"
width	指定对象区域的宽度，以像素为单位
bgcolor	可选；Flash 媒体区域的背景颜色，使用十六进制颜色值
quality	可选；描述媒体的质量；通常使用值"high"
title	可选；提供简短文本描述，以便浏览器或辅助技术显示
wmode	可选；设为"transparent"配置透明背景

动手实作 11.2

本动手实作中将创建网页来显示 Flash 幻灯片。网页效果如图 11.3 所示。

新建名为 embed 的文件夹，将 chapter11/starters 文件夹中的 lighthouse.swf 文件复制到这里。以 chapter1/template.html 文件为基础创建一个网页，将 title 和一个 h1 标题设为 "Door County Lighthouse Cruise"，再添加 <embed> 标记来显示 Flash 文件 lighthouse.swf。该对象宽度为 320 像素，高度为 240 像素。下面是一个例子。

图 11.3　用 embed 元素配置 Flash 幻灯片

```
<embed
type="application/x-shockwave-flash"
    src="lighthouse.swf"
quality="high"
    width="320" height="240"
    title="Door County Lighthouse Cruise">
```

注意设置了 embed 元素的 title 属性。这些描述性文本可由屏幕朗读器等辅助技术访问。

将网页另存为 index.html，保存到 embed 文件夹，在浏览器中测试。将作品与示例文件 chapter11/lighthouse/embed.html 比较。

FAQ　访问者的浏览器不支持 Flash 会发生什么？

如果使用本节的代码在网页上显示 Flash 媒体，但访问者的浏览器不支持 Flash，浏览器通常会显示一条消息，告诉访问者需安装插件。本节的代码能通过 W3C HTML5 校验，而且是在网页上显示 Flash 媒体所需的最起码的代码。如果需要更多功能，比如为访问者提供快速安装最新 Flash 播放器的选项，请自行研究一下使用 SWFObject，网址是 http://code.google.com/p/swfobject/wiki/documentation。它利用 JavaScript 嵌入 Flash 内容，而且同样相容于 W3C XHTML 标准。

虽然 Flash 播放器在大多数桌面 Web 浏览器中都有安装，但注意许多移动设备用户无法观看 Flash 多媒体内容。iPhone、iTouch 和 iPad 明确不支持 Flash。Adobe 最近宣布 Flash Player 将不再对 Android 设备提供。移动设备和现代桌面浏览器都支持下一节要讲述的新 HTML5 视频和音频元素。本章以后还会介绍使用 CSS3 的 transform 和 transition 属性配置动画。

11.4　HTML5 的 audio 元素和 source 元素

audio 元素

新的 HTML5 的 audio 元素支持浏览器中的原生音频文件播放功能，无需插件或播放器。audio 元素以<audio>标记开始，以</audio>标记结束。表 11.4 列出了 audio 元素的属性。

表 11.4 audio 元素的属性

属性名称	属性值	说明
src	文件名	可选；音频文件的名称
type	MIME 类型	可选；音频文件的 MIME 类型，比如 audio/mpeg 或 audio/ogg
autoplay	autoplay	可选；指定音频是否自动播放；使用需谨慎
controls	controls	可选；指定是否显示播放控件；推荐
loop	loop	可选；指定音频是否循环播放
preload	none, auto, metadata	可选；none(不预先加载)，metadata(只下载媒体文件的元数据)，auto(下载媒体文件)
title		可选；由浏览器或辅助技术显示的简单文字说明

可能需要提供音频文件的多个版本，以适应浏览器对不同 codec 的支持。至少用两个不同的容器(包括 ogg 和 mp3)提供音频文件。一般在 audio 标记中省略 src 和 type 属性，改为使用 source 元素配置音频文件的多个版本。

source 元素

source 是自包容(void)元素，用于指定媒体文件和 MIME 类型。src 属性指定媒体文件的文件名。type 属性指定文件的 MIME 类型。MP3 文件编码成 type="audio/mpeg"，使用 Vorbis codec 的音频文件编码成 type="audio/ogg"。要为音频文件的每个版本都编码一个 source 元素。将 source 元素放在结束标记</audio>之前。以下代码配置如图 11.4 所示的网页(学生文件 chapter11/audio.html)。

```
<audio controls="controls">
   <source src="soundloop.mp3" type="audio/mpeg">
   <source src="soundloop.ogg" type="audio/ogg">
   <a href="soundloop.mp3">Download the Audio File</a> (MP3)
</audio>
```

当前版本的 Safari，Chrome，Firefox 和 Opera 都支持 HTML5 audio 元素。不同浏览器显示的播放插件不同。虽然 Internet Explorer 9 也支持 audio 元素，但老版本不支持。在上述代码中，注意结束标记</audio>之前提供的链接。不支持 HTML5 audio 元素的浏览器会显示这个位置的任何 HTML 元素。这称为"替代内容"。在本例中，如果不支持 audio 元素，就会显示文件的 MP3 版本下载链接。图 11.5 就是 Internet Explorer 8 显示的同一个网页。

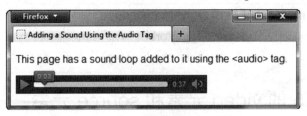

图 11.4 Firefox 浏览器支持 HTML5 audio 元素

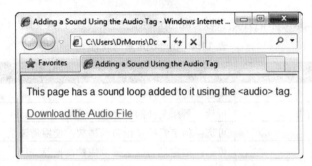

图 11.5　Internet Explorer 8 不支持 HTML5 audio 元素

 动手实作 11.3

这个动手实作将启动文本编辑器来创建如图 11.6 所示的网页，它显示了一个音频控件，可以用来播放一个播客(podcast)。

创建文件夹 audio，将 chapter11/starters 文件夹中的 podcast.mp3，podcast.ogg 和 podcast.txt 文件复制到这里。以 chapter1/template.html 文件为基础创建网页，将网页 title 和一个 h1 元素的内容设为"Web Design Podcast"，添加一个音频控件(使用一个 audio 元素和两个 source 元素)，添加文字稿链接，

图 11.6　用 audio 元素显示音频文件的播放界面

再配置 MP3 文件链接作为替代内容。audio 元素的代码如下所示：

```
<audio controls="controls">
  <source src="podcast.mp3" type="audio/mpeg">
  <source src="podcast.ogg" type="audio/ogg">
  <a href="podcast.mp3">Download the Podcast</a> (MP3)
</audio>
```

将网页另存为 index.html，同样保存到 audio 文件夹。在浏览器中显示。在不同浏览器和浏览器的不同版本中测试网页。记住，Internet Explorer 9 之前的 IE 不支持 audio 元素，所以会显示替代内容。点击文字稿链接，会在浏览器中显示文本。将你的作品与 chapter11/podcast/audio.html 比较。

> **FAQ　如何将音频文件转换成 Ogg Vorbis codec？**
> 开源 Audacity 程序支持 Ogg Vorbis。访问 http://audacity.sourceforge.net 了解详情。将音频内容上传到 Internet Archive(http://archive.org)并共享，会自动生成 .ogg 格式的文件。

11.5　HTML5 的 video 元素和 source 元素

视频讲解：HTML5 Video

video 元素

新的 HTML5 video 元素支持浏览器原生视频文件播放功能，无需插件或播放器。video 元素以<video>标记开始，以</video>标记结束。表 11.5 列出了 video 元素的属性。

表 11.5 video 元素的属性

属性名称	属性值	说明
src	文件名	可选；视频文件的名称
type	MIME 类型	可选；视频文件的 MIME 类型，比如 video/mp4 或 video/ogg
autoplay	autoplay	可选；指定视频是否自动播放；使用需谨慎
controls	controls	可选；指定是否显示播放控件；推荐
height	数字	可选；视频高度(以像素为单位)
loop	loop	可选；指定音频是否循环播放
poster	文件名	可选；指定浏览器不能播放视频时显示的图片
preload	none，auto，metadata	可选；none(不预先加载)，metadata(只下载媒体文件的元数据)，auto(下载媒体文件)
title		可选；由浏览器或辅助技术显示的简单文字说明
width	数字	可选；视频宽度(以像素为单位)

可能需要提供视频文件的多个版本，以适应浏览器对不同 codec 的支持。至少用两个不同的容器提供视频文件，包括 mp4 和 ogg(或 ogv)。要了解浏览器兼容情况，请访问 http://www.ibm.com/developerworks/web/library/wa-html5video/#table2。一般在 video 标记中省略 src 和 type 属性，改为使用 source 元素配置视频文件的多个版本。

source 元素

source 是自包容(void)元素，用于指定媒体文件和 MIME 类型。src 属性指定媒体文件的文件名。type 属性指定文件的 MIME 类型。使用 MP4 codec 的视频文件编码成 type="video/mp4"，使用 Theora codec 的视频文件编码成 type="video/ogg"。要为视频文件的每个版本都编码一个 source 元素。将 source 元素放在结束标记</video>之前。以下代码配置如图 11.7 所示的网页(学生文件 chapter11/sparky2.html)。

```
<video controls="controls" poster="sparky.jpg"
       width="160" height="150">
  <source src="sparky.m4v" type="video/mp4">
  <source src="sparky.ogv" type="video/ogg">
  <a href="sparky.mov">Sparky the Dog</a> (.mov)
</video>
```

当前版本的 Safari，Chrome，Firefox 和 Opera 都支持 HTML5 video 元素。不同浏览器显示的播放插件不同。虽然 Internet Explorer 9 也支持 video 元素，但老版本不支持。在上述代码中，注意结束标记</video>之前提供的链接。不支持 HTML5 video 元素的浏览器会显示这个位置的任何 HTML 元素。这称为"替代内容"。在本例中，如果不支持 video 元素，就会显示文件的 Quicktime .mov 版本的下载链接。另一个替代方案是配置 embed 元素来播放视频的 Flash 版本。图 11.8 是 Internet Explorer 8 显示的同一个网页。

图 11.7　Firefox 浏览器

图 11.8　Internet Explorer 8 显示替代内容

11.6　HTML5 视频练习

动手实作 11.4

这个动手实作将启动文本编辑器来创建如图 11.9 所示的网页，它显示了一个视频控件，可以用来播放影片。

图 11.9　HTML5 video 元素

创建文件夹 video，将 chapter11/starters 文件夹中的 lighthouse.m4v、lighthouse.ogv、lighthouse.swf 和 lighthouse.jpg 文件复制到这里。将 chapter1/template.html 文件另存为 index.html 并保存到 video 文件夹。像下面这样编辑 index.html。将网页 title 和一个 h1 元素

的内容设为"Lighthouse Cruise"。配置视频控件(使用一个 video 元素和两个 source 元素)。使用 embed 元素添加 Flash 文件 lighthouse.swf 作为替代内容。将 lighthouse.jpg 配置成 poster 图片，由支持 video 元素但不能播放视频文件的浏览器显示。video 元素的代码如下所示：

```
<video controls="controls" poster="lighthouse.jpg">
    <source src="lighthouse.m4v" type="video/mp4">
    <source src="lighthouse.ogv" type="video/ogg">
    <embed type="application/x-shockwave-flash"
           src="lighthouse.swf" quality="high" width="320" height="240"
           title="Door County Lighthouse Cruise">
</video>
```

注意 video 元素没有设置 height 和 width 属性。第 8 章讲过配置灵活图像的方法，也可以用 CSS 配置灵活 HTML5 视频。在网页的 head 部分编码一个 style 元素。配置以下样式规则将宽度设为 100%，高度设为 auto，并将最大宽度设为 320 像素(视频的实际宽度)。

```
video { width: 100%; height: auto; max-width: 320px; }
```

在浏览器中显示 index.html。在不同浏览器和浏览器的不同版本中测试。将你的作品与图 11.14 和 chapter11/video/video.html 进行比较。

> **怎样用新的 codec 转换视频文件？**
> 可以使用 Firefogg (http://firefogg.org)将视频文件转换成 Ogg Theora 格式。使用免费的 Online-Convert(http://video.online-convert.com/convert-to-webm)可以进行 WebM 转换。免费和开源的 MiroVideoConverter(http://www.mirovideoconverter.com)能将大多数视频文件转换成 MP4，WebM 或 OGG 格式。

11.7 嵌入 YouTube 视频

YouTube(http://www.youtube.com)是著名的个人和商业视频分享网站。上传视频后，创建者可自行决定是否允许别人嵌入该视频。在自己的网页中嵌入别人的 YouTube 视频很容易，只需在 YouTube 网站上打开视频，选择 Share > Embed，将 HTML 代码复制并粘贴到自己的网页源代码即可。代码使用 iframe 元素在网页中显示一个网页。YouTube 能检测浏览器和操作系统，并相应地提供 Flash 或 HTML5 视频。

iframe 元素

iframe 元素配置内联框架(inline frame)，以便在网页文档中显示另一个网页的内容。这称为嵌套式浏览(nested browsing)。iframe 元素以<iframe>标记开头，以</iframe>标记结束。替代内容应放在这两个标记之间。如果浏览器不支持内联框架，就会显示替代内容，比如文本描述或者指向实际网页的链接。图 11.10 的网页在 iframe 元素中显示 YouTube 视频。

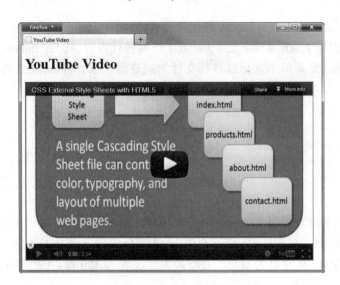

图 11.10 嵌入 YouTube 视频

表 11.6 列出了 iframe 元素的属性。

表 11.8 iframe 元素的属性

属性名称	说明
src	在内联框架中显示的网页的 URL
height	内联框架的高度(以像素为单位)
width	内联框架的宽度(以像素为单位)
id	可选；指定文本名称，要求字母或数字，以字母开头，不允许空格。值必须唯一，不能和同一个网页文档中的其他 id 值重复
name	可选；指定文本名称，要求字母或数字，以字母开头，不允许空格。用于命名内联框架
sandbox	可选；用于禁用插件、脚本程序、表单等功能(HTML5 新增)
seamless	可选；设置 seamless="seamless"配置浏览器更加"无缝"地显示内联框架的内容(HTML5 新增)
title	可选；提供简单文字说明，由浏览器或辅助技术显示

 动手实作 11.5

这个动手实作将启动文本编辑器来创建网页。将网页 title 和一个 h1 元素的内容设为 "YouTube Video"。配置一个 iframe 元素。src 设为 http://www.youtube.com/embed/，后跟视频标识。本例将 src 设为 http://www.youtube.com/embed/1QkisJHztHI。配置 YouTube 视频页面链接作为替代内容。显示如图 11.10 所示的视频所需的代码如下所示：

```
<iframe src="http://www.youtube.com/embed/1QkisJHztHI"
  width="640" height="385">
   <a href="http://www.youtube.com/embed/1QkisJHztHI">YouTube Video</a>
</iframe>
```

将网页另存为 youtubevideo.html，在浏览器中显示。使用不同浏览器和同一个浏览器的不同版本测试网页。将你的作品与图 11.10 以及学生文件 chapter11/iframe.html 进行比较。

除了播放其他服务器上的多媒体，比如本例的 YouTube 视频，内联框架还广泛应用于市场推广和营销，包括显示横幅广告和合作方的多媒体内容。它的优势在于控制分离。也就是说，合作方可以在任何时候修改其中显示的广告或其他多媒体内容。就像在本例中那样，YouTube 可以根据用户的浏览器来动态配置显示的视频格式。

11.8 CSS3 的 transform 属性

CSS3 提供了一个方法来改变或者说"变换"(transform)元素的显示。transform 属性允许旋转、伸缩、扭曲或者移动元素。支持二维和三维变换。

浏览器渲染引擎(比如 Safari 和 Google Chrome 所用的 WebKit，以及 Firefox 和其他 Mozilla 浏览器使用的 Gecko)的开发者创建了专用属性来实现 transform。所以，需编码多个样式声明来配置 transform：

- -webkit-transform (Webkit 浏览器)
- -moz-transform (Gecko 浏览器)
- -o-transform (Opera 浏览器)
- -ms-transform (Internet Explorer 9)
- transform (W3C 草案语法)

最终所有浏览器都会支持 CSS3 和 transform 属性，所以将该属性放到列表最后。表 11.7 是常用的 2D 变换属性函数值。http://www.w3.org/TR/css3-transforms/#transform-property 提供了完整列表。本节将重点放在旋转变换上。

表 11.7　transform 属性的值

值	作用
rotate(degree)	使元素旋转指定度数
scale(number, number)	沿 X 和 Y 轴(X,Y)伸缩或改变元素大小
scaleX(number)	沿 X 轴伸缩或改变元素大小
scaleY(number)	沿 Y 轴伸缩或改变元素大小
skewX(number)	沿 X 轴扭曲元素的显示
skewY(number)	沿 Y 轴扭曲元素的显示
translate(number, number)	沿 X 和 Y 轴(X,Y)重新定位元素
translateX(number)	沿 X 轴重新定位元素
translateY(number)	沿 Y 轴重新定位元素

CSS3 旋转变换

rotate()变换函数获取一全度数。正值正时针旋转，负值逆时针旋转。旋转围绕原点进行，默认原点是元素中心。图 11.11 的网页演示如何使用 CSS3 变换属性使图片稍微旋转。

图 11.11 变换属性的实际运用

 动手实作 11.6

这个动手实作将配置如图 11.11 所示的旋转变换。新建文件夹 transform，从 chapter11/starters 文件夹复制 lighthouseisland.jpg 和 lighthouselogo.jpg。用文本编辑器打开 chapter11 文件夹中的 starter.html 文件，另存为 transform 文件夹中的 index.html。

在浏览器中查看文件，结果如图 11.12 所示。

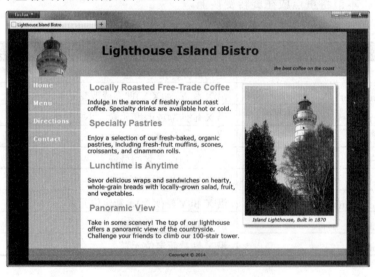

图 11.12 变换之前的样子

在文本编辑器中打开 index.html 并查看嵌入 CSS。找到 figure 元素选择符。要为 figure 元素选择符添加新的样式声明，配置一个 3 度的旋转变换。新的 CSS 代码加粗显示。

```
figure { float: right; margin: 10px; background-color: #FFF;
         padding: 5px; border: 1px solid #CCC;
         box-shadow: 5px 5px 5px #828282;
```

```
-webkit-transform: rotate(3deg);
-moz-transform: rotate(3deg);
-o-transform: rotate(3deg);
-ms-transform: rotate(3deg);
transform: rotate(3deg); }
```

保存文件并在浏览器中显示。应看到图片稍微旋转。将你的作品与图 11.11 和学生文件 chapter11/transform/index.html 比较。.

> 本节简单描述了一种类型的"变换"(transform)，即对元素进行旋转。请访问 http://www.westciv.com/tools/transforms/index.html 了解如何生成 CSS 代码来进行元素的旋转(rotate)、伸缩(scale)、移动(translate)和扭曲(skew)。更多关于变换的信息请访问 http://www.css3files.com/transform 和 http://developer.mozilla.org/en/CSS/Using_CSS_transforms。

11.9 CSS3 的 transition 属性

过渡(transition)是指修改属性值，在指定时间内以更平滑的方式显示。大多数现代浏览器(包括 Internet Explorer 10 和更高版本)都支持过渡。但是，为了获得最优的浏览器支持，还是需要编码浏览器厂商前缀。许多 CSS 属性都可以应用过渡，包括 color，background-color，border，font-size，font-weight，margin，padding，opacity 和 text-shadow。完整属性列表请参见 http://www.w3.org/TR/css3-transitions。为属性配置了过渡之后，需要配置 transition-property，transition-duration，transition-timing-function 和 transition-delay 属性的值。所有这些值可合并到单个 transition 简化属性中。表 11.8 总结了过渡属性及其作用。表 11.9 总结了常用的 transition-timing-function 值及其作用。

表 11.8　CSS 的 transition 属性

属性名称	说明
transition-property	指定将过渡效果应用于哪个 CSS 属性
transition-duration	指定完成过渡所需的时间，默认为 0，表示立即完成过渡；否则用一个数值指定持续时间，一般以秒为单位
transition-timing-function	描述属性值的过渡速度。常用的值包括 ease(默认，逐渐变慢)，linear(匀速)，ease-in(加速)，ease-out(减速)，ease-in-out(加速再减速)
transition-delay	指定过渡的延迟时间；默认值是 0，表示无延迟；否则用一个数值指定延迟时间，一般以秒为单位
transition	这是简化属性，按顺序列出 transition-property，transition-duration，transition-timing-function 和 transition-delay 的值，以空格分隔。默认值可省略，但第一个时间单位应用于 transition-duration

表 11.9 常用的 transition-timing-function 值

值	作用
ease	默认值。过渡效果刚开始比较慢，逐渐加速，最后再变慢
linear	匀速过渡
ease-in	过渡效果刚开始比较慢，逐渐加速至固定速度
ease-out	过渡效果以固定速度开始，逐渐变慢
ease-in-out	过渡效果刚开始比较慢，逐渐加速再减速

 动手实作 11.7

本书以前讲过，可用 CSS :hover 伪类配置鼠标移到元素上方时显示的样式。但这个显示的变化显得有点突兀。可利用 CSS 过渡来更平滑地呈现鼠标悬停时的样式变化。本案例分析要为导航链接配置过渡效果。

新建文件夹 transition，从 chapter11/starters 文件夹复制 lighthouseisland.jpg 和 lighthouselogo.jpg。再从 chapter11/transform 文件夹复制 index.html。在浏览器中打开 index.html，效果应该和之前的图 11.11 一样。鼠标放到导航链接上，注意，背景颜色和文本颜色一下子就变了。

在文本编辑器中打开 index.html 并查看嵌入 CSS。找到 nav a:hover 选择符，注意已配置了 color 和 background-color 属性。将为 nav a 选择符添加新的样式声明，在鼠标移至链接上方时使背景颜色渐变。新的 CSS 加粗显示。

```
nav a { text-decoration: none; display: block; padding: 15px;
        -webkit-transition: background-color 2s linear;
        -moz-transition: background-color 2s linear;
        -o-transition: background-color 2s linear;
        transition: background-color 2s linear; }
```

保存文件并在浏览器中显示。鼠标放到导航链接上方，注意虽然文本颜色立即改变，但背景颜色是逐渐变化的。将你的作品与图 11.13 和 chapter11/transition/index.html 比较。

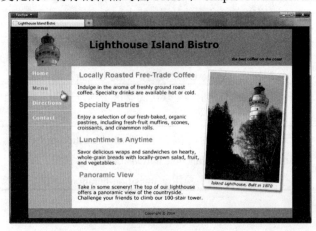

图 11.13 过渡效果使链接的背景颜色逐渐变化

表 11.9 只展示了部分过渡效果控制。还可以为 transition-timing-function 使用贝塞尔曲线值。图形应用程序经常使用贝塞尔曲线描述运动。欲知详情，请访问以下资源：

- http://www.the-art-of-web.com/css/timing-function
- http://roblaplaca.com/blog/2011/03/11/understanding-css-cubic-bezier
- http://cubic-bezier.com

11.10 CSS 过渡练习

 动手实作 11.8

本动手实作将使用 CSS positioning 属性，opacity 属性和 transition 属性配置交互式图片库。该版本和动手实作 7.7 创建的稍有不同。

图 11.14 是图片库最初的样子(学生文件 chapter11/gallery/gallery.html)。大图片是半透明的。将鼠标放到缩略图上，会在右侧逐渐显示完整尺寸的图片，并显示相应的图题，如图 11.15 所示。点击缩略图，图片将在另一个浏览器窗口中显示。

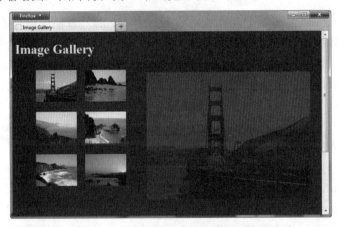

图 11.14　刚开始的图片库

图 11.15　图片逐渐显示

新建文件夹 g11，复制 chapter11/starters/gallery 文件夹中的所有图片文件。启动文本编辑器并修改 chapter1/template.html 文件来进行以下配置。

1. 为网页 title 和一个 h1 标题配置文本"Image Gallery"。
2. 编码 id 为 gallery 的 div。该 div 包含占位用的 figure 元素和一个无序列表，用于包含缩略图。
3. 在 div 中配置 figure 元素。figure 元素将包含占位用的 img 元素来显示 photo1.jpg。
4. 在 div 中配置无序列表。编码 6 个 li 元素，每个缩略图一个。缩略图要作为图片链接使用，分配一个:hover 伪类，以便当鼠标放在上面时显示大图。为此，要配置超链接元素来同时包含缩略图和 span 元素。span 元素由较大的图片和图题构成。例如，第一个 li 元素的代码如下所示：

```
<li><a href="photo1.jpg"><img src="photo1thumb.jpg"
    width="100" height="75"
 alt="Golden Gate Bridge">
    <span><img src="photo1.jpg" width="400" height="300"
    alt="Golden Gate Bridge"><br>Golden Gate Bridge</span></a>
</li>
```

5. 以类似方式配置全部 6 个 li 元素。将 href 和 src 的值替换成每个图片文件的实际名称。为每张图撰写自己的图题。第二个 li 元素使用 photo2.jpg 和 photo2thumb.jpg。第三个 li 元素使用 photo3.jpg 和 photo3thumb.jpg。以此类推。将文件另存为 g11 文件夹中的 index.html。在浏览器中显示网页。应该看到由缩略图、大图以及说明文字构成的无序列表。

6. 现在添加 CSS。在文本编辑器中打开文件，在 head 部分添加 style 元素。像下面这样配置嵌入 CSS。

   a. 配置 body 元素选择符，使用深色背景(#333333)和浅灰色文本(#eaeaea)。
   b. 配置 gallery id 选择符。将 position 设为 relative。这不会改变图片库的位置，但会设置 span 元素显示的大图相对于它的容器(#gallery)而不是相对于整个网页。
   c. 配置 figure 元素选择符。将 position 设为 absolute，left 设为 280px，text-align 设为 center，opacity 设为.25。这会造成大图最开始显示为半透明。
   d. 配置#gallery 中的无序列表，宽度设为 300 像素，无列表符号。
   e. 配置#gallery 中的 li 元素内联显示，左侧浮动，以及 10 像素填充。
   f. 配置#gallery 中的 img 元素不显示边框
   g. 配置#gallery 中的 a 元素无下划线，文本颜色#eaeaea，倾斜文本。
   h. 配置#gallery 中的 span 元素，将 position 设为 absolute，将 left 设为-1000px(造成它们最开始不在浏览器视口中显示)，将 opacity 设为 0。还要配置 3 秒的 ease-in-out 过渡。

```
#gallery span {  position: absolute; left: -1000px; opacity: 0;
                 -webkit-transition: opacity 3s ease-in-out;
                 -moz-transition: opacity 3s ease-in-out;
                 -o-transition: opacity 3s ease-in-out;
                 transition: opacity 3s ease-in-out; }
```

i. 配置#gallery 中的 span 元素在鼠标移至缩略图上方时显示。position 设为 absolute，top 设为 15px，left 设为 320px，居中文本，opacity 设为 1。

```
#gallery a:hover span { position: absolute; top: 16px; left: 320px;
                       text-align: center; opacity: 1; }
```

保存文件并在浏览器中显示。将你的作品与图 11.14，图 11.15 和学生文件 chapter11/gallery/gallery.html 进行比较。

11.11 HTML5 的 canvas 元素

HTML5 的 canvas 元素是动态图形容器。可用它动态绘制和变换线段、形状、图片和文本。除此之外，canvas 元素还允许和用户的行动(比如移动鼠标)进行交互。canvas 元素的宗旨是实现与 Adobe Flash 一样复杂的交互行为。主流浏览器目前都支持 canvas 元素。访问以下网站来体验 canvas 元素：

- http://www.chromeexperiments.com (找那些标题中含有"canvas"字样的实验)
- http://www.canvasdemos.com/type/applications
- ttp://www.canvasdemos.com/type/games

canvas 元素以<canvas>标记开始，以</canvas>标记结束。然而，canvas 元素是通过一个应用程序编程接口(API)来配置的，这意味着需要一个编程或脚本语言(比如 JavaScript)来实现它。JavaScript 是基于对象的脚本编程语言，能由 Web 浏览器解释。它能操纵与网页文档关联的对象(浏览器窗口、文档本身以及 form、img 和 canvas 等元素)。这些元素全都是文档对象模型(DOM)的一部分。JavaScript 与使用 script 元素的网页关联。

canvas API 提供了用于二维位图绘制的方法，包括线条、笔触、曲线、填充、渐变、图片和文本。然而，不是使用图形软件以可视的方式绘制，而是写 JavaScript 代码以程序化的方式绘制。本节展示了用 JavaScript 在 canvas 中绘图的一个简单例子。虽然需要懂得 JavaScript 才能使用 canvas 元素，但 JavaScript 编程知识超出了本书的范围。图 11.16 是配置 canvas 元素的简单例子(学生文件 chapter11/canvas.html)。以下是代码。

```
<!DOCTYPE html>
<html lang="en">
<head>
<title>Canvas Element</title>
<meta charset="utf-8">
<style>
canvas { border: 2px solid red; }
</style>
<script type="text/javascript">
function drawMe() {
var canvas = document.getElementById("myCanvas");
if (canvas.getContext) {
    var ctx = canvas.getContext("2d");
        ctx.fillStyle = "rgb(255, 0, 0)";
        ctx.font = "bold 3em Georgia";
```

```
            ctx.fillText("My Canvas", 70, 100);
            ctx.fillStyle = "rgba(0, 0, 200, 0.50)";
            ctx.fillRect(57, 54, 100, 65);
        }
    }
    </script>
    </head>
    <body onload="drawMe()">
    <h1>The Canvas Element</h1>
    <canvas id="myCanvas" width="400" height="175"></canvas>
    </body>
    </html>
```

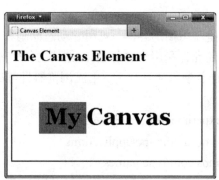

图 11.16　canvas 元素

看不懂代码没有关系，JavaScript 是和 CSS 与 HTML 不同的语言，有自己的语法和规则。下面简单解释一下代码。

- 红色边框通过向 canvas 选择符应用 CSS 来创建。
- 浏览器加载时网页调用 JavaScript 函数 drawMe()。
- JavaScript 查找分配了 myCanvas id 的 canvas 元素。
- 测试浏览器对 canvas 的支持。如支持，就执行下列行动。
  将 canvas 的上下文设为 2d。
  绘制"My Canvas"文本。
  使用 fillStyle 属性将绘图颜色设为红色。
  使用 font 属性配置字形、字号和字体名称。
  使用 fillText 方法指定要显示的文本，后跟 x 值(距离左侧的像素数)和 y 值(距离顶部的像素数)
- 绘制矩形。
  使用 fillStyle 属性将绘图颜色设为蓝色，不透明度 50%。
  使用 fillRect 方法设置矩形的 x 值(距离左侧的像素数)、y 值(距离顶部的像素数)、宽度和高度。

本节简单讲述了 canvas 元素。请访问以下网址查看其他例子并练习使用新元素：

- http://www.html5canvastutorials.com
- https://developer.mozilla.org/en/Canvas_tutorial
- http://dev.opera.com/articles/view/html-5-canvas-the-basics

复习和练习

复习题

选择题

1. 哪个属性用于旋转、伸缩、扭曲或移动元素？（　　）
   A. display　　　　B. transition　　　C. transform　　　D. list-style-type
2. 哪个文件扩展名代表 Flash 动画？（　　）
   A. .swf　　　　　B. .ogg　　　　　C. .flash　　　　D. .mov
3. 浏览器不支持<video>或<audio>元素会发生什么？（　　）
   A. 计算机崩溃　　　　　　　　B. 网页不显示
   C. 显示替代内容(如果有的话)　　D. 以上都不对
4. 哪个属性使属性值在指定时间内逐渐变化？（　　）
   A. transition　　　B. transform　　　C. display　　　　D. opacity
5. 以下哪个是开源视频 codec？（　　）
   A. Theora　　　　B. MP3　　　　　C. Vorbis　　　　D. Flash
6. 哪个 void 元素指定媒体文件名称和 MIME 类型？（　　）
   A. iframe　　　　B. anchor　　　　C. param　　　　D. source
7. 哪个配置一个网页区域不显示？（　　）
   A. hide: yes;　　　　　　　　B. display: no;
   C. display: none;　　　　　　D. display: block;
8. webm，.ogv 和.m4v 是什么类型的文件？（　　）
   A. 音频文件　　　B. 视频文件　　　C. Flash 文件　　　D. 以上都不对
9. 哪个做法能增强可用性和无障碍访问？（　　）
   A. 尽量使用视频和音频。
   B. 为网页上的音频和视频文件提供文字说明。
   C. 绝不使用音频和视频文件。
   D. 以上都不对。
10. 哪个元素能显示其他网页文档的内容？（　　）
    A. iframe　　　　B. div　　　　　C. document　　　D. object

动手练习

1. 写 HTML 代码，链接到名为 lighthouse.mov 的视频。
2. 写 HTML 代码，在网页上嵌入名为 soundloop.mp3 的音频，访问者可以控制音频播放。
3. 写 HTML 代码在网页上显示视频。视频文件名为 movie.m4v 和 movie.ogv。宽度 480 像素。高度 360 像素。poster 图片为 movie.jpg。
4. 写 HTML 代码在网页上显示名为 flashbutton.swf 的 Flash 文件。

虽然可以配置内联框架来显示另一个网站，但一般仅在获得授权的情况下才这样做。

5. 编写 HTML 代码配置内联框架，在其中显示 http://webdevbasics.net 主页。
6. 创建网页来介绍你喜爱的一部电影，其中包含你对该电影进行介绍的音频文件。使用自己喜欢的软件进行录音(访问 http://audacity.sourceforge.net/download 免费下载 Audacity)。在网页上放置你的 E-mail 链接。将网页另存为 review.html。
7. 创建网页来介绍你喜爱的一个乐队，添加你的简单评论音频或者乐队的音频剪辑。使用自己喜欢的软件进行录音(访问 http://audacity.sourceforge.net/download 免费下载 Audacity)。在网页上放置你的 E-mail 链接。将网页另存为 music.html。
8. 访问本书网站(http://webdevbasics.net/flashcs5)，按照指示创建 Flash 横幅标识。
9. 为 Lighthouse Bistro 主页(chapter11/transition/index.html)创建新的过渡效果。配置 opacity 属性以 50%的不透明度显示灯塔图片。鼠标放到图片上时，缓慢变成 100%不透明。

聚焦 Web 设计

本章提到"沿袭"是 HTML5 的设计原则之一。你可能想知道其他设计原则是什么。W3C 在 http://www.w3.org/TR/html-design-principles 列出了 HTML5 设计原则。请访问这个网页，用一页纸的篇幅进行总结，概述这些原则对于网页设计人员的意义。

案例学习：Pacific Trails Resort

本案例将以现有的 Pacific Trails(第 10 章)网站为基础来创建网站的新版本，在其中集成多媒体和交互性。共有 4 个任务。

1. 为 Pacific Trails 案例分析创建新文件夹。
2. 修改外部样式表文件(pacific.css)为导航链接颜色配置过渡。
3. 为主页(index.html)添加视频并更新外部 CSS 文件。
4. 在 Activities 页(activities.html)上配置图片库并更新外部 CSS 文件。

任务 1：创建文件夹 ch11pacific 来包含 Pacific Trails Resort 网站文件。复制第 10 章案例分析的 ch10pacific 文件夹中的文件。从 chapter11/casestudystarters 文件夹复制以下文件：pacifictrailsresort.mp4，pacifictrailsresort.ogv，pacifictrailsresort.jpg 和 pacifictrailsresort.swf。从 Chapter11/starters/gallery 文件夹复制以下文件：photo2.jpg，photo3.jpg，photo4.jpg，photo6.jpg，photo2thumb.jpp，photo3thumb.jpg, photo4thumb.jpg 和 photo6thumb.jpg。

任务 2：用 CSS 配置导航过渡。启动文本编辑器并打开 pacific.css。找到 nav a 选择符。编码额外的样式声明，为 color 属性配置 3 秒 ease-out 过渡。保存文件。在支持过渡的浏览器中测试任何网页。鼠标移到导航链接上方，链接文本的颜色应逐渐变化。

任务 3：配置视频。在文本编辑器中打开主页(index.html)。将图片替换成 HTML5 video 控件。配置 video，source 和 embed 元素来使用以下文件：pacifictrailsresort.mp4，pacifictrailsresort.ogv，pacifictrailsresort.swf 和 pacifictrailsresort.jpg。视频宽度 320 像素，高度 240 像素。保存文件。使用 W3C 校验器(http://validator.w3.org)检查 HTML 语法并纠错。

接着配置 CSS。在文本编辑器中打开 pacific.css。找到#content img 选择符,它目前的样式规则是左侧浮动,右侧有填充。像下面这样将样式规则应用于#content video 和#content embed 选择符。

```
#content img, #content video, #content embed { float: left;
padding-right: 20px; }
```

保存 pacific.css 文件并在浏览器中测试 index.html,结果如图 11.17 所示。

图 11.17　主页

任务 4：配置图片库。在文本编辑器中打开 activities.html 文件。在页脚区域上方的 content div 中添加一个图片库。activities.html 和 pacific.css 文件都要修改。

参照动手实作 11.8,在 content div 中配置 id 为 gallery 的一个 div。图片库最开始在 figure 元素中显示一张占位图片,并显示 4 张缩略图。编码一个 img 元素在 figure 元素中显示 photo2.jpg。在 gallery div 中编码一个无序列表,包含 4 个 li 元素,每张缩略图一个。缩略图作为图片链接使用,使用 a:hover 伪类配置在鼠标悬停时显示大图。在每个 li 元素中配置一个锚点元素。在锚点元素中,同时包含缩略图和一个 span 元素。在 span 元素中,同时包含大图和说明文本。将大图的尺寸设为 200 像素宽和 150 像素高。保存 activities.html 文件。

在文本编辑器中打开 pacific.css 文件。参照动手实作 11.8 在媒体查询上方为图片库编码 CSS。默认情况下,为#content img 选择符配置的左侧浮动会应用于图片库中的图片。为了修改这个行为,为#gallery img 选择符配置 float: none;样式规则。为 gallery id 配置高度 200px。配置文本左对齐,使用白色背景上容易阅读的字体颜色。再为 footer 元素选择符添加样式声明来清除所有浮动。最后,为媒体查询添加样式声明,如果移动设备的浏览器视口宽度小于 480px,就禁止显示图片库。保存 pacific.css 文件。

启动浏览器来测试新的 activities.html 网页,如图 11.18 所示。

图 11.18 新的活动页

案例学习：JavaJam Coffee House

本案例分析将以现有的 JavaJam（第 10 章）网站为基础来创建网站的新版本，在其中集成多媒体和交互性。共有 3 个任务。

1. 为 JavaJam 案例分析创建新文件夹。
2. 修改外部样式表文件(javajam.css)为导航链接颜色配置过渡。
3. 为音乐页(music.html)编辑文本，添加 2 个 audio 元素，并更新外部 CSS 文件。

任务 1：创建文件夹 ch11javajam 来包含 JavaJam Coffee House 网站文件。复制第 10 章案例分析的 ch10javajam 文件夹中的文件。从 chapter11/casestudystarters 文件夹复制以下文件：melanie.mp3，melanie.ogg，greg.mp3 和 greg.ogg。

任务 2：用 CSS 配置导航过渡。启动文本编辑器并打开 javajam.css。找到 nav a 选择符。编码额外的样式声明，为 color 属性配置 3 秒 ease-out 过渡。保存文件。在支持过渡的浏览器中测试任何网页。鼠标移到导航链接上方，链接文本的颜色应逐渐变化。

任务 3：配置音频。在文本编辑器中打开音乐页(music.html)。找到介绍 Melanie 的段落。删除以下文本："Check out the podcast!"。在结束段落标记前添加 audio 元素。配置 audio 元素播放 melanie.mp3 和 melanie.ogg 文件。替代内容设为 melanie.mp3 文件链接。在介绍 Tahoe Greg 的段落中配置第二个 audio 元素。配置 audio 元素播放 greg.mp3 和 greg.ogg 文件。替代内容设为 greg.mp3 文件链接。保存文件。使用 W3C 校验器(http://validator.w3.org)检查 HTML 语法并纠错。

接着配置 CSS。在文本编辑器中打开 javajam.css。在媒体查询上方为 audio 元素选择符配置一个样式，清除浮动并将顶部填充设为 20 像素。保存 javajam.css 文件并在浏览器中测试 music.html，结果如图 11.19 所示。

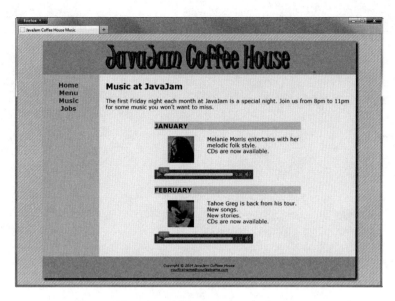

图 11.19 新的 JavaJam 音乐页

本章简单介绍使用 JavaScript 配置 canvas 元素。JavaScript 常用于响应鼠标移动、按钮点击和网页加载等事件。随着 Web 设计的深入，应该找机会探索使用 JavaScript 进行客户端脚本编程。首先访问以下资源：

- http://www.echoecho.com/javascript.htm
- http://www.w3schools.com/js
- http://www.tizag.com/javascriptT.

除了可以用 JavaScript 配置 HTML5 canvas 元素，HTML5 的其他高级功能也提供了相应的 JavaScript API。其中包括 Web 存储、Web 数据库、脱机应用程序缓存、拖放、地理位置和 Web 聊天。

JavaScript 还是 AJAX 中的"J"。Ajax 的全称是"异步 JavaScript 和 XML"(Asynchronous JavaScript and XML)，它用于实现许多交互式 Web 应用，比如 Gmail (http://gmail.google.com)，Flickr (http://flickr.com)和 Delicious (http://del.icio.us)。回忆一下第 1 章和第 10 章讲过的客户端/服务器模型。浏览器向服务器发送请求(通常由点击链接或提交按钮触发)，服务器返回一个全新的网页让浏览器显示。Ajax 使用 JavaScript 和 XML 为客户端(浏览器)分配更多的处理任务，并经常向服务器发送"幕后"的异步请求来刷新浏览器窗口的某些部分——而不是每次都刷新整个网页。其中的关键在于，使用 Ajax 技术，JavaScript 代码(它们在客户端计算机上运行，在浏览器的限制之下)可直接与服务器通信——以便交换数据，并修改网页的部分显示，同时不必重新加载整个网页。

例如，一旦网站访问者在表单中输入邮政编码，系统就可以通过 Ajax 利用这个值在邮政编码数据库中自动查找对应的城市/州名——所有这些都是在访问者点击提交按钮之前，输入表单信息的过程中发生的。结果是让访问者觉得这个网页的响应更灵活、交互性更强。访问以下网站来深入探索该主题：

- http://www.w3schools.com/ajax/ajax_intro.asp
- http://www.alistapart.com/articles/gettingstartedwithajax
- http://www.tizag.com/ajaxTutorial

第 12 章 上网发布

Basics of Web Design
HTML5 and CSS3

设计好网站后,还有许多事情要做。需要获取域名,选择主机,发布网站,并向搜索引擎提交网站。除了讨论这些任务,本章还要介绍如何对网站的无障碍访问和使用性进行评估。

学习内容

- 选择主机
- 获取域名
- 使用 FTP 发布网站
- 设计对搜索引擎友好的网页
- 向搜索引擎提交网站
- 判断网站是否符合无障碍访问要求
- 评估网站的使用性

12.1 注册域名

▶ 视频讲解：Choosing a Domain Name

要想真正能在网上"安身立命"，选好域名至关重要，它的作用是在互联网上定位网站，如图 12.1 所示。如果新创公司，一般在决定公司名称的时候就能选好域名。相反，如果是老公司，就应选择和现有的品牌形象相符的域名。虽然许多好域名都被占用了，但仍有大量选择可供考虑。

图 12.1　域名是在网上的标志

选择域名

- **企业描述**。虽然长时间以来的一个趋势是使用比较"有趣"的字眼作为域名(如 yahoo.com，google.com，bing.com，woofoo.com 等)，但在真正这样做之前务必三思。传统行业所用的域名是企业在 Web 上"安身立命"的基础，应该清楚说明企业的名称或用途

- **尽可能简短**。虽然现在大多数人都通过搜索引擎发现新网站，但还是有一些访问者会在浏览器中输入网域名。短域名比长域名好，访问者更容易记忆。

- **避免使用连字符("-")**。域名中的连字符使域名很难念，输入也不易，很容易造成这样的后果：不小心输入成你竞争对手的网址。应该尽量避免在域名中使用连字符。

- **并非只有.com**。虽然.com 是目前商业和个人网站最流行的顶级域名(TLD)，但还可以考虑其他 TLD 注册自己的域名，比如 .biz，.net，.us，.cn，.mobi 等。商业公司应避免使用.org 这个 TLD，它是非赢利性公司的首选。没必要为自己注册的每个域名都创建一个独立的网站。可利用域名注册公司(比如 register.com 和 godaddy.com)提供的功能将对多个域名的访问都重定向到你的网站实际所在的地址。这称为"域名重定向"。

- **对潜在关键字进行"头脑风暴"**。从用户的角度想一下，当他们通过搜索引擎查找你这种类型的公司或组织时，会输入什么搜索关键字。把想到的内容作为你的关键字列表的起点(将来会用这到这个列表)。如有可能，用其中一个或多个关键字组成域名(还是要尽量简短)。

- **避免使用注册商标中的单词或短语**。美国专利商标局(U.S. Patent and Trademark Office，USPTO)对商标的定义是：生产者、经营者为使自己的商品与他人的商品相

区别并标示商品来源而使用或者打算使用的文字、名称、符号、图形以及上述要素的组合。研究商标的一个起点是 USPTO 的商标电子搜索系统(Trademark Electronic Search System，TESS)，网址是 http://tess2.uspto.gov。
- **了解行业现状**。了解你希望使用的域名和关键字在网上的使用情况。一个比较好的做法是在搜索引擎中输入你希望使用的域名(以及关联词)，看看现状如何。
- **检查使用性**。利用域名注册公司的网站检查域名是否可用。下面列举了一些域名注册公司：

  http://register.com

  http://networksolutions.com

  http://godaddy.com

所有网站都提供了 WHOIS 搜索功能，方便用户了解域名是否可用；如果被占用，还会报告被谁占用。对于被占用的域名，网站会列出一些推荐的备选名称。不要放弃，总能找到适合自己的域名。

注册域名

确定了理想的域名后，不要犹豫，马上注册。各个公司的域名注册费有所不同，但都不会很贵。.com 域名一年的注册费用最高为 35 美元(如果多注册几年，或者同时购买主机服务，还会有一定的优惠)。域名越早注册越好，即使不是马上就要发布网站。许多公司都在提供域名注册服务，上一节已经列举了几个。注册域名时，联系信息(比如姓名、电话号码、邮寄地址和 E-mail 地址)会输入 WHOIS 数据库，每个人都可以看见(除非选择了保密注册的选项)。虽然保密注册(private registration)的年费要稍多一些，但为了防止个人信息泄露，也许是值得的。

获取域名只是进军网上的一部分。还要在某个服务器上实际地托管你的网站。下一节介绍如何选择主机。

12.2 选择主机

主机提供商为你的网站文件提供存储空间，同时提供服务让别人通过互联网访问这些文件。域名(比如本书网站 webdevbasics.net)和一个 IP 地址关联，该 IP 地址指向你存储在主机提供商的服务器上的网站。

主机提供商一般除了收取开通费，还要收取每个月的主机费。主机费从低到高都有。最便宜的主机商不一定是最好的。商业网站绝对不要考虑"免费"主机提供商。小孩、大学生和业余爱好者适合这些免费站点，但它们很不专业。你肯定不希望你的客户感觉到你不专业，或者不认真对待自己的事业。选择主机提供商时，不妨打一下它们的支持电话，或者用 E-mail 联系，了解客服的响应情况。口碑、搜索引擎和一些网上名录(比如 www.hosting-review.com)都是你可以利用的资源。

主机的类型

- **虚拟主机**(或者共享主机)是小网站的流行选择,如图 12.2 所示。主机提供商的服务器划分为许多虚拟域,多个网站共存于同一台机器。你有权更新自己网站空间的文件。主机提供商负责维护服务器和互联网连接。
- **专用主机**。这种主机放在主机提供商那里,硬盘空间和互联网连接都由客户专用。访问量很大(比如每天上千万次)的网站一般都需要专用服务器。客户可以远程配置和操作主机,也可以付钱让主机提供商帮你管理。
- **托管主机**。机器由企业自己购买并配置,放到主机提供商那里连接互联网。机器由企业自己派人管理。

图 12.2 虚拟主机

选择虚拟主机

选择主机时有许多因素可以考虑。表 12.1 提供了一个核对表。

表 12.1 主机核对表

类别	名称	描述
操作系统	□ UNIX □ Linux □ Windows	有些主机提供了这些操作系统供选择。如果需要将网站与自己商业系统结合,请为这两者选择相同的操作系统
Web 服务器	□ Apache □ IIS	这是两种最受欢迎的服务器软件。Apache 通常在 UNIX 或 Linux 操作系统上运行,IIS(Internet Information Services,Internet 信息服务)是与 Microsoft Windows 的部分版本捆绑在一起的
流量	□ _____GB/月 □ 超过收费_____	有些主机会详细监控你的数据传输流量,对超出部分要额外收费。虽然不限流量最好,但不是所有主机都允许。一个典型的低流量网站每个月的流量在 100 GB 至 200 GB 之间,中等流量的网站每月 500 GB 流量也应该足够了
技术支持	□ E-mail □ 聊天 □ 论坛 □ 电话	可以在主机服务提供商的网站上查看他们的技术支持说明。它是否一个星期 7 天、一天 24 小时都可以提供服务?发一封 E-mail 或问个问题试试他们的服务。如果对方没有把你视为未来的客户,有理由怀疑他们以后的技术支持不怎么可靠

续表

类别	名称	描述
服务协议	□ 正常运行时间保证 □ 自动监测	主机如果能提供一份 SLA(Service Level Agreement，服务等级协议)和正常运行时间保证，那么就说明他们非常重视服务和可靠性。使用自动监测可以在服务器运转不正常的时候自动通知主机技术支持人员
磁盘空间	□ _____ GB	许多虚拟主机通常都提供 100 GB 以上的磁盘存储空间。如果只是有一个小网站而且图片不是很多，那么可能永远也不会使用超过 50 MB 的磁盘空间
E-mail	□ _____ 个邮箱	大部分虚拟主机会给每个网站提供多个邮箱，它们可以用来将信息进行分类过滤——客户服务、技术支持、一般咨询等
上传文件	□ FTP 访问 □ 基于网页的文件管理器	支持用 FTP 访问的主机将能够给你提供最大的灵活性。另外有些主机只是支持基于网页的文件管理器程序。有些主机两种方式都提供
配套脚本	□ 表单处理 □ _____	许多主机提供配套的、事先编好的脚本以帮助你处理表单信息
脚本支持	□ PHP □ .NET □ ASP	如果计划在网站上使用服务器端脚本，那么就要先确定主机是否支持和支持什么脚本语言
数据库支持	□ MySQL □ MS Access □ MS SQL	如果计划在脚本程序中访问数据库，先要确定 Web 主机是否支持和支持什么数据库
电子商务软件包	□ _____	如果打算进行电子商务，主机能提供购物车软件包就会方便很多。核实是否能能提供该服务
可扩展性	□ 脚本 □ 数据库 □ 电子商务	你可能会为第一个网站制定一个基本的(简陋的)方案。注意主机的可扩展性，随着网站规模的增长，它是否还有其他方案，比如脚本语言、数据库、电子商务软件包和额外流量或磁盘空间供扩展
备份	□ 每天 □ 定期 □ 没有备份服务	大部分主机会定期备份你的文件。请检查一下备份的频率是怎么样的，还有你是否可以拿到备份文件。自己也一定要经常备份
网站统计数据	□ 原始日志文件 □ 日志报告 □ 无法获取日志	服务器日志包含了许多有用信息，如访问者信息、他们是如何找到你的网站的和他们都浏览了哪些页面等。请检查一下你是否可以看到这些日志。有的主机可以提供日志报告
域名	□ 已包含 □ 可以自行注册	有些主机提供的产品捆绑了域名注册服务。你最好是自己注册域名(例如 http://register.com 或 http://networksolutions.com)并保留域名账户的控制权
价格	□ 开通费_____ □ 月费_____	把价格因素列在本清单的结尾处是有原因的。不要只是根据价格来选择主机，"一分钱一分货"是千真万确的真理。一种常见的方式是支付一次性的开通费，再定期支付每月、每季或每年的使用费

12.3 用 FTP 发布

建立主机之后，便可以开始上传文件了。虽然主机可能提供了基于互联网的文件管理器，但上传文件更常用的方法是使用"**文件传输协议**"(File Transfer Protocol，FTP)。"协议"是计算机相互通信时遵循的一套约定或标准。FTP 的作用是通过 Internet 复制和管理文件/文件夹。FTP 用两个端口在网络上通信，一个用于传输数据(一般是端口 20)，一个用于传输命令(一般是端口 21)。请访问 http://www.iana.org/assignments/port-numbers 查看各种网络应用所需的端口列表。

FTP 应用程序

有许多 FTP 应用程序可供下载或购买，表 12.2 列出了其中一部分。

表 12.2 FTP 应用程序

应用程序	平台	URL	价格
FileZilla	Windows，Mac，Linux	http://filezilla-projcct.org	免费下载
SmartFTP	Windows	http://www.smartftp.com	免费下载
CuteFTP	Windows，Mac	http://www.cuteftp.com	免费试用，学生有优惠
WS_FTP	Windows	http://www.ipswitchft.com	免费试用

用 FTP 连接

Web 主机提供商会告诉你以下信息(可能还有其他规格，比如 FTP 服务器要求使用主动模式还是被动模式)：

- FTP 主机地址
- 用户名
- 密码

使用 FTP

本节以 FileZilla 为例，它是一款免费 FTP 应用程序，提供了 Windows、Mac 和 Linux 版本。请访问 http://filezilla-project.org 免费下载。下载好之后，按照提示安装应用程序。

启动和登录

启动 FileZilla 或其他 FTP 应用程序。输入连接所需的信息，比如 FTP 主机地址、用户名和密码。连接主机。图 12.3 是用 FileZilla 建立连接的例子。

在图 12.3 中，靠近顶部的是 Host，Username 和 Password 这三个文本框。下方显示了来自 FTP 服务器的信息，根据这些信息了解是否成功连接以及文件传输的结果。再下方划分为左右两个面板。左侧显示本地文件系统，可选择自己机器上的不同驱动器、文件夹和文件。右侧显示远程站点的文件系统，同样可以切换不同的文件夹和文件。

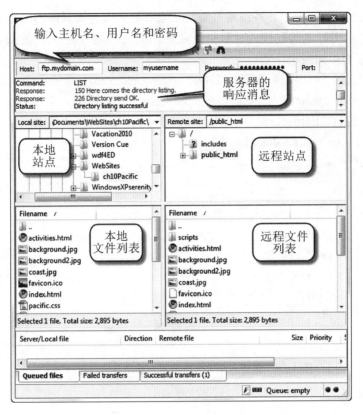

图 12.3　FileZilla FTP 应用程序

上传文件

很容易将文件从本地计算机上传到远程站点，在左侧面板中选择文件，拖放到右侧面板即可。

下载文件

和上传相反，将文件从右侧面板拖放到左侧，即可进行文件下载。

删除文件

要删除网站上的文件，在右侧面板中选择文件，按 Delete 键即可。

进一步探索

FileZilla 还提供了其他许多功能。右击文件，即可在一个上下文关联菜单中选择不同的选项，包括重命名文件、新建目录和查看文件内容等。

12.4　提交到搜索引擎

搜索引擎是在网上导航和查找网站的常用方式。PEW Internet Project 的研究表明，每天全球 91% 网民都要使用搜索引擎(http://www.pewinternet.org/Press-Releases/2012/

Search-Engine-Use-2012.aspx)。被搜索引擎收录能够帮助顾客找到你的网站。它们是非常好的营销工具。为了更好地驾驭搜索引擎和搜索索引(有时称为分类目录)的强大功能,我们有必要了解一下它们是如何工作的。

NetMarketShare 的一项调查表明,谷歌(http://google.com)是最近一个月最流行的搜索引擎(http://marketshare.hitslink.com/search-engine-market-share.aspx)。其他大的搜索引擎还有Yahoo!、Bing(必应)、Baidu(百度)和 Ask。在调查中排名前五位的搜索网站如图 12.4 所示。最新排名请访问 http://marketshare.hitslink.com。

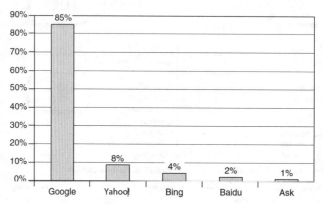

图 12.4 最近一个月大多数用户都用谷歌进行搜索

搜索引擎的组成

搜索引擎的组成包括搜索机器人、数据库和搜索表单。它们分别获取网页信息,存储网页信息,并提供图形用户界面来输入搜索关键字和显示搜索结果。

机器人

机器人(有时称为蜘蛛或 bot)是一种能通过检索网页文档,并沿着页面中的超链接自动遍历超文本结构的程序。它就像一只机器蜘蛛在网上移动,访问并记录网页内容。机器人对网页内容进行分类,然后将关于网站和网页的信息记录到数据库中。要想进一步了解爬网机器人,请访问 The Web Robots Pages(http://www.robotstxt.org)。

数据库

数据库是组织信息的地方,它结构特别,便于访问、管理和更新。数据库管理系统(Database Management System,DBMS),比如 Oracle、Microsoft SQL Server 或 IBM DB2 用于配置和管理数据库。显示搜索结果的网页称为搜索引擎结果页,它列出了来自搜索引擎数据库的信息。

搜索表单

在搜索引擎的各个组成部分中,搜索表单是你最熟悉的。你也许已经多次使用过搜索引擎但从来没有想过其幕后机制。搜索表单是允许用户输入要搜索的单词或短语的图形化用户界面。它通常只是一个简单的文本输入框和一个提交按钮。搜索引擎访问者在文本框中输入与他/她所要搜索的内容相关的词语(称为关键字)。表单被提交之后,文本框中的数据就被发送给服务器端脚本,然后服务器端脚本就在数据库中进行搜索用户输入的关键字。搜索结果(也称为结果集)是一个信息列表,比如符合条件的网页 URL 等。该结果集的格式一般包括指向每个页面的链接和一些额外信息,比如页面标题、简单介绍、文本的前几行或网页文件的大小等。在结果页面中,各个条目的显示顺序可能要根据付费广告、字母排序和链接受欢迎程度来决定,每个搜索引擎都有它自己的搜索结果排序规则。注意,这些规则会随着时间的推移而改变。

在搜索引擎中列出你的网站

Direct Marketing Association(http://www.the-dma.org)最近的一项研究表明,在被调查的 Web 商家中,66%将搜索引擎视为吸引网站流量的最佳办法。按以下步骤操作,让搜索引擎收录你的网站。

第 1 步:访问搜索引擎网站并找到"添加网站"或"收录 URL"链接,它通常在搜索引擎的主页上。要有耐心,这些链接有时并不那么明显。访问 https://www.google.com/webmasters/tools/submit-url 可以立即让 Google 收录你的网站。

第 2 步:按照页面中列出的指示来做并提交表单,请求将你的网站添加到搜索引擎中。其他搜索引擎的自动收录可能需要收费,称为付费收录,稍后有更多介绍。目前向谷歌提交网站是免费的。

第 3 步:来自搜索引擎的搜索蜘蛛将对你的网站进行索引,这可能需要几周时间。

第 4 步:在提交网站几周之后,请检查搜索引擎或搜索分类目录有没有收录你的网站。如果没有收录,那么请检查你的页面,看看它们是否对搜索机器人"友好",而且是否能够在常见浏览器中显示。

> **FAQ 在搜索引擎上打广告值得吗?**
>
> 具体视情况而定。让自己的公司在搜索结果的第一页出现,应该值多少钱?要在搜索引擎上打广告,你需要选择触发广告的关键字。还要设置每个月的大致预算以及为每次点击支付的最大金额。不同搜索引擎的收费政策是不同的。截止本书写作时为止,谷歌是按每次点击来收费的。建议访问 http://google.com/adwords 了解更多信息。

12.5 搜索引擎优化

如果按照推荐的网页设计规范来操作,你现在肯定已经设计出了吸引人的网页。但是怎样才能最好地与搜索引擎配合呢?本节介绍一些在搜索引擎上获得较好排名的建议和技巧,这个过程称为**搜索引擎优化**(Search Engine Optimization,SEO)。

关键字

花一些时间集思广益,想想别人可能用来查找你的网站的术语或短语,这些描述网站或经营内容的术语或短语就是你的关键字。为它们创建一个列表,而且不要忘了在列表中加上这些关键字常见的错误拼法。

网页标题

描述性的网页标题(<title>标记间的文本)应该包含你的公司和/或网站名称，这有助于网站对外界推广自己。搜索引擎的一个常见的做法是在结果页中显示网页标题文本。访问者收藏你的网站时，网页标题会被默认保存下来。另外，打印网页时，也通常会打印网页标题。要避免为每一页都使用一成不变的标题；最好在标题中添加对当前页来说适用的关键字。例如，不要只是使用"Trillium Media Design"这个标题，而是在标题中同时添加公司名和当前页的主题，例如"Trillium Media Design: Custom E-Commerce Solutions"。

标题标记

使用结构标记(比如<h1>，<h2>等标题标记)组织页面内容。如果合适，可以在标题标题中包含一些关键字。如果关键字在页面标题或内容标题中出现，有的搜索引擎将会把网站列在较前面的位置。但不要写垃圾关键字，也就是说，不要一遍又一遍地重复列举。搜索引擎背后的程序变得越来越聪明了，如果发现你不诚实或试图欺骗系统，完全可能拒绝收录你的网站。

描述

网站有什么特殊的地方可以吸引别人来浏览呢？以此为前提，写几个关于你的网站或经营范围的句子。这种网站描述应该有吸引力、有意思，这样在网上搜索的人才会从搜索引擎或搜索分类目录提供的列表中选择你的网站。有些搜索引擎会将网站描述显示在搜索结果中。

关键字和描述通过在 head 部分添加 meta 标记插入网页。

meta 标记

meta 标记是放在 head 部分的独立标记。以前曾用 meta 标记指定字符编码，meta 标记还有其他许多用途，这里讨论如何用它为搜索引擎提供网站描述。提供网站描述的 meta 标记的内容会在 Google 等搜索引擎的结果页中显示。name 属性指定 meta 标记的用途，content 属性指定该特定用途的值。例如，一个名为 Acme Design 的网站开发咨询公司的网站可以这样添加描述 meta 标记：

```
<meta name="description" content="Acme Design, a web consulting
   group that specializes in e-commerce, website design,
   development, and redesign.">
```

> **FAQ 不想让搜索引擎索引某个页面时，应该怎么做？**
>
> 有的时候，你不想让搜索引擎索引某些页面，比如测试页面或只给一小部分人(如家庭成员或同事)使用的网页。meta 标记可实现这一功能。如果想向搜索机器人表明某个页面不应该被索引，而且它的链接也不应该被跟踪，就不要在页面中添加任何关键字或说明 meta 标记，而是按如下方式给页面添加一个"robots" meta 标记：
>
> `<meta name="robots" content="noindex, nofollow">`

链接

验证所有超链接都能正常工作，没有断链。网站上的每个网页都能通过一个文本超链接抵达。文本应该具有描述性，要避免使用"更多信息"和"点击此处"这样的短语。而且应该包含恰当的关键字。来自外部网站的链接也是决定网站排名的一个因素。你的网站的链接受欢迎程度会决定在搜索结果页中的排名。

图片和多媒体

注意，搜索引擎的机器人"看"不见图片和多媒体中嵌入的文本。要为图片配置有意义的备用文本。在备用文本中，要包含贴切的关键字。虽然有的机器人(比如 Google 的 Googlebot)最近添加了对 Flash 多媒体中的文本和超链接进行索引的功能，但要注意依赖于 Flash 和 Silverlight 等技术的网站对于搜索引擎来说的"可见性"较差，可能会影响排名。

有效代码

搜索引擎不要求 HTML 和 CSS 代码通过校验。但是，有效而且结构良好的代码可以被搜索引擎的机器人更容易地处理。这有利于你的网站的排名。

有价值的内容

SEO 最基本、但常被忽视的一个方面就是提供有价值的内容，这些内容应该遵循网页设计的最佳实践(参见第 3 章)。网站应该包含高质量的、良好组织的、对访问者来说有价值的内容。

12.6 无障碍访问测试

通用设计和无障碍访问

通用设计中心(Center for Universal Design)将**通用设计**(universal design)定义为"在设计产品和环境时尽量方便所有人使用，免除届时进行修改或特制的必要"。符合通用设计原则的网页所有人都能无障碍地访问，其中包括有视力、听力、运动和认知缺陷的人。正如本书一直强调的那样，无障碍访问是网页设计不可分割的一部分，编码时就应想到这个问题，不要事后弥补。我们配置了标题和副标题，无序列表导航，图片替代文本，多媒体替代文本，以及文本和表单控件的关联。所有这些技术都能增强网页的无障碍访问。

网络无障碍访问标准

第 3 章说过，本书推荐的无障碍设计要满足《联邦康复法案》Section 508 条款和 W3C 的网络内容无障碍指导原则(WCAG)。

Section 508 条款

Section 508 条款是对 1973 年颁布的《联邦康复法案》的改进，它规定所有由联邦政府发展、取得、维护或使用的电子和信息技术都必须能让残障人士"无障碍访问"。详情请访问 http://www.access-board.gov。

WCAG

WCAG 2.0(http://www.w3.org/TR/WCAG20)认为能无障碍访问的网页应该是可感知的、可操作的以及可理解的。网页应该足够"健壮"，能适应大范围的浏览器、其他用户代理(比如屏幕朗读器等辅助技术)以及移动设备。WCAG 2.0 的指导原则如下所示：

1. 内容必须可感知(不能出现用户看不到或听不到内容的情况)
2. 界面组件必须可操作。
3. 内容和控件必须可理解。
4. 内容应该足够健壮，当前和将来的用户代理(包括辅助技术)能够顺利处理这些内容。

> **什么是辅助技术和屏幕朗读器？**
>
> 任何工具如果能帮助人克服身体上的不便来使用计算机，就称为辅助技术。例如屏幕朗读器和特制键盘(如单手键盘)等。屏幕朗读器能大声朗读屏幕内容。JAWS 是一款流行的屏幕朗读器，访问 http://www.freedomscientific.com/downloads/jaws/jaws-downloads.asp 下载有时间限制的免费版本。访问 http://www.nvda-project.org 获得开源的 NVDA 屏幕朗读器。访问 https://www.youtube.com/watch?v=hq5FNvyWGF4 观看屏幕朗读器的介绍视频。

测试无障碍设计相容性

没有单一的测试工具能自动测试所有标准。测试网页无障碍设计的第一步是校验编码是否符合 W3C 标准。这需要用到(X)HTML 校验器)http://validator.w3.org)和 CSS 语法校验器(http://jigsaw.w3.org/css-validator)。

自动无障碍设计测试

自动工具代替不了手动测试，但可以用它快速找出网页中的问题。WebAim Wave(http://wave.webaim.org)和 ATRC AChecker(http://www.achecker.ca/checker)是两款流行的免费在线无障碍设计测试工具。联机应用一般要求提供网页的 URL，并会生成一份无障碍设计报告。有些浏览器工具条可以用来检查无障碍设计，包括 Web Developer Extension (http://chrispederick.com/work/web-developer)、WAT Toolbar(http://www.wat-c.org/tools) 和 AIS Web Accessibility Toolbar(http://www.visionaustralia.org.au/ais/toolbar)。浏览器工具栏是多功能的，能够校验 HTML、校验 CSS、禁用图片、查看替代文本、勾划块级元素、改变浏览器窗口大小、禁用样式等。图 12.5 展示的是 Web Developer Extension 工具。

手动无障碍测试

一定不要完全依赖自动化测试，自己的网页要自己检查。例如，虽然自动测试能检查 alt 属性是否存在,但机器无法判断 alt 属性的文本是否适当。WebAIM 有一个详尽的核对表，能帮助你检查与 WCAG 2.0 的相容性,网址是 http://www.webaim.org/standards/wcag/checklist。

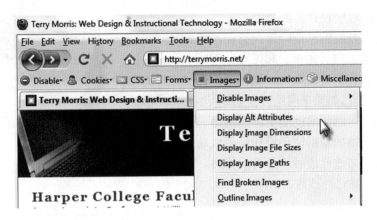

图 12.5 选择 Images > Display Alt Attributes 功能

12.7 使用性测试

除了无障碍设计，通用设计的另一个方面是网站的使用性(usability)。使用性衡量的是用户与网站交互时的体验。目标是让网站容易使用，效率高，而且让访问者感到愉快。Usability.gov 描述了影响用户体验的 5 个因素：学习的容易程度；使用的方便程度；记忆的容易程度；出错频率和严重程度；主观满意度。

- **学习的容易程度**
  学习使用网站有多么容易？导航直观吗？新的访问者在网站上执行基本任务是否感到方便，他们是否感到挫折？
- **使用的方便程度**
  有经验的用户对网站的感觉如何。如果他们觉得习惯，是否能高效和快速地完成任务，他们是否感到挫折？
- **记忆的容易程度**
  访问者回到网站时，是否有足够深的印象记得如何使用它，访问者是否需要重新学习(并感到挫折)？
- **出错频率和严重程度**
  导航或填写表单时，网站访问者是否犯错？是严重的错误吗？是否容易从错误中恢复，访问者是否感到挫折？
- **主观满意度**
  用户"喜欢"使用网站吧？他们感到满意吗？为什么？

进行使用性测试

测试人们如何使用网站称为**使用性测试**(Usability Testing.)。它可以在网站开发的任何一个阶段进行，而且一般要进行多次测试。使用性测试要求用户在网站上完成一些任务，比如要求他们下订单、查找某个公司的电话号码或查找某个产品。网站不同，具体的任务也不同。用户尝试执行这些任务的过程会被监测。他们被要求说出心里面的疑虑和犹豫，结果会被记录(通常记录在录像带上)并与设计团队进行讨论，如图 12.6 所示。根据测试结果，开发人员要修改导航栏和页面布局。

如果在网站开发的早期阶段进行使用性测试，可能需要使用画在纸上的页面布局和站点地图。如果开发团队正在为某项设计事宜犯难，一次使用性测试也许有助于决定出最佳方案。如果在网站开发后期(比如测试阶段)进行使用性测试，测试的就是实际的网站。根据测试结果，可以确认网站的易用性和设计是否成功。如果发现问题，可以对网站进行最后一分钟的修改，或者安排在不远的将来对网站进行改进。

图12.6 观察用户如何使用网站

 动手实作 12.1

与另一组学生联合进行小规模的使用性测试。决定哪些人是"典型用户"，哪些是测试人员，哪些是观察人员。对自己学校的网站进行使用性测试。

- "典型用户"是测试主体。
- 测试人员监督使用性测试，强调测试的不是用户而是网站。
- 观察人员记录用户的反应和评论。

步骤1：测试人员欢迎用户，向他们介绍要测试的网站。

步骤2：针对以下每一种情形，测试人员都进行介绍，并在用户完成任务的过程中提问。测试人员要求用户在感到疑惑、混淆或者挫折时说明。观察人员记笔记。

- 情形1：找出学校开发团队的联系人电话号码。
- 情形2：调查下学期注册什么时候开始。
- 情形3：调查网页开发或相关领域的学位/证书有什么要求。

步骤3：测试人员和观察人员组织结果，写一份简单的报告。如果这是真实网站的使用性测试，要和开发团队会面来审查结果并讨论必要的改进措施。

步骤4：递交小组的使用性测试结果。用文字处理软件完成报告。每种情形不要超过一页。写一页学校网站的改进意见。

访问以下资源探索使用性测试主题：

- 基思·英斯顿(Keith Instone)的有关如何测试使用性的著名演讲稿 Classic Presentation on How to Test Usability"，http://instone.org/files/KEI-Howtotest-19990721.pdf
- Advanced Common Sense—使用性专家史蒂夫·克鲁格(Steve Krug)的网站：http://www.sensible.com
- 史蒂夫·克鲁格(访谈：http://www.marketingsherpa.com/sample.cfm?contentID=3165
- 使用性基础：http://usability.gov/basics/index.html
- 使用性资源：http://www.infodesign.com.au/usabilityresources
- 使用性测试测试素材：http://www.infodesign.com.au/usabilityresources/usabilitytestingmaterials

复习和练习

复习题

选择题

1. 设计产品和环境时尽量方便所有人使用，免除届时进行修改或特制的必要，这称为(   )。
   A. 无障碍设计　　　　B. 使用性　　　　C. 通用设计　　　　D. 辅助技术

2. meta 标记应该放在网页的(   )部分。
   A. head　　　　B. body　　　　C. 注释　　　　D. 以上都不对

3. 以下哪种说法正确？(   )
   A. 没有单一的测试工具能自动测试所有 Web 标准。
   B. 使用性测试人越多越好。
   C. 搜索引擎在你提交之后就能马上列出你的网站。
   D. 以上都不对。

4. WCAG 四大原则是什么？(   )
   A. 对比，重复，对齐，近似　　　　B. 可感知，可操作，可理解，健壮
   C. 无障碍，可读，可维护，可靠　　　　D. 分级，线性，随机，顺序

5. Internet 专门用于文件传输的协议是什么？(   )
   A. 端口　　　　B. HTTP　　　　C. FTP　　　　D. SMTP

6. 访问者寻找网站最流行的方法是什么？(   )
   A. 横幅广告　　　　B. 电视广告　　　　C. 搜索引擎　　　　D. RSS 源

7. 域名保密注册的目的是什么？(   )
   A. 网站保密
   C. 联系信息保密
   B. 是最便宜的域名注册方式
   D. 以上都不对

8. 以下关于域名的说法哪一种正确？(   )
   A. 建议注册多个域名，将所有域名都重定向到网站。
   B. 建议使用长的、描述性的域名。
   C. 建议在域名中使用连字号。
   D. 选择域名时不必检查商标使用情况。

9. 企业第一次进军 Web 时，主机选择是(   )。
   A. 虚拟主机
   C. 专用主机
   B. 免费 Web 主机
   D. 托管主机

10. 用什么衡量用户与网站交互时的体验？(   )
    A. 无障碍访问　　　　B. 使用性　　　　C. 有效性　　　　D. 功能

动手练习

1. 对自己学校的网站进行自动化的使用性测试。同时使用 WebAim Wave(http://wave.webaim.org)和 ATRC AChecker(http://www.achecker.ca/checker)自动测试工具。描述两个工具报告测试结果在方式上的差异。它们都找到了类似的错误吗？写一页报告描述测试结果，列出你对网站的改进意见。
2. 在网上搜索主机提供商，汇报符合以下条件的三个主机提供商：
   - 支持 PHP 和 MySQL
   - 提供电子商务功能
   - 提供至少 1 GB 的硬盘空间

   使用你最喜欢的搜索引擎来查找主机提供商或访问主机分类目录，比如 http://www.hosting-review.com 和 http://www.hostindex.com/。创建网页来展示你的发现，添加三个主机提供商的链接。网页还必须用表格罗列一些信息，例如开通费、月租费、域名注册费用、硬盘空间大小、电子商务软件包的类型和费用等。在网页上恰当地使用颜色和图片。将姓名和 E-mail 地址放在网页的底部。

聚焦 Web 设计

1. 探索如何设计网站使它为搜索引擎优化(SEO)。访问以下资源获取 SEO 的技巧与建议：
   - http://www.sitepoint.com/article/skool-search-engine-success
   - http://www.digital-web.com/articles/designing_for_search_engines_and_stars
   - http://www.seomoz.org/beginners-guide-to-seo
   - http://www.bruceclay.com/seo/search-engine-optimization.htm

   写一页报告描述你觉得有意思或者有用的技巧，引用资源 URL。

2. 探索如何通过社交媒体优化(SMO)来沟通当前与潜在的网站访问者。根据 Rohit Bhargava 的描述，SMO 是对网站进行优化，使其"更容易链接到，在通过定制搜索引擎(比如 Technorati)进行的社交媒体搜索中更容易出现，而且更频繁地被包含在文字博客、播客和视频博客中。"SMO 的优点包括品牌和站点的知名度的提升，以及来自外部网站的链接数量的增多，从而有利于提升在搜索结果中的排名。访问以下资源搜索有关 SMO 的技巧或建议：
   - http://social-media-optimization.com
   - http://rohitbhargava.typepad.com/weblog/2006/08/5_rules_of_soci.html
   - http://www.toprankblog.com/2009/03/sxswi-interview-rohit-bhargava

   写一页报告描述你觉得有意思或者有用的技巧，引用资源 URL。

案例学习：Pacific Trails Resort

本案例以第 11 章的 Pacific Trails 网站为基础创建网站的新版本，在每个网页中实现 description meta 标记。共有 3 个任务。

1. 为这个 Pacific Trails 案例分析创建新文件夹。

2. 撰写 Pacific Trails 的描述。

3. 在每个网页中编码 description meta 标记。

任务 1：新建文件夹 ch12pacific 来包含 Pacific Trails 的网站文件。复制第 11 章创建的 ch11pacific 文件夹中的文件。

任务 2：撰写描述。查看之前各章创建的 Pacific Trails 网页。写简短的一段话来描述 Pacific Trails 网站。注意只需几句话，不超过 25 个字。

任务 3：更新每个网页。用文本编辑器打开每个网页，在 head 部分添加 description meta 标记。保存文件并在浏览器中测试。外观没有变化，但对于搜索引擎的友好度大大提高了！

案例学习：JavaJam Coffee House

本案例分析以第 11 章的 JavaJam 网站为基础创建网站的新版本，在每个网页中实现 description meta 标记。共有 3 个任务。

1. 为这个 JavaJam 案例分析创建新文件夹。

2. 撰写 JavaJam 咖啡屋的描述。

3. 在每个网页中编码 description meta 标记。

任务 1：新建文件夹 ch12javajam 来包含 JavaJam 咖啡屋的网站文件。复制第 11 章创建的 ch11javajam 文件夹中的文件。

任务 2：撰写描述。查看之前各章创建的 JavaJam Coffee House 网页。写简短的一段话来描述 JavaJam Coffee House 网站。注意只需几句话，不超过 25 个字。

任务 3：更新每个网页。用文本编辑器打开每个网页，在 head 部分添加 description meta 标记。保存文件并在浏览器中测试。外观没有变化，但对于搜索引擎的友好度大大提高了！

附录 A 复习和练习答案

第 1 章

1. B 2. B 3. B
4. D 5. 对 6. 错
7. HTML5 8. HTML 9. .htm, .html
10. index.htm, index.html

第 2 章

1. B 2. A 3. C 4. C
5. A 6. B 7. C 8. C
9. B 10. B

第 3 章

1. C 2. B 3. B 4. B
5. D 6. D 7. C 8. A
9. C 10. B

第 4 章

1. D 2. B 3. B 4. A
5. C 6. B 7. B 8. D
9. A 10. B

第 5 章

1. B 2. B 3. B 4. A
5. C 6. D 7. D 8. D
9. B 10. B

第 6 章

1. C 2. C 3. B 4. B
5. A 6. B 7. C 8. A
9. B 10. A

第 7 章

1. C 2. C 3. B 4. D
5. D 6. A 7. B 8. D
9. C 10. B

第 8 章

1. C 2. C 3. B 4. D
5. D 6. A 7. B 8. D
9. C 10. B

第 9 章

1. C 2. A 3. C 4. C
5. B 6. C 7. B 8. B
9. C 10. B

第 10 章

1. D 2. A 3. C 4. B
5. B 6. B 7. A 8. D
9. C 10. D

第 11 章

1. C 2. A 3. C 4. A
5. A 6. D 7. C 8. B
9. B 10. A

第 12 章

1. C 2. A 3. A 4. B
5. C 6. C 7. C 8. A
9. C 10. B

附录 B　HTML5 速查表

HTML5 常用标记

标记	用途	常用属性
`<!-- -->`	注释	
`<a>`	锚点标记：配置超链接	accesskey, class, href, id, name, rel, style, tabindex, target, title
`<abbr>`	配置缩写	class, id, style
`<address>`	配置联系信息	class, id, style
`<area>`	配置图像地图中的一个区域	accesskey, alt, class, href, hreflang, id, media, rel, shape, style, tabindex, target, type
`<article>`	将文档的一个独立区域配置成一篇文章	class, id, style
`<aside>`	配置补充内容	class, id, style
`<audio>`	配置浏览器原生的音频控件	autoplay, class, controls, id, loop, preload, src, style, title
`<b>`	配置加粗文本，没有暗示的重要性	class, id, style
`<bdi>`	配置双向文本格式中使用的文本(BIiDi Isolate)	class, id, style
`<bdc>`	指定 BiDi override	class, id, style
`<blockquote>`	配置长引用	class, id, style
`<body>`	配置 body 部分	alink（已废弃），background（已废弃），bgcolor（已废弃），class, id, link（已废弃），style, text（已废弃），vlink（已废弃）
` `	配置换行	class, id, style
`<button>`	配置按钮	accesskey, autofocus, class, disabled, format, formaction, formenctype, mormmethod, formtarget, formnovalidate, id, name, type, style, value
`<canvas>`	配置动态图形	class, height, id, style, title, width
`<caption>`	配置表题	align（已废弃）class, id, style
`<cite>`	配置引用作品的标题	class, height, id, style, title
`<code>`	配置计算机代码段	class, id, style
`<col>`	配置表列	class, id, span, style
`<colgroup>`	配置一组表列	class, id, span, style
`<command>`	配置代表命令的区域	class, id, style, type
`<datalist>`	配置包含一个或多个 option 元素的控件	class, id, style
`<dd>`	配置描述列表中的"描述"	class, id, style
`<del>`	配置删除文本(显示删除线)	cite, class, datetime, id, style
`<details>`	配置控件提供额外的信息	class, id, open, style
`<dfn>`	配置术语中的定义部分	class, id, style
`<div>`	配置文档中的一个区域	class, id, style
`<dl>`	配置描述列表(以前称为定义列表)	class, id, style

续表

标记	用途	常用属性
<dt>	配置描述列表中的"术语"	class，id，style
<em>	配置强调文本(一般倾斜)	class，id，style
<embed>	集成插件(比如 Adobe Flash Player)	class, id, height, src, style, type, width
<fieldset>	配置带有边框的表单控件分组	class，id，style
<figcaption>	配置图题	class，id，style
<figure>	配置插图	class，id，style
<footer>	配置页脚	class，id，style
<form>	配置表单	accept-charset，action，autocomplete，class，enctype，id，method，name，novalidate，style，target
<h1> … <h6>	配置标题	class，id，style
<head>	配置 head 部分	
<header>	配置标题区域	class，id，style
<hgroup>	配置标题组	class，id，style
<hr>	配置水平线；在 HTML5 中代表主题划分	class，id，style
<html>	配置网页文档根元素	lang，manifest
<i>	配置倾斜文本	class，id，style
<iframe>	配置内联框架	class，height，id，name，sandbox，seamless，src，style，width
<img>	配置图片	alt，class，height，id，ismap，name，src，style，usemap，width
<input>	配置输入控件。包括文本框，email 文本框，URL 文本框，搜索文本框，电话号码文本框，滚动文本框，提交按钮，重置按钮，密码框，日历控件，slider 控件，spinner 控件，选色器控件和隐藏字段	accesskey，autocomplete，autofocus，class，checked，disabled，form，id，list，max，maxlength，min，name，pattern，placeholder，readonly，required，size，step，style，tabindex，type，value
<ins>	配置插入文本，添加下划线	cite，class，datetime，id，style
<kbd>	代表用户输入	class，id，style
<keygen>	配置控件来生成公钥/私钥对，或者是提交公钥	autofocus，challenge，class，disabled，form，id，keytype，style
<label>	为表单控件配置标签	class，for，form，id，style
<legend>	为 fieldset 元素配置标题	class，id，style
<li>	配置无序或有序列表中的列表项	class，id，style，value
<link>	将网页文档与外部资源关联	class，href，hreflang，id，rel，media，sizes，style，type
<map>	配置图像地图	class，id，name，style
<mark>	配置被标记(或者突出显示)的文本供参考	class，id，style
<menu>	配置命令列表	class，id，label，style，type
<meta>	配置元数据	charset，content，http-equiv，name

续表

标记	用途	常用属性
<meter>	配置值的可视计量图	class, id, high, low, max, min, optimum, style, value
<nav>	配置导航区域	class, id, style
<noscript>	为不支持客户端脚本的浏览器配置内容	
<object>	配置常规的嵌入对象	classid, codebase, data, form, height, name, id, style, title, tabindex, type, width
<ol>	配置无序列表	class, id, reversed, start, style, type
<optgroup>	配置选择列表中相关选项的分组	class, disabled, id, label, style
<option>	配置选择列表中的选项	class, disabled, id, selected, style, value
<output>	配置表单处理结果	class, for, form, id, style
<p>	配置段落	class, id, style
<param>	配置插件的参数	name, value
<pre>	配置预格式化文本	class, id, style
<progress>	配置进度条	class, id, max, style, value
<q>	配置引文	cite, class, id, style
<rp>	配置 ruby 括号	class, id, style
<rt>	配置 ruby 注音文本	class, id, style
<ruby>	配置 ruby 注音	class, id, style
<samp>	配置计算机程序或系统的示例输出	class, id, style
<script>	配置客户端脚本(一般是 JavaScript)	async, charset, defer, src, type
<section>	配置文档区域	class, id, style
<select>	配置选择列表表单控件	class, disabled, form, id, multiple, name, size, style, tabindex
<small>	用小字号配置免责声明	class, id, style
<source>	配置媒体文件和 MIME 类型	class, id, media, src, style, type
<span>	配置内联显示的文档区域	class, id, style
<strong>	配置强调文本(一般加粗)	class, id, style
<style>	配置网页文档中的嵌入样式	media, scoped, type
<sub>	配置下标文本	class, id, style
<summary>	配置总结文本	class, id, style
<sup>	配置上标文本	class, id, style
<table>	配置表格	class, id, style, summary
<tbody>	配置表格主体	class, id, style
<td>	配置表格数据单元格	class, colspan, id, headers, rowspan
<textarea>	配置滚动文本框表单控件	accesskey, autofocus, class, cols, disabled, id, maxlength, name, placeholder, readonly, required, rows, style, tabindex, wrap
<tfoot>	配置表脚	class, id, style
<th>	配置表格的列标题或行标题	class, colspan, id, headers, rowspan, scope, style

续表

标记	用途	常用属性
<thead>	配置表格的 head 区域，其中包含行标题或列标题	class，id，style
<time>	配置日期和/或时间	class，datetime，id，pubdate，style
<title>	配置网页标题	
<tr>	配置表行	class，id，style
,track.	为媒体配置一条字幕或评论音轨	class，default，id，kind，label，src，srclang，style
<u>	为文本配置下划线	class，id，style
<ul>	配置无序列表	class，id，style
<var>	配置变量或占位符文本	class，id，style
<video>	配置浏览器原生视频控件	autoplay，class，controls，height，id，loop，poster，preload，src，style，width
<wbr>	配置适合换行的地方	class，id，style

附录 C CSS 速查表

CSS 常用属性

属性名称	说明
background	配置全部背景属性的快捷方式。值：background-color background-image background-repeat background-position
background-attachment	配置背片固定或滚动。值：scroll (默认) 或 fixed
background-clip	CSS3；配置显示背景的区域。值：border-box，padding-box 或者 content-box
background-color	配置元素的背景颜色。值：有效颜色值
background-image	配置元素的背景图片。值：url (图片的文件名或路径)，none (默认)。可选新 CSS3 函数：linear-gradient() 和 radial-gradient()
background-origin	CSS3；配置背景定位区域。值：padding-box，border-box 或者 content-box
background-position	配置背景图片的位置。值：两个百分比，像素值或者位置名称(left，top，center，bottom，right)
background-repeat	配置背景图片的重复方式。值：repeat (默认)，repeat-y，repeat-x 或者 no-repeat
background-size	CSS3；配置背景图片的大小。值：数值(px 或 em)，百分比，contain，cover
border	配置元素边框的快捷方式。值：border-width border-style border-color
border-bottom	配置元素的底部边框。值：border-width border-style border-color
border-collapse	配置表格中的边框显示。值：separate (默认)或者 collapse
border-color	配置元素的边框颜色。值：有效颜色值
border-image	CSS3；配置图片作为元素的边框，参考 http://www.w3.org/TR/css3-background/#the-border-image
border-left	配置元素的左边框。值：border-width border-style border-color
border-radius	CSS3；配置圆角。值：一个或两个数值(px 或 em)或者百分比，配置圆角的水平和垂直半径。如果仅提供一个值，就同时应用于水平和垂直半径。相关属性：border-top-left-radius，border-top-right-radius，border-bottom-left-radius 和 border-bottom-right-radius
border-right	配置元素的右边框。值：border-width border-style border-color
border-spacing	配置表格单元格之间的空白间距。值：数值(px 或 em)
border-style	配置元素边框的样式。值：none (默认)，inset，outset，double，groove，ridge，solid，dashed 或者 dotted
border-top	配置元素的顶部边框。值：border-width border-style border-color
border-width	配置元素的边框粗细。值：数字像素值(比如 1 px)，thin，medium 或者 thick
bottom	配置距离包容元素底部的偏移。值：数值(px 或 em)，百分比或者 auto (默认)
box-shadow	CSS3；配置元素的阴影。值：三个或四个数值(px 或 em)分别表示水平偏移、垂直偏移、模糊半径和(可选的)扩展距离，以有一个有效的颜色值。用 inset 关键字配置内阴影
caption-side	配置表题所在的位置。值：top (默认)或者 bottom

属性名称	说明
clear	配置元素相对于浮动元素的显示。值：none (默认)，left，right 或者 both
color	配置元素中的文本颜色。值：有效颜色值
display	配置元素是否以及怎样显示。值：inline，none，block，list-item，table，table-row，或者 table-cell
float	配置元素水平放置方式(左还是右)。值：none (默认)，left 或者 right
font	配置元素中的字体属性的快捷方式。值：font-style font-variant font-weight font-size/line-height font-family
font-family	配置字体。值：列出有效字体名称或者常规 font family 名称
font-size	配置字号。值：数值(px，pt，em)，百分比值，xx-small，x-small，small，medium (默认)，large，x-large，xx-large，smaller 或者 larger
font-stretch	CSS3；对字体进行伸缩变形。值：normal，wider，narrower，condensed，semi-condensed，expanded，ultra-expanded
font-style	配置字形。值：normal (默认)，italic 或者 oblique
font-variant	配置文本是否用小型大写字母显示。值：normal (默认)或者 small-caps
font-weight	配置字本浓淡(称为 weight 或 boldness)。值：normal (默认)，bold，bolder，lighter，100，200，300，400，500，600，700，800 或者 900
height	配置元素高度。值：数值(px 或 em)，percentage 或者 auto (默认)
left	配置距离包容元素左侧的偏移。值：数值(px 或 em)，percentage 或者 auto (默认)
letter-spacing	配置字间距。值：数值(px 或 em)或者 normal (默认)
line-height	配置行高。值：数值(px 或 em)，百分比，倍数或者 normal (默认)，
list-style	配置列表属性的快捷方式。值：list-style-type list-style-position list-style-image
list-style-image	配置作为列表符号使用的图片。值：url (图片文件名或者路径)或者 none (默认)
list-style-position	配置列表符号的位置。值：inside 或者 outside (默认)
list-style-type	配置列表符号的类型。值：none，circle，disc (默认)，square，decimal，decimal-leading-zero，Georgian，lower-alpha，lower-roman，upper-alpha 或者 upper-roman
margin	配置元素边距的快捷方式。值：一到四个数值(px 或 em)，百分比，auto 或者 0
margin-bottom	配置元素底部边距。值：数值(px 或 em)，百分比，auto 或者 0
margin-left	配置元素左侧边距。值：数值(px 或 em)，百分比，auto 或者 0
margin-right	配置元素右侧边距。值：数值(px 或 em)，百分比，auto 或者 0
margin-top	配置元素顶部边距。值：数值(px 或 em)，百分比，auto 或者 0
max-height	配置元素最大高度。值：数值(px 或 em),百分比或者 none (默认)
max-width	配置元素最大宽度。值：数值(px 或 em),百分比或者 none (默认)
min-height	配置元素最小高度。值：数值(px 或 em)或者百分比
min-width	配置元素最小宽度。值：数值(px 或 em)或者百分比
opacity	CSS3；配置元素的不透明度。值：0(完全透明)到 1(完全不透明)之间
overflow	配置内容在分配的区域中显示不完时怎么办。值：visible (默认)，hidden，auto 或者 scroll
padding	配置元素的填充的快捷方式。值：一到四个数值 (px 或 em)，百分比或者 0
padding-bottom	配置元素底部填充。值：数值(px 或 em)，百分比或者 0

续表

属性名称	说明
padding-left	配置元素左侧填充。值：数值(px 或 em)，百分比或者 0
padding-right	配置元素右侧填充。值：数值(px 或 em)，百分比或者 0
padding-top	配置元素顶部填充。值：数值(px 或 em)，百分比或者 0
page-break-after	配置元素之后的换页。值：auto (默认)，always，avoid，left 或者 right
page-break-before	配置元素之前的换页。值：auto (默认)，always，avoid，left 或者 right
page-break-inside	配置元素内部换页。值：auto (默认)或者 avoid
position	配置用于显示元素的定位类型。值：static (默认)，absolute，fixed 或者 relative
right	配置距离包容元素右侧的偏移。值：数值(px 或 em)，百分比或者 auto (默认)
text-align	配置文本的水平对齐方式。值：left，right，center，justify
text-decoration	配置文本装饰。值：none (默认)，underline，overline，line-through 或者 blink
text-indent	配置首行缩进。值：数值(px 或 em)或者百分比
text-outline	CSS3；配置元素中显示的文本的轮廓线。值：一个或两个数值(px 或 em)分别代表轮廓线的粗细和(可选的)模糊半径，以及一个有效的颜色值
text-shadow	CSS3；配置元素中显示的文本的阴影。值：三个或四个数值(px 或 em)分别表示水平偏移、垂直偏移、模糊半径和(可选的)扩展半径，以及一个有效的颜色值
text-transform	配置文本大小写。值：none (默认)，capitalize，uppercase 或者 lowercase
top	配置距离包容元素顶部的偏移。值：数值(px 或 em)，百分比或者 auto (默认)
transform	CSS3；配置元素在显示上的变化。值：一个变化函数，比如 scale()，translate()，matrix()，rotate()，skew()或者 perspective()
transition	CSS3；配置一个 CSS 属性值在指定时间内的变化方式。值：列出 transition-property，transition duration，transition-timing-function 和 transition-delay 的值，以空格分隔。默认值可省略，但第一个时间单位应用于 transition-duration
transition-delay	CSS3；指定过渡的延迟时间；默认为 0，表示不延迟。否则使用一个数值指定时间(一般以秒为单位)
transition-duration	CSS3；指定完成变化所需的时间，默认为 0，表示立即完成变化，无过渡；否则用一个数值指定持续时间，一般以秒为单位
transition-property	CSS3；指定过渡效果应用于的 CSS 属性；支持的属性请参考 http://www.w3.org/TR/css3-transitions
transition-timing-function	CSS3；描述属性值的变化速度。常用的值包括 ease(默认，逐渐变慢)，linear(匀速变化)，ease-in(加速变化)，ease-out(减速变化)，ease-in-out(加速然后减速)
vertical-align	配置元素的垂直对齐方式。值：数值(px 或 em)，百分比，baseline (默认)，sub，super，top，text-top，middle，bottom 或者 text-bottom
visibility	配置元素的可见性。值：visible (默认)，hidden 或者 collapse
white-space	配置元素内的空白。值：normal (默认)，nowrap，pre，pre-line 或者 pre-wrap
width	配置元素宽度。值：数值(px 或 em)，百分比或者 auto (默认)
word-spacing	配置词间距。值：数值(px 或 em)或者 auto (默认)
z-index	配置元素堆叠顺序。值：数值或 auto (默认)

CSS 常用伪类和伪元素

名称	用途
:active	配置点击过的元素
:after	插入并配置元素后的内容
:before	插入并配置元素前的内容
:first-child	配置元素的第一个子元素
:first-letter	配置第一个字符
:first-line	配置第一行
:first-of-type	CSS3；配置指定类型的第一个元素
:focus	配置得到键盘焦点的元素
:hover	配置鼠标放在上方时的元素
:last-child	CSS3；配置元素的最后一个子元素
:last-of-type	CSS3；配置指定类型的最后一个元素
:link	配置还没有访问过的链接
:nth-of-type(n)	CSS3；配置指定类型的第 n 个元素。值：一个数字，odd 或 even
:visited	配置访问过的链接

附录 D　XHTML 速查表

XHTML 常用标记

标记	用途	常用属性
<!-- -->	注释	
<a>	锚标记：配置超链接	accesskey class，href，id，name，style，tabindex，target，title
<abbr>	配置缩写	class，id，style
<acronym>	配置首字母缩写	class，id，style
<address>	配置联系信息	class，id，style
<area />	配置图像地图中的一个区域	accesskey，alt，class，coords，href，id，nohref，shape，style，tabindex，target
<b>	配置加粗文本	class，id，style
<big>	配置大字号	class，id，style
<blockquote>	配置长引用	class，id，style
<body>	配置 body 部分	alink(已废弃)，background(已废弃)，bgcolor(已废弃)，class，id，link(已废弃)，style，text(已废弃)，vlink(已废弃)
 	配置换行	class，id，style
<button>	配置按钮	accesskey，class，disabled，id，name，type，style，value
<caption>	配置表题	align(已废弃)，class，id，style
<cite>	配置引文	class，id，style，title
<dd>	配置定义列表中的定义区域	class，id，style
<del>	配置删除线(显示删除线)	cite，class，datetime，id，style
<div>	配置文档中的一个区域	align(已废弃)，class，id，style
<dl>	配置定义列表	class，id，style
<dt>	配置定义列表中的一个术语	class，id，style
<em>	配置强调文本(一般倾斜)	class，id，style
<fieldset>	配置带有边框的表单控件分组	class，id，style
<form>	配置表单	accept，action，class，enctype，id，method，name，style，target(已废弃)
<h1> … <h6>	配置标题	align(已废弃)，class，id，style
<head>	配置 head 部分	
<hr />	配置水平线	align(已废弃)，class，id，size(已废弃)，style，width(已废弃)
<html>	配置网页文档	lang，xmlns，xml:lang
<i>	配置倾斜文本	class，id，style

续表

标记	用途	常用属性
<iframe>	配置内联框架	align(已废弃)，class，frameborder，height，id，marginheight，marginwidth，name，scrolling，src，style，width
<img />	配置图片	align(已废弃)，alt，border(已废弃)，class，height，hspace(已废弃)，id，name，src，style，width，vspace(已废弃)
<input />	配置文本框，滚动文本框，提交按钮，重置按钮，密码框或者隐藏字段等表单输入控件	accesskey，class，checked，disabled，id，maxlength，name，readonly，size，style，tabindex，type，value
<ins>	配置插入文本(显示下划线)	class，id，style，cite
<label>	配置表单控件的标签	class，for，id，style
<legend>	配置 fieldset 的文本描述	align(已废弃)，class，id，style
<li>	配置无序或有序列表中的一个列表项	class，id，style
<link />	将网页文档与外部资源关联	class，href，id，rel，media，style，type
<map>	配置图像地图	class，id，name，style
<meta />	配置元数据	content，http-equiv，name
<noscript>	为不支持客户端脚本的浏览器配置内容	
<object>	配置嵌入对象	align，classid，codebase，data，height，name，id，style，title，tabindex，type，width
<ol>	配置有序列表	class，id，start(已废弃)，style，type (已废弃)
<optgroup>	配置选择列表来包含一组相关的选项	class，disabled，id，label，style
<option>	配置选择列表中的一个选项	class，disabled，id，selected，style，value
<p>	配置段落	align(已废弃)，class，id，style
<param />	配置 object 元素的参数	name，value
<pre>	配置预格式化文本	class，id，style
<script>	配置客户端脚本(一般是 JavaScript)	src，type
<select>	配置选择列表表单控件	class，disabled，id，multiple，name，size，style，tabindex
<small>	配置小字号文本	class，id，style
<span>	配置文档的内联区域(物理上不通过换行符与其他区域分开)	class，id，style
<strong>	配置强调文本(一般加粗)	class，id，style
<style>	在网页文档中配置嵌入样式	type，media
<sub>	配置下标文本	class，id，style

续表

标记	用途	常用属性
<sup>	配置上标文本	class，id，style
<table>	配置表格	align(已废弃)，bgcolor(已废弃)，border，cellpadding，cellspacing，class，id，style，summary，title，width
<tbody>	配置表格主体	align，class，id，style，valign
<td>	配置表格数据单元格	align，bgcolor(已废弃)，class，colspan，id，headers，height(已废弃)，rowspan，style，valign，width(已废弃)
<textarea>	配置滚动文本框表单控件	accesskey，class，cols，disabled，id，name，readonly，rows，style，tabindex
<tfoot>	配置表格脚注	align，class，id，style，valign
<th>	配置表格标题单元格	align，bgcolor(已废弃)，class，colspan，id，height(已废弃)，rowspan，scope，style，valign，width(已废弃)
<thead>	配置表格中包含列标题或行标题的区域	align，class，id，style，valign
<title>	配置网页文档的标题	
<tr>	配置表行	align，bgcolor(已废弃)，class，id，style，valign
<ul>	配置无序列表	class，id，style，type(已废弃)

附录 E 对比 XHTML 和 HTML5

浏览网页和查看其他人创建的网页的源代码，可能发现他们使用的是 XHTML 语法。

XHTML(可扩展超文本标记语言，eXtensible HyperText Markup Language)使用 HTML 的标记和属性，并使用 XML(可扩展标记语言，eXtensible Markup Language)的语法。HTML 和 XHTML 使用的标记和属性在很大程度上是相同的；最大的不同在于 XHTML 的语法和引入的额外限制。W3C 创建了 HTML5 草案标准，旨在升级 HTML4 和替代 XHTML。HTML5 集成了 HTML 和 XHTML 的特性，增添了新元素和属性并引入了一些新功能，比如表单编辑和原生视频，同时实现了向后兼容。

本节将重点放在 XHTML 和 HTML 5 的差异上，会用一些具体的例子澄清语法上的区别。

XML 声明

由于 XHTML 遵循 XML 语法，每个文档都必须以一个 XML 声明开始。HTML5 则不要求。

XHTML

```
<?xml version="1.0" encoding="UTF-8"?>
```

HTML 5

不要求。

文档类型定义

XHTML 1.0(XHTML 的第一个版本，也是最常用的版本)有三种不同的文档类型定义：严格(strict)、过渡(transitional)和框架集(frameset)。HTML5 则只有一种文档类型定义。各种文档类型定义(Document Type Definitions，DTD)如下。

XHTML 1.0 严格型 DTD

```
<!DOCTYPE html PUBLIC "-//W3C//DTD XHTML 1.0 Strict//EN"
"http://www.w3.org/TR/xhtml1/DTD/xhtml1-strict.dtd">
```

XHTML 1.0 过渡型 DTD

```
<!DOCTYPE html PUBLIC "-//W3C//DTD XHTML 1.0 Transitional//EN"
"http://www.w3.org/TR/xhtml1/DTD/xhtml1-transitional.dtd">
```

XHTML 1.0 框架集 DTD

```
<!DOCTYPE html PUBLIC "-//W3C//DTD XHTML 1.0 Frameset//EN"
"http://www.w3.org/TR/xhtml1/DTD/xhtml1-frameset.dtd">
```

HTML 5

```
<!doctype html>
```

`<html>`标记

XHTML 要求根元素(紧接在 DTD 之后)是一个引用了 XML 命名空间的`<html>`标记。HTML 5 无此要求。为了帮助搜索引擎和屏幕朗读器解释页面内容，用 lang 属性指定网页内容的书写语言。参见 *http://www.w3.org/TR/REC-html40/struct/dirlang.html#adef-alang*。

XHTML

```
<html xmlns="http://www.w3.org/1999/xhtml" lang="en" xml:lang="en">
```

HTML 5

```
<html lang="en">
```

大写和小写

XHTML 遵循 XML 语法，所以要求小写。HTML5 大写和小写字母都允许，小写为佳。

XHTML

```
<table>
```

HTML 5

```
<TABLE>或<table>
```

注意：首选小写

为属性使用引号

XHTML 要求所有属性值都必须包括在引号内。HTML5 也建议如此，但不做硬性要求。

XHTML

```
<p id="article">
```

HTML 5

```
<p id=article>或<p id="article">
```

起始标记和结束标记

XHTML 要求除自包容(void)元素(比如 br，hr，img，input，link 和 meta)之外的所有元素使用起始和结束标记。HTML5 则要求除 body，dd，dt，head，html，li，option，p，tbody，td，tfoot，th，thead 和 tr 之外的所有非 void 元素使用起始和结束标记。但最好是为所有非 void 元素都使用起始和结束标记。

XHTML

```
<p>This is the first paragraph.</p>
```

```
<p>This is the second paragraph.</p>
```

HTML 5

```
<p>This is the first paragraph.
<p>This is the second paragraph.
```

自包容元素

XHTML 要求所有自包容元素都使用 " />" 正确关闭，HTML 无此要求，并将这种元素称为 void 元素。

XHTML

```
This is the first line.<br />
This is the second line.
```

HTML 5

```
This is the first line.<br>
This is the second line.
```

属性值

XHTML 要求所有属性都必须赋值。HTML5 允许某些属性(比如 checked)以最简形式出现。因为这些属性只有唯一值，所以 HTML 5 不要求提供值。

XHTML 1.0

```
<input type="radio" checked="checked" name="gender" id="gender" value="male" />
```

HTML 5

```
<input type="radio" checked id="gender" name="gender" value="male" />
```

或者

```
<input type="radio" checked="checked" id="gender" name="gender" value="male" />
```

HTML5 新增元素

HTML5 新增元素包括：article，aside，audio，bdi，canvas，command，datalist，details，embed，figcaption，figure。footer，header，hgroup，keygen，mark，meter，nav，output，progress，ruby，rt，rp，section，source，time，track，video 和 wbr。新元素的详情请参考附录 B "HTML5 速查表" 和 http://www.w3.org/TR/html5-diff/#new-elements。

HTML5 新增属性

HTML5 包括大量新属性和属性值。autocomplete，autofocus，min，max，multiple，pattern，placeholder，required 和 step 属性是 input 元素新支持的。textarea 元素新支持以下属性：autofocus，maxlength，placeholder，required 和 wrap。autofocus 和 required 属性是 select 元素新支持的。input 元素支持 type 属性的以下新值：color，date，datetime，datetime-local， email，month，number，range，search，tel，time，url 和 week。详情访问 http://www.w3.org/TR/html5-diff/#new-elements 和 http://www.w3.org/TR/htmlmarkup/elements.html#elements。

HTML5 废弃元素

以下元素在 HTML5 中被废弃：acronym，applet，basefont，big，center，dir，font，frame，frameset，isindex，noframes，strike 和 tt。废弃的元素在浏览器中也许仍然能正常显示，但进行语法校验时会跳过这些代码，而且浏览器的新版本可能不再支持已废弃的元素。要寻求替代这些元素的建议，请访问 http://www.whatwg.org/specs/webapps/current-work/multipage/obsolete.html#non-conforming-features。

HTML5 废弃属性

XHTML 和 HTML4 的许多属性在 HTML5 中废弃，包括 align，alink，background，bgcolor，border，cellpadding，cellspacing，clear，frameborder，hspace，link，marginheight，marginwidth，noshade，nowrap，summary，text，valign 和 vspace。完整列表请访问 http://www.w3.org/TR/html5-diff/#obsolete-attributes。

HTML5 改变的元素

address，b，cite，dl，hr，I，label，menu，noscript，s，script，small，strong 和 u 元素的作用在 HTML5 中改变。详情访问 http://www.w3.org/TR/html5-diff/#changed-elements。

HTML5 改变的属性

HTML5 改变了 20 多个属性的用法。值得一提的是 id 值现在允许以任何非空白字符开头。详情访问 http://www.w3.org/TR/html5-diff/#changedattributes。

视频和音频支持

XHTML 要求用 object 元素在网页上提供视频或音频播放器，而且要依赖访问者的浏览器安装好插件或辅助程序。HTML5 通过 video，audio 和 source 元素实现浏览器对视频和音频的原生支持。由于并非所有浏览器都支持一样的媒体编码格式，所以在使用 HTML5 video 和 audio 元素时，最好提供媒体文件的多个版本。以下示例代码在网页上配置音频文件

XHTML

```
<object data="soundloop.mp3" height="50" width="100" type="audio/mpeg"
title="Music Sound Loop">
   <param name="src" value="soundloop.mp3" />
   <param name="controller" value="true" />
   <param name="autoplay" value="false" />
</object>
```

HTML5

```
<audio controls="controls">
   <source src="soundloop.mp3" type="audio/mpeg">
```

```
    <source src="soundloop.ogg" type="audio/ogg">
    <a href="soundloop.mp3">Download the Soundloop</a> (MP3)
</audio>
```

Adobe Flash 支持

虽然浏览器使用和支持 embed 元素已有多年历史,但 XHTML 要求使用 object 元素在网页上播放 Flash .swf 文件。HTML5 仍然支持 object 元素。但是,embed 元素现在获得了 HTML5 的正式支持。

XHTML

```
<object type="application/x-shockwave-flash" data="lighthouse.swf"
        width="320" height="240" title="Door County Lighthouse Cruise">
  <param name="movie" value="lighthouse.swf">
  <param name="bgcolor" value="#ffffff">
  <param name="quality" value="high">
</object>
```

HTML5

```
<embed type="application/x-shockwave-flash" src="lighthouse.swf"
       quality="high" width="320" height="240"
       title="Door County Lighthouse Cruise">
```

文档大纲

文档大纲是根据 h1,h2 等标题元素而建立的文档结构。XHTML 编码实践是一个网页只用一个 h1 元素,并以大纲格式配置小标题元素。HTML5 大纲则不同。HTML5 不是单纯使用标题元素来建立大纲,而是兼顾其他区域分隔元素,比如 section、article、nav 和 aside。每个这样的元素都可以包含标题。访问 http://gsnedders.html5.org/outliner 体验 HTML5 大纲。

JavaScript 和<script>标记

XHTML 将 JavaScript 语句看成是任意字符数据(CDATA),XML 解析器不应处理它们。CDATA 语句告诉 XML 解析器忽略 JavaScript。这不是 HTML 的一部分,目前许多浏览器都不支持。

XHTML

```
<script type="text/javascript">
<![CDATA[
    ... JavaScript 语句放置于此
]]>
</script>
```

HTML 5

```
<script>
    ... JavaScript 语句放置于此
</script>
```

在网页上使用 JavaScript 的另一个办法是将 JavaScript 语句放到单独的.js 文件中。这个文件可以用<script>标记配置。HTML 也支持这个语法。

XHTML

```
<script src="myscript.js" type="text/javascript"></script>
```

HTML 5

```
<script src="myscript.js">
```

小结

关于 XHTML 的最新消息，请访问 http://www.w3.org/TR/xhtml1/。关于 HTML 5 的最新信息，请访问 http://www.w3.org/TR/html5/。

附录 F WCAG 2.0 快速参考

可感知

- **1.1 替代文本**：为非文本内容提供替代文本，使其能改变成其他形式，比如大印刷体，盲文，语音，符号或者更简单的语言。图片(第 6 章)和多媒体(第 11 章)都应提供替代文本。
- **1.2 基于时间的媒体**：为基于时间的媒体提供替代物。本书没有创建基于时间的媒体，但将来创建动画或者使用客户端脚本来实现交互式幻灯片这样的功能时，就要注意这一点。
- **1.3 可调整**：创建能在不丢失信息或结构的前提下以不同方式呈现的内容(比如更简单的布局)。第 2 章使用块元素(比如标题、段落和列表)创建单栏网页。第 8 章创建多栏网页。第 9 章使用 HTML 表格配置信息。
- **1.4 可区分**：用户更方便地看到或听到内容，包括对前景和背景进行区分。文本和背景要有良好的对比。

可操作

- **2.1 可通过键盘访问**：所有功能都应该能通过键盘使用。第 3 章配置了到命名区段的链接。第 10 章介绍了 label 元素。
- **2.2 足够的时间**：提供足够的时间来阅读和使用内容。本书没有创建基于时间的媒体，但将来创建动画或者使用客户端脚本来实现交互式幻灯片这样的功能时，就要注意这一点
- **2.3 癫痫**：内容的设计方式不要造成用户癫痫发作。使用别人创建的动画时要注意。网页中的元素每秒闪烁不应超过 3 次。
- **2.4 可导航**：帮助用户导航、查找内容和了解当前所在位置。第 2 章使用块元素(标题和列表)组织网页内容。第 3 章配置指向命名区段的链接。

可理解

- **3.1 可读**：文本要可读、可理解。第 4 章讨论了进行 Web 创作时使用的技术。
- **3.2 可预测**：网页的显示和工作要以可预测的方式进行。有要明显的标签和起作用的链接
- **3.3 输入辅助**：帮助用户避免和纠正错误。本书没有对表单输入进行校验，但将来应该注意这一点。可用客户端脚本编辑表单，并向用户提供反馈。

健壮

- **4.1 兼容**：最大程度保证与当前和未来的用户代理(包括辅助技术)的兼容。编写的代码要符合 W3C 推荐标准。

访问以下资源获得有关 WCAG 2.0 的最新信息:

- WCAG 2.0 概述

  http://www.w3.org/TR/WCAG20/Overview

- 理解 WCAG 2.0

  http://www.w3.org/TR/UNDERSTANDING-WCAG20

- 迎接 WCAG 2.0

  http://www.w3.org/WAI/WCAG20/quickref

- WCAG 2.0 用到的技术

  http://www.w3.org/TR/WCAG-TECHS

安全调色板

#990033	#FF3366	#CC0033	#FF0033	#FF9999	#CC3366	#FFCCFF	#CC6699	#993366	#660033	#CC3399	#FF99CC	#FF66CC	#FF99FF	#FF6699	#CC0066
153:0:51	255:51:102	204:0:51	255:0:51	255:153:153	204:51:102	255:204:255	204:102:153	153:51:102	102:0:51	204:51:153	255:153:204	255:102:204	255:153:255	255:102:153	204:0:102

| #FF0066 | #FF3399 | #FF0099 | #FF33CC | #FF00CC | #FF66FF | #FF33FF | #FF00FF | #CC0099 | #990066 | #CC66CC | #CC33CC | #CC99FF | #CC66FF | #CC33FF | #993399 |
| 255:0:102 | 255:51:153 | 255:0:153 | 255:51:204 | 255:0:204 | 255:102:255 | 255:51:255 | 255:0:255 | 204:0:153 | 153:0:102 | 204:102:204 | 204:51:204 | 204:153:255 | 204:102:255 | 204:51:255 | 153:51:153 |

| #CC00CC | #CC00FF | #9900CC | #990099 | #CC99CC | #996699 | #663366 | #660099 | #9933CC | #660066 | #9900FF | #9933FF | #9966CC | #330033 | #663399 | #6633CC |
| 204:0:204 | 204:0:255 | 153:0:204 | 153:0:153 | 204:153:204 | 153:102:153 | 102:51:102 | 102:0:153 | 153:51:204 | 102:0:102 | 153:0:255 | 153:51:255 | 153:102:204 | 51:0:51 | 102:51:153 | 102:51:204 |

| #6600CC | #330066 | #9966FF | #6600FF | #6633FF | #CCCCFF | #9999FF | #9999CC | #6666CC | #6666FF | #666699 | #333366 | #333399 | #330099 | #3300CC | #3300FF |
| 102:0:204 | 51:0:102 | 153:102:255 | 102:0:255 | 102:51:255 | 204:204:255 | 153:153:255 | 153:153:204 | 102:102:204 | 102:102:255 | 102:102:153 | 51:51:102 | 51:51:153 | 51:0:153 | 51:0:204 | 51:0:255 |

| #3333FF | #3333CC | #0066FF | #0033FF | #3366FF | #3366CC | #000066 | #000033 | #0000FF | #000099 | #0033CC | #0000CC | #336699 | #0066CC | #99CCFF | #6699FF |
| 51:51:255 | 51:51:204 | 0:51:255 | 0:51:255 | 51:102:255 | 51:102:204 | 0:0:102 | 0:0:51 | 0:0:255 | 0:0:153 | 0:51:204 | 0:0:204 | 51:102:153 | 0:102:204 | 153:204:255 | 102:153:255 |

| #003366 | #6699CC | #006699 | #3399CC | #0099CC | #66CCFF | #3399FF | #003399 | #0099FF | #33CCFF | #00CCFF | #99FFFF | #66FFFF | #33FFFF | #00FFFF | #00CCCC |
| 0:51:102 | 102:153:204 | 0:102:153 | 51:153:204 | 0:153:204 | 102:204:255 | 51:153:255 | 0:51:153 | 0:153:255 | 51:204:255 | 0:204:255 | 153:255:255 | 102:255:255 | 51:255:255 | 0:255:255 | 0:204:204 |

| #009999 | #669999 | #99CCCC | #CCFFFF | #33CCCC | #66CCCC | #339999 | #336666 | #006666 | #003333 | #00FFCC | #33FFCC | #33CC99 | #00CC99 | #66FFCC | #99FFCC |
| 0:153:153 | 102:153:153 | 153:204:204 | 204:255:255 | 51:204:204 | 102:204:204 | 51:153:153 | 51:102:102 | 0:102:102 | 0:51:51 | 0:255:204 | 51:255:204 | 51:204:153 | 0:204:153 | 102:255:204 | 153:255:204 |

| #00FF99 | #339966 | #006633 | #669966 | #66CC66 | #99FF99 | #66FF66 | #99CC99 | #336633 | #66FF99 | #33FF99 | #33CC66 | #00CC66 | #66CC99 | #009966 | #339933 |
| 0:255:153 | 51:153:102 | 0:102:51 | 102:153:102 | 102:204:102 | 153:255:153 | 102:255:102 | 153:204:153 | 51:102:51 | 102:255:153 | 51:255:153 | 51:204:102 | 0:204:102 | 102:204:153 | 0:153:102 | 51:153:51 |

| #009933 | #33FF66 | #00FF66 | #CCFFCC | #CCFF99 | #99FF66 | #99FF33 | #00FF33 | #33FF33 | #00CC33 | #33CC33 | #66FF33 | #00FF00 | #66CC33 | #006600 | #003300 |
| 0:153:51 | 51:255:102 | 0:255:102 | 204:255:204 | 204:255:153 | 153:255:102 | 153:255:51 | 0:255:51 | 51:255:51 | 0:204:51 | 51:204:51 | 102:255:51 | 0:255:0 | 102:204:51 | 0:102:0 | 0:51:0 |

| #009900 | #33FF00 | #66FF00 | #99FF00 | #66CC00 | #00CC00 | #33CC00 | #339900 | #99CC66 | #669933 | #99CC33 | #336600 | #669900 | #99CC00 | #CCFF66 | #CCFF33 |
| 0:153:0 | 51:255:0 | 102:255:0 | 153:255:0 | 102:204:0 | 0:204:0 | 51:204:0 | 51:153:0 | 153:204:102 | 102:153:51 | 153:204:51 | 51:102:0 | 102:153:0 | 153:204:0 | 204:255:102 | 204:255:51 |

| #CCFF00 | #999900 | #CCCC00 | #CCCC33 | #333300 | #666600 | #999933 | #CCCC66 | #666633 | #999966 | #CCCC99 | #FFFFCC | #FFFF99 | #FFFF66 | #FFFF33 | #FFFF00 |
| 204:255:0 | 153:153:0 | 204:204:0 | 204:204:51 | 51:51:0 | 102:102:0 | 153:153:51 | 204:204:102 | 102:102:51 | 153:153:102 | 204:204:153 | 255:255:204 | 255:255:153 | 255:255:102 | 255:255:51 | 255:255:0 |

| #FFCC00 | #FFCC66 | #FFCC33 | #CC9933 | #996600 | #CC9900 | #FF9900 | #CC6600 | #993300 | #CC6633 | #663300 | #FF9966 | #FF6633 | #FF9933 | #FF6600 | #CC3300 |
| 255:204:0 | 255:204:102 | 255:204:51 | 204:153:51 | 153:102:0 | 204:153:0 | 255:153:0 | 204:102:0 | 153:51:0 | 204:102:51 | 102:51:0 | 255:153:102 | 255:102:51 | 255:153:51 | 255:102:0 | 204:51:0 |

| #996633 | #330000 | #663333 | #996666 | #CC9999 | #993333 | #CC6666 | #FF3333 | #CC3333 | #FF6666 | #660000 | #990000 | #CC0000 | #FF0000 | #FF3300 | |
| 153:102:51 | 51:0:0 | 102:51:51 | 153:102:102 | 204:153:153 | 153:51:51 | 204:102:102 | 255:51:51 | 204:51:51 | 255:102:102 | 102:0:0 | 153:0:0 | 204:0:0 | 255:0:0 | 255:51:0 | |

| #CC9966 | #FFCC99 | #CCCCCC | #999999 | #666666 | #333333 | #FFFFFF | #000000 |
| 204:153:102 | 255:204:153 | 204:204:204 | 153:153:153 | 102:102:102 | 51:51:51 | 255:255:255 | 0:0:0 |

安全颜色在不同计算机平台和显示器上能保证最大程度的一致。在8位彩色时代，使用安全颜色至关重要。由于现代大多数显示器都支持千百万种颜色，所以安全颜色已经不如以前那么重要。每种颜色都显示了十六进制和十进制RGB值。